O. Molerus

Fluid-Feststoff-Strömungen

Strömungsverhalten feststoffbeladener Fluide und kohäsiver Schüttgüter

Mit 112 Abbildungen

Springer-Verlag Berlin Heidelberg New York 1982

Dr.-Ing. OTTO MOLERUS, o. Professor,
Lehrstuhl für Mechanische Verfahrenstechnik
der Universität Erlangen-Nürnberg

CIP Kurztitelaufnahme der Deutschen Bibliothek
Molerus, Otto:
Fluid-Feststoff-Strömungen:
Strömungsverhalten feststoffbeladener Fluide u. kohäsiver Schüttgüter/
O. Molerus.
Berlin; Heidelberg; New York: Springer, 1982

ISBN 978-3-540-11321-8 ISBN 978-3-642-50215-6 (eBook)
DOI 10.1007/978-3-642-50215-6

2362/3020 - 5 4 3 2 1 0

Vorwort

MAN MUSS HYPOTHESEN UND THEORIEN HABEN,
UM SEINE KENNTNISSE ZU ORGANISIEREN,
SONST BLEIBT ALLES SCHUTT.

LICHTENBERG

Gegenstände dieses Buches sind dem Titel gemäß feststoffbeladene Strömungen und das Fließverhalten kohäsiver Schüttgüter. Die Rechtfertigung dafür, diese beiden von den theoretischen Grundlagen her jeweils weitgehend in sich geschlossenen Themenkreise in einem Buch zu behandeln, läßt sich aus der verfahrenstechnischen Praxis ableiten. So ist es oft ein und dieselbe Anlage, in der beispielsweise Probleme der pneumatischen Förderung und des Ausfließens von Schüttgütern aus Silos auftreten; dementsprechend ist auch in vielen Fällen ein und dieselbe Person für die Lösung beider Teilaufgaben verantwortlich.

Feststoffbeladene Strömungen sind Gegenstand praxisorientierter wissenschaftlicher Untersuchungen seit Anfang dieses Jahrhunderts. Man mag deren Beginn in etwa festlegen mit den Untersuchungen von Miss N.S. Blatch [1] im Jahre 1906.

Wenigstens soweit es für die Praxis auswertbare Aussagen betrifft, war die bisherige Forschung weitgehend durch die Sammlung von Daten und deren Darstellung mittels mehr oder weniger empirischer Korrelationen gekennzeichnet, wobei es nicht gelang, beispielsweise zwischen den bei pneumatischer Förderung bzw. bei hydraulischer Förderung gewonnenen Erkenntnissen überzeugende Verbindungen herzustellen.

Es war daher ein vom Verfasser seit Gründung des Erlanger Lehrstuhls für Mechanische Verfahrenstechnik im Jahre 1968 hartnäckig verfolgtes Ziel, diesen insbesondere für eine wissenschaftliche akademische Lehre unbefriedigenden Stand der Kenntnisse zu überwinden.

Da zum gegenwärtigen Zeitpunkt - zumindest nach der subjektiven Meinung des Verfassers - ein gewisser Durchbruch erzielt werden konnte, soll mit dem vorliegenden Buch über die am Erlanger Lehrstuhl für Mechanische Verfahrenstechnik durchgeführten Arbeiten zusammenfassend berichtet werden, welche unter der voranstehend beschriebenen Zielsetzung in Angriff genommen worden waren. Die Kapitel 1 und 2 stützen sich weitgehend auf Veröffentlichungen [2], [3] des Verfassers. Kernstück des strömungsmechanischen Teiles ist das Kapitel 3, dessen Inhalt hier erstmals der Öffentlichkeit vorgestellt wird. Mit Hilfe der dort abgeleiteten Grundlagen läßt sich eine einheitliche Basis für die Darstellung der verschiedensten Phänomene feststoffbeladener Strömungen gewinnen.

Wegen der dazu erforderlichen umfangreichen theoretischen und experimentellen Einzeluntersuchungen konnte das angestrebte Ziel nur im Teamwork - einem Hochschulinstitut angemessen - wechselnder Mitarbeiter erreicht werden.

So gehen die in Kapitel 4 berichteten Ergebnisse zur lokalen Hydromechanik von Gas/Feststoff-Wirbelschichten auf Untersuchungen zurück, die J. Werther während seiner Erlanger Tätigkeit in vielen Einzelveröffentlichungen, insbesondere in seiner Dissertation [4] und seiner Habilitationsschrift [5] vorgelegt hat.

Die in Kapitel 4 berichteten Versuchsergebnisse zum Einfluß von Einbauten auf den Fluidisationszustand wurden von H.-J. Bock im Zusammenhang mit seinen Untersuchungen zum Wärmeübergang in Wirbelschichten erarbeitet [6].

Das in Kapitel 5 in modifizierter Form wiedergegebene Zustandsdiagramm der hydraulischen Förderung ist das Kernstück der Dissertation von J.P. Wellmann [7], der seinerseits auf frühere umfangreiche Messungen zurückgreifen konnte, die der Dissertation von L. Plass [8] entnommen sind. Die Herleitung und Begründung des Zustandsdiagramms der Strähnenförderung in Kapitel 6 ist der Dissertation von K.-E. Wirth [9] entnommen.

Noch wesentlich jüngeren Ursprungs als die Behandlung feststoffbeladener Strömungen ist die Untersuchung des Fließverhaltens kohäsiver Schüttgüter im Zusammenhang mit verfahrenstechnischen Aufgabenstellungen. Man kann den Beginn einschlägiger wissenschaftlicher Untersuchungen mit den von Jenike [10] vor etwa zwanzig Jahren vorgelegten Arbeiten festlegen.

Wegen des außerordentlich komplexen Materialverhaltens kohäsiver Schüttgüter wird eine für die Praxis brauchbare und in diesem Sinne ingenieurwissenschaftliche Theorie des Fließverhaltens kohäsiver Schüttgüter stets ein Kompromiß zwischen Einfachheit der Darstellung und Realitätsbezug des Inhaltes sein müssen. Die in Kapitel 7 gegebene Darstellung ist eine Zusammenfassung früherer Veröffentlichungen des Verfassers [11], [12] zur Auffindung eines derartigen Kompromisses.

Für Auslegungszwecke nützliche und in den einzelnen Kapiteln vorgestellte Diagramme sind im Anhang als Abb. A 1 bis A 10 zusammenfassend nochmals dargestellt. Dies mag deren Benutzung erleichtern.

Die in diesem Buch für die Praxis mitgeteilten Ergebnisse beruhen auch auf vielfältigen Anregungen und finanzieller Unterstützung durch die Praxis. Es ist mir eine angenehme Pflicht, an dieser Stelle Herrn Dr.-Ing. L. Reh (Lurgi Chemie und Hüttentechnik GmbH) und Herrn Dr. W. Lommerzheim (Thyssengas GmbH) für fruchtbare Zusammenarbeit und tatkräftige Unterstützung der experimentellen Forschung des Erlanger Lehrstuhls für Mechanische Verfahrenstechnik zu danken. Insgesamt bilden z.T. langwierige und kostspielige experimentelle Untersuchungen das Rückgrat der hier vorgelegten Arbeiten. Diese Untersuchungen wurden direkt oder indirekt durch Forschungsförderung von Seiten des Bundesministeriums für Forschung und Technologie (BMFT), der Arbeitsgemeinschaft industrieller Forschungsvereinigungen (AIF), der Deutschen Forschungsgemeinschaft (DFG) und der Stiftung Volkswagenwerk unterstützt.

Mein Dank gilt meinen Mitarbeiterinnen, Frl. Scheffler, die sämtliche Zeichnungen angefertigt hat, sowie Frau Dachlauer und Frau Mauser, die die Reinschrift des Manuskriptes unverdrossen in vielen Iterationsschritten besorgt haben.

Dieses Buch verdankt seine Entstehung nicht zuletzt meinem Cocker-Spaniel Chou-Chou II, der mir stets anhänglich und geduldig an meinem Schreibtisch während vieler Nächte und Wochenenden Gesellschaft geleistet und auf seine ihm gemäße Hundeart meine persönliche Arbeit unterstützt hat.

Erlangen, im Januar 1982 O. Molerus

Literaturverzeichnis zum Vorwort

1 Blatch, N.S.: Am. Soc. Civ. Engrs. Trans. 57 (1906), S. 400

2 Molerus, O.: Europäischer Kongreß Austauschprozesse in Partikelsystemen, Nürnberg 1977, Preprints I, S. A 2

3 Molerus, O.: Verfahrenstechnik 12 (1978), S. 493

4 Werther, J.: Experimentelle Untersuchungen zur Hydromechanik von Gas/Feststoff-Wirbelschichten, Dissertation Universität Erlangen-Nürnberg 1972

5 Werther, J.: Blasenkoaleszenz in Gas/Feststoff-Wirbelschichten, Habilitationsschrift Universität Erlangen-Nürnberg 1975

6 Bock, H.-J.: Experimentelle und theoretische Untersuchungen zum Einfluß der lokalen Hydrodynamik auf den lokalen Wärmeübergang in Gas/Feststoff-Wirbelschichten, Dissertation Universität Erlangen-Nürnberg 1980

7 Wellmann, J.P.: Ein neues Konzept für die Vorausberechnung des Druckverlustes bei der hydraulischen Förderung im horizontalen Rohr, Dissertation Universität Erlangen-Nürnberg 1980

8 Plass, L.: Wärmeübergang und Druckverlust bei Feststoff/Flüssig-Suspensionen feiner Teilchen im gesamten pumpfähigen Suspensionsbereich, Dissertation Universität Erlangen-Nürnberg 1972

9 Wirth, K.-H.: Theoretische und experimentelle Bestimmungen von Zusatzdruckverlust und Stopfgrenze bei pneumatischer Strähnenförderung, Dissertation Universität Erlangen-Nürnberg 1980

10 Jenike, A.W.: Gravity Flow of Bulk Solids, Bull. of the University of Utah, Bull. No 108, Oktober 1981

11 Molerus, O.: Theorie der Fließeigenschaften kohäsiver Schüttgüter, VDI-Berichte Nr. 260, 1976, S. 211

12 Molerus, O.: Chemie-Ing.-Techn. 50 (1978), S. 309

Inhaltsverzeichnis

Kapitel 1
Widerstandsverhalten der Einzelkugel

Gegenstand dieses Buches sind feststoffbeladene Strömungen, d.h. solche deren spezielle Eigenarten dadurch entstehen, daß sie eine Vielzahl von Partikeln enthalten. Ausgangspunkt und in vielen Fällen Rückgrat der hier vorgestellten Überlegungen ist aber das Widerstandsverhalten der Einzelpartikel, wobei weitgehend als Modellkörper die Kugel gewählt wird. Daher steht am Anfang dieser Arbeit eine physikalische Interpretation des Widerstandsverhaltens der Einzelkugel.

In bekannter Weise lieferten Theorie und Experiment das in Abb. 1.1 dargestellte Widerstandsgesetz der Kugelumströmung.

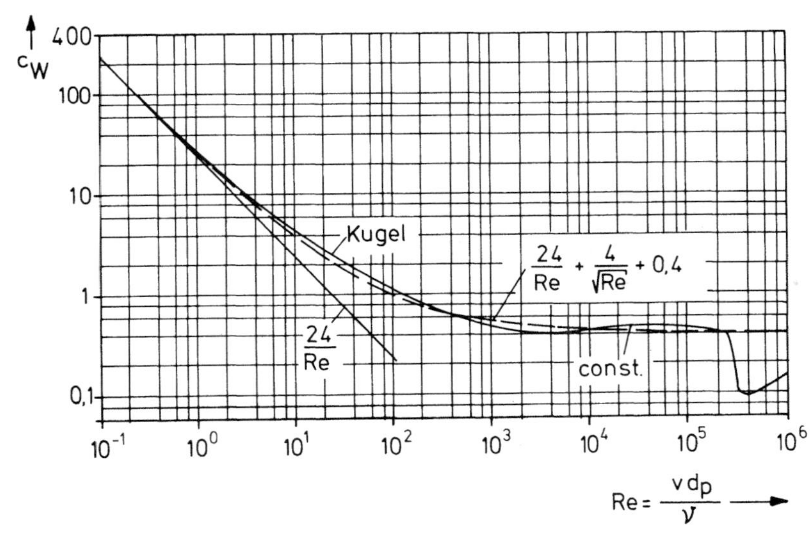

Abb. 1.1: Widerstandsgesetz der Kugelumströmung

Für die Verfahrenstechnik interessant ist etwa der Bereich $Re \leq 10^4$, d.h. das Gebiet $Re \geq 10^5$, in dem der Umschlag der laminaren in die turbulente Grenzschicht erfolgt, kann für die Aufgaben der Verfahrenstechnik außer Betracht bleiben.

Für den Bereich der zähen Strömung, in dem die Trägheitskräfte gegen die Zähigkeitskräfte vernachlässigbar sind, gilt das von Stokes berechnete Widerstandsgesetz

$$W_E = 3\pi \, d_p \, \eta \, v ,$$

das auf

$$c_W = \frac{24}{Re} \tag{1.1}$$

mit

$$Re = \frac{v \, d_p}{\nu} \tag{1.2}$$

führt. Theoretische Überlegungen zeigen (vergl. Zierep [1] S. 42 ff), daß das Widerstandsgesetz (1.1) Gültigkeit im Bereich $Re \ll 1$ beanspruchen kann. Messungen lieferten exakte Übereinstimmung mit der Theorie im Bereich $Re \leq 0{,}25$.

Im sogenannten quadratischen Bereich des Widerstandsgesetzes ($10^3 \leq Re \leq 3 \cdot 10^5$) liefert zwar nicht exakte Theorie, aber Einsicht in die Physik des Strömungsvorganges ein für die Zwecke der Praxis auch quantitativ ausreichendes Verständnis des Widerstandsverhaltens. Theorie und Experiment zeigen, daß die im Bereich $Re \leq 3 \cdot 10^5$ laminare Grenzschicht für Werte $Re \geq 10^3$ kurz vor dem Kugeläquator ablöst, wobei der Ablösepunkt im Bereich $10^3 \leq Re \leq 3 \cdot 10^5$ nur wenig wandert. Der weit überwiegende Widerstandsanteil ist daher den im Fluid wirksamen Trägheitskräften zuzuschreiben. Da der Widerstandsbeiwert als Verhältnis von Widerstandskraft zu Trägheitskraft gedeutet werden kann, folgt aus der Einsicht in die Physik des Strömungsvorganges für $10^3 \leq Re \leq 3 \cdot 10^5$

$$c_W \approx \text{const},$$

wobei die Messungen zeigen, daß die "Konstante" im Bereich 0,4 - 0,5 liegt.

Im sogenannten Übergangsbereich ($0{,}25 \leq Re \leq 10^3$) nimmt der Einfluß der Trägheitskräfte mit wachsender Reynoldszahl rasch zu. Wie z.B.

Brauer [2] S. 196 ff beschreibt, zeigt sich beginnende Ablösung bei $Re \approx 1$. Bis $Re \approx 130$ bildet sich ein stationärer Ringwirbel aus. Ab $Re \geq 130$ setzt Wirbelablösung ein.

Die skeptische Meinung, daß der Übergangsbereich sich einem physikalisch vertieften Verständnis widersetze [2], scheint jedoch nicht angebracht zu sein. Wie der Blick auf Abb. 1.1 lehrt, beschreibt die von Kaskas [3] angegebene Approximationsfunktion

$$c_W(Re) = \frac{24}{Re} + \frac{4}{\sqrt{Re}} + 0{,}4 \qquad (1.3)$$

das Widerstandsverhalten der Kugel recht gut im gesamten Bereich $Re \leq 10^5$.

Die nachstehenden Überlegungen zeigen, daß der Term $4/\sqrt{Re}$ nicht nur eine formale Bedeutung im Sinne einer möglichst guten Approximation besitzt, sondern daß er berücksichtigt werden muß, wenn man das Umströmungsproblem im Übergangsbereich physikalisch richtig beschreiben will. Im Bereich $1 \leq Re \leq 100$ sind zwar die Trägheitskräfte wesentlich, jedoch ist das Phänomen der Strömungsablösung noch nicht so dominant, wie ab $Re \geq 10^3$, daß alle anderen Effekte vernachlässigbar sind.

Im Übergangsbereich liegt eine laminare Grenzschichtströmung vor. Wie z.B. Zierep [1] nachweist, ist der Widerstandsanteil in Form von Wandschubspannungen bei laminarer Grenzschicht für sonst beliebige Körper von der Form

$$\zeta_\tau = \frac{\tau_W}{\rho_F\, v^2} \sim \frac{1}{\sqrt{Re_l}}$$

wobei Re_l die mit der Körperhauptabmessung in Strömungsrichtung gebildete Reynoldszahl bedeutet. Selbst der Zahlenwert 4 in der Approximationsfunktion (1.3) läßt sich in einfacher Weise abschätzen.

Der Widerstandsbeiwert der beidseitig umströmten in Strömungsrichtung liegenden dünnen Platte ist (siehe z.B. Schlichting [4])

$$c_f = \frac{W_p}{\frac{1}{2}\rho_F\, S\, v^2}\,, \qquad (1.4)$$

wobei W_p die Gesamtwiderstandskraft und S die gesamte benetzte Fläche bedeuten. Für c_f folgt für die laminare Grenzschicht die strenge Lösung

$$c_f = \frac{1{,}328}{\sqrt{Re_1}} , \tag{1.5}$$

wobei Re_1 die mit der Lauflänge gebildete Reynoldszahl bedeutet. Für die Kugel sollte dann gelten

$$S = \pi d_p^2 = 4 \frac{\pi d_p^2}{4} , \tag{1.6}$$

bzw.

$$Re_1 = \frac{v \frac{\pi}{2} d_p}{\nu} = \frac{\pi}{2} Re . \tag{1.7}$$

Mit (1.6) folgt aus (1.4)

$$c_f = \frac{W_p}{\frac{1}{2} \rho_F v^2 4 \frac{\pi d_p^2}{4}} ,$$

d.h. mit der Schattenfläche $\frac{\pi d_p^2}{4}$ der Kugel ergibt sich die dimensionslose Darstellung des Reibungsanteils des Kugelwiderstandes

$$c_R = \frac{W_p}{\frac{\pi d_p^2}{4} \frac{\rho_F}{2} v^2} = 4 c_f . \tag{1.8}$$

Nimmt man naiverweise an, daß der Reibungsanteil des Kugelwiderstandes durch den Plattenwiderstand wenigstens näherungsweise beschrieben wird, so erhält man aus (1.5) bei Beachtung von (1.7) und (1.8)

$$c_R = \frac{4 \cdot 1{,}328}{\sqrt{\frac{\pi}{2}} \sqrt{Re}} = \frac{4{,}24}{\sqrt{Re}} \tag{1.9}$$

d.h. ziemlich genau den Term in der Approximationsfunktion von Kaskas.

Dieses Ergebnis legt es nahe, den Term $4/\sqrt{Re}$ dahingehend zu deuten, daß er den Anteil der Wandschubspannung der laminaren Grenzschichtströmung am Gesamtwiderstand der Kugel im Übergangsbereich physikalisch richtig beschreibt. Die Vermutung, daß der Term mit $1/\sqrt{Re}$ im wesentlichen den Grenzschichtreibungswiderstand beschreibt, hält auch subtileren Überlegungen stand. Brauer und Mitarbeiter [5] haben die Kugelumströmung bis Re = 80 durch numerische Lösung der vollständigen Navier-Stokes-Gleichungen gelöst, d.h. den Bereich erfaßt, in dem sich ein stationärer Ringwirbel auf der Kugelrückseite ausbildet. Als gegenüber der Beziehung (1.3) verbesserte Approximationsfunktion erhalten sie

$$c_W(Re) = \frac{24}{Re} + \frac{5{,}48}{Re^{0.573}} + 0{,}36 \ . \qquad (1.10)$$

Diese Funktion beschreibt sowohl die bis Re = 80 berechneten als auch die bis $Re = 10^4$ gemessenen Widerstandsbeiwerte ausgezeichnet. Der Exponent 0,573 ist wenig von 0,5 verschieden, d.h. auch diese verbesserte Approximationsfunktion enthält einen Term $\approx 1/\sqrt{Re}$. Die auf Ähnlichkeitsmechanik basierenden Überlegungen Ziereps zeigen, daß der Reibungsanteil von der Form $1/\sqrt{Re}$ für $Re >> 1$ gilt.

Bei der numerischen Lösung der Navier-Stokes-Gleichungen haben Brauer und Mitarbeiter Reibungswiderstand und Druckwiderstand getrennt ermittelt. In Tabelle 1 der genannten Arbeit sind daher für verschiedene Reynoldszahlen sowohl die berechneten Widerstandsbeiwerte als auch das Verhältnis W_R/W_D von Reibungswiderstand zu Druckwiderstand angegeben. Mit den von Brauer und Mitarbeitern angegebenen Daten läßt sich über

$$c_{W_R}(Re) = \frac{c_W(Re)}{1 + \left[\frac{W_R}{W_D}(Re)\right]^{-1}} \qquad (1.11)$$

der Reibungsanteil des Widerstandsbeiwertes berechnen. Trägt man über Re die Funktion $c_{W_R}(Re)\sqrt{Re}$ auf, so erhält man den in Abb. 1.2 dargestellten Kurvenverlauf.

Wie Abb. 1.2 zeigt, hängt der Term $c_{W_R}\sqrt{Re}$ ab $Re > 60$ nur noch schwach von der Reynoldszahl ab.

Es erscheint auch aus dieser Darstellung als plausibel, den Term

$$\frac{5{,}48}{Re^{0.573}} \simeq \frac{5{,}48}{\sqrt{Re}}$$

in der genaueren Approximationsfunktion (1.10) als den Reibungsanteil des Grenzschichtwiderstandes zu deuten. Im Interesse einer physikalisch sinnvollen Darstellung kann an Stelle des aus Experimenten gefolgerten Exponenten 0,573 der Zahlenwert 0,5 benutzt werden.

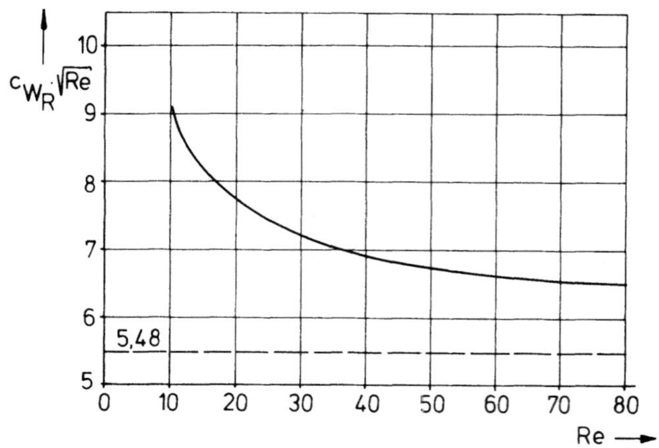

Abb. 1.2: Reibungsanteil des Partikelwiderstandes im Übergangsbereich

Nomenklatur zu Kapitel 1

c_F	Widerstandsbeiwert der dünnen Platte, definiert durch Gleichung (1.4)	-
c_R	Reibungswiderstandsbeiwert, definiert durch Gleichung (1.8)	-
c_W	Widerstandsbeiwert der Einzelkugel	-
c_{W_R}	Reibungsanteil des Widerstandsbeiwertes der Einzelkugel	-
d_p	Kugeldurchmesser	m
Re	Reynoldszahl, definiert durch Gleichung (1.2)	-
Re_1	Reynoldszahl, gebildet mit der Lauflänge 1	-
S	Oberfläche	m^2
v	Anströmgeschwindigkeit der Einzelkugel	$m\,s^{-1}$
W_D	Druckwiderstand der Einzelkugel	N
W_E	Widerstandskraft der Einzelkugel	N

W_p	Gesamtwiderstand der angeströmten Einzelplatte	N
W_R	Reibungswiderstand der Einzelkugel	N
ζ_τ	Wandschubspannungswiderstandsbeiwert	-
η	dynamische Viskosität	mPas
ν	kinematische Viskosität	$m^2 s^{-1}$
ρ_F	Fluiddichte	$kg\, m^{-3}$
τ_W	Wandschubspannung	Pa

Literaturverzeichnis zu Kapitel 1

1 Zierep, J.: Ähnlichkeitsgesetze und Modellregeln der Strömungslehre, G.Braun, Karlsruhe 1971

2 Brauer, H.: Grundlagen der Einphasen- und Mehrphasenströmungen, Sauerländer, Aarau und Frankfurt am Main 1971

3 Kaskas, A.: Berechnung der stationären und instationären Bewegung von Kugeln in ruhenden und strömenden Medien, Diplomarbeit T.U. Berlin 1964

4 Schlichting, H.: Grenzschicht-Theorie, 5. Auflage, G.Braun, Karlsruhe 1965

5 Ihme, F., Schmidt-Traub, H. und Brauer, H.: Chemie-Ing.-Techn. 44 (1972), S. 306-313

Kapitel 2
Kohärente Darstellung des Druckverlustverhaltens von Festbetten und des Ausdehnungsverhaltens homogener (Flüssigkeits-/Feststoff-) Wirbelschichten

1. Problemstellung

Trotz erheblicher theoretischer und experimenteller Anstrengungen (eine Übersicht ist z.B. in [1] gegeben) haben die meisten empirischen Widerstandsformeln für die Schüttungsdurchströmung das Konzept des hydraulischen Durchmessers als Grundlage. Im Falle überwiegender Zähigkeitskräfte führt dieses Konzept zu einer Darstellung des Druckverlustes gemäß der Carman-Kozeny-Gleichung [2], die im Falle kugeliger Partikeln

$$\frac{\Delta P}{\rho_F U^2} \frac{d_p}{\Delta L} \frac{\varepsilon^3}{(1-\varepsilon)} = K \frac{(1-\varepsilon)\nu}{U d_p} \qquad (2.1)$$

lautet.

Das Konzept des hydraulischen Durchmessers ist aus dem Bereich der Rohrströmung entlehnt und enthält folgende Voraussetzungen:

a) Gerades Rohr, d.h. der Widerstand besteht allein aus Wandschubspannungen, kein Druckanteil des Widerstandes.

b) Konstanz der Wandschubspannungen an jedem Punkt der Wandoberfläche.

c) Gleichgewicht zwischen Druckabfall und Wandschubspannungen.

Es ist unmittelbar einsichtig, daß keine dieser Voraussetzungen für die Schüttungsdurchströmung zutrifft. Die Bedingung a ist in guter Näherung für nicht kreisförmige Rohrquerschnitte nur bei turbulenter Strömung erfüllt. Es ist daher nicht verwunderlich, daß für laminare Rohrströmung nachgewiesen wurde, daß dort das Konzept des hydraulischen Durchmessers nicht zutrifft (siehe [3]). Es besteht also das Kuriosum, daß ein Konzept benutzt wird, dessen Ungültigkeit bereits für das Vorbild, von dem es entlehnt wurde, erwiesen ist. Vom Standpunkt der Schüttungsdurchströmung ist die Rohrströmung ein singulärer

Sonderfall. Bei der laminaren Rohrströmung bewegen sich die Fluidelemente geradlinig und beschleunigungsfrei, d.h. Trägheitswirkungen entstehen nicht. Dies ist der Grund dafür, daß die Laminarströmung eine strenge Lösung der Navier-Stokes-Gleichungen für alle Reynoldszahlen ist und Trägheitswirkungen auf das Druckverlustverhalten erst mit beginnender Turbulenz einsetzen, d.h. es wird eine kritische Reynoldszahl beobachtet.

Wegen der häufigen und starken Umlenkungen des Fluidstroms im Innern einer Schüttung dominieren dort Trägheitswirkungen weit vor dem Einsetzen der eigentlichen Turbulenz [4]. Eine kritische Reynoldszahl wird bei der Schüttungsdurchströmung nicht beobachtet. Ein weiterer Einwand spricht bei der Schüttungsdurchströmung gegen das Konzept des hydraulischen Durchmessers. Berechnet man die mittlere, vom Fluid pro Partikel übertragene Kraft, so erhält man im gedachten Grenzfall $\varepsilon \to 1$ physikalisch unsinnig verschwindenden Widerstand pro Partikel. Gemäß diesen Überlegungen erscheint es wenig sinnvoll, den extremen Sonderfall Rohrströmung als Modell des allgemeineren Falles Schüttungsdurchströmung zu wählen. Die genannten Einwände sind weder neu noch erfinderisch.

Bei der Behandlung der homogenen Wirbelschicht geht man dagegen von dem Verhalten der Einzelpartikel aus. Ein Beispiel für diese Vorgehensweise ist die Formel von Richardson und Zaki [5]

$$\frac{U}{w_f} = \varepsilon^n \tag{2.2}$$

für das Ausdehnungsverhalten homogener (Flüssigkeits/Feststoff)-Wirbelschichten als Funktion der Leerrohrgeschwindigkeit U.

Das Verhalten homogener Wirbelschichten kann aber nicht prinzipiell von dem Verhalten eines Festbettes verschieden sein. Die Benutzung zweier so verschiedener Modellvorstellungen, nämlich im Falle des Festbettes die Analogie zur Rohrströmung und im Falle der homogenen Wirbelschicht die Abweichung vom Verhalten der Einzelpartikel ist daher logisch unbefriedigend. Die vom Partikelwiderstand ausgehende kohärente Darstellung des Verhaltens homogener Wirbelschichten und des Verhaltens von Festbetten ist deshalb für das Verständnis beider Phänomene wertvoll.

2. Vergleich zwischen homogenen Wirbelschichten und Festbetten

Zur Vereinfachung der Problemstellung werden im folgenden bei den theoretischen Überlegungen Modellpackungen aus gleich großen Kugeln vorausgesetzt, im Experiment also Packungen aus möglichst kugeligen Partikeln in einer engen Kornverteilung. Als unmittelbar einsichtige Parameter zur Beschreibung der Packungsgeometrie ergeben sich daher der Kugeldurchmesser d_p und der Hohlraumvolumenanteil ε der Packung. In allen bekannten empirischen wie theoretischen Untersuchungen werden letzten Endes nur diese beiden Einflußgrößen als maßgeblich angesehen.

Ein einfaches Gedankenexperiment zeigt jedoch, daß diese beiden Daten zur Beschreibung der Packungsgeometrie nicht ausreichen (Abb. 2.1). Baut man etwa eine kubische Packung aus gleich großen Kugeln, so wird das Fluid bevorzugt durch die sich bildenden Gassen zwischen den Partikeln strömen (Abb. 2.1, linke Seite). Stellt man eine mehr oder weniger regellose Kugelpackung gleicher Porosität her, so sind solche Gassen in Strömungsrichtung mehr oder weniger verlegt (Abb. 2.1 , rechte Seite). Die Erwartung, daß beide Packungen mit Kugeln gleicher Durchmesser d_p und gleichem Hohlraumvolumenanteil ε denselben Durchströmungswiderstand besitzen, ist sicher unrealistisch.

Abb. 2.1: Vergleich zweier unterschiedlicher Packungen, die dieselbe Porosität besitzen und aus Partikeln derselben Größe bestehen

Aus dieser Überlegung folgt aber zwingend, daß die Daten d_p und ε nicht zur Beschreibung des Strömungsraumes innerhalb einer Kugelschüttung ausreichen. Diese Tatsache setzt der rein empirischen Vorgehensweise eine enge Grenze. Darüberhinaus haben Rumpf und Gupte [6] gezeigt, daß experimentelle Untersuchungen an Festbetten nur dann sinnvoll sind, wenn gleichzeitig die Packungsstruktur, z.B. das Vorliegen einer gleichmäßigen Zufallspackung, sorgfältig überprüft wird.

Bei der Fluidisation braucht man dagegen keine apriori Festlegung auf eine bestimmte Packungsanordnung zu treffen. Im Zustand der Fluidisation besitzen die Partikeln eine derartige Beweglichkeit, daß sich ihr Anordnungszustand bei einer gegebenen Fluidgeschwindigkeit von selbst einstellt. Da Wirbelschichten in einfacher Weise für beliebige Porositäten reproduzierbar erzeugt werden können, folgt hieraus die Bedeutung der homogenen Fluidisation als Vergleichszustand zur Festbettdurchströmung.

Dieser Vergleich läßt sich wie folgt bewerkstelligen:
Der gesamte Druckverlust in der Wirbelschicht steht mit dem Gewicht von Feststoff und Fluid im Gleichgewicht, d.h. es gilt

$$\frac{\Delta P_{tot}}{\Delta L} = \left[(1-\varepsilon)\rho_S + \varepsilon\rho_F\right] g \ .$$

Die gesamte, vom Fluid bei der Wirbelschichtdurchströmung zu erbringende Leistung ist $\Delta P_{tot} A U$. Hiervon ist der Anteil $\rho_F g \Delta L A U$ aufzuwenden, um das Fluid die Strecke ΔL zu heben. Der für die Fluidisation der Partikeln aufzuwendende Druckverlust ist daher

$$\frac{\Delta P}{\Delta L} = (1-\varepsilon)(\rho_S - \rho_F) g \quad . \tag{2.3}$$

Dieser Druckanteil ist von den Partikeln verursacht und entspricht mithin dem Druckverlust im Festbett.

Beim Festbett folgt aus dem Gleichgewicht der gesamten Schüttung für den Widerstand W_1 einer Partikel

$$\Delta P A = m W_1 \ , \tag{2.4}$$

wobei für die Partikelzahl m die Beziehung

$$m = \frac{(1-\varepsilon)\, A\, \Delta L}{\frac{\pi d_p^{\,3}}{6}} \tag{2.5}$$

gilt.

Aus den Beziehungen (2.4) und (2.5) folgt für die vom Fluid auf eine Partikel im Mittel ausgeübte Kraft in dimensionsloser Schreibweise

$$Eu_F \equiv \frac{W_1}{\frac{\pi d_p^{\,2}}{4}\, \frac{\rho_F}{2} \left(\frac{U}{\varepsilon}\right)^2} = \frac{4}{3}\, \frac{\Delta P}{\rho_F U^2}\, \frac{d_p}{\Delta L}\, \frac{\varepsilon^2}{1-\varepsilon} \; . \tag{2.6}$$

Der Index F steht für Festbett.

Die entsprechend dieser Definition eingeführte Eulerzahl ist der Strömungswiderstand W_1 einer Partikel in der Schüttung, in bekannter Weise dimensionslos gemacht mit der Querschnittsfläche der Partikel, der Fluiddichte und der mittleren Zwischenraumgeschwindigkeit U/ε in der Packung. Aus der Definition (2.6) der Eulerzahl folgt daher unmittelbar, daß sie im Grenzfall $\varepsilon \to 1$ den Grenzwert

$$\lim_{\varepsilon \to 1} (Eu_F) = c_W \; ,$$

d.h. den Widerstandsbeiwert der Einzelpartikel liefert.

Aus dem Vergleich der Beziehungen (2.3) und (2.6) folgt unmittelbar die kohärente Definition einer Eulerzahl für die homogene Wirbelschicht

$$Eu_W = \frac{4}{3}\, \frac{\rho_S - \rho_F}{\rho_F}\, \frac{d_p\, g}{U^2}\, \varepsilon^2 \; . \tag{2.7}$$

Der Index W steht für Wirbelschicht.

Mit der Definition (2.7) der Wirbelschicht-Eulerzahl ist eine zusätzliche einschränkende Voraussetzung getroffen worden. Diese Beziehung setzt den Druckverlust in der Wirbelschicht ins Gleichgewicht mit dem Strömungswiderstand ruhender Partikeln.

Die visuelle Beobachtung homogener Wirbelschichten zeigt jedoch, daß die Partikeln auch in der homogenen Wirbelschicht eine mehr oder weniger zufällige Bewegung vollführen.

Pawlowski [7] hat an Hand von Literaturdaten nachgewiesen, daß infolge der instationären Partikelbewegung ein zusätzlicher Dichteeinfluß zu beachten ist, der mit der Definition der Eulerzahl (2.7) nicht berücksichtigt ist.

Eigene Vergleichsmessungen an Glaskugeln und Kupferkugeln bestätigen den Einfluß der instationären Partikelbewegung.

Für Dichteverhältnisse $\rho_S/\rho_F \leq 3$ zeigt die Auswertung von Messungen keine merklichen Unterschiede mehr. Unter der Einschränkung geringer Dichteverhältnisse $\rho_S/\rho_F \leq 3$ ist daher die rein statische Betrachtungsweise des Partikelwiderstandes in der Wirbelschicht zulässig. Die Wirbelschicht soll hier gerade dazu verwendet werden, um den Widerstand pro Partikel in einer konzentrierten Suspension zu messen. Die Frage des zusätzlichen Dichteeinflusses wird daher hier nicht weiter verfolgt.

Die hier für die homogene Wirbelschicht erhaltenen Ergebnisse sind deshalb nur für kleine Dichteverhältnisse ($\rho_S/\rho_F \leq 3$) anwendbar.

Insbesondere gilt auch für die Eulerzahl (2.7) der Wirbelschicht derselbe Grenzwert wie für die Festbett-Eulerzahl, d.h. es gilt der Einzelpartikelwiderstand:

$$\lim_{\varepsilon \to 1}(Eu_W) = c_W \; .$$

Mit Hilfe der Definitionen (2.6) und (2.7) für Eu_F und Eu_W sind folgende wesentlichen Punkte erreicht:

a) Die eingeführten Eulerzahlen beschreiben für Festbett und Wirbelschicht denselben Gegenstand, nämlich den Strömungswiderstand pro Partikel.

b) Die Eulerzahlen sind so definiert, daß sie im (beim Festbett gedachten) Grenzfall $\varepsilon \to 1$ den Widerstandsbeiwert der Einzelpartikel liefern.

3. Ein geeignetes Zellenmodell

Durch die Definitionen (2.6) und (2.7) der Eulerzahlen für Festbett bzw. Wirbelschicht wird das lokale Geschehen, nämlich der Strömungswiderstand W_1 einer Partikel, mit dem globalen Zustand, nämlich der Porosität ε und dem Druckabfall $\Delta P/\Delta L$ über die gesamte Schüttung verknüpft. Es liegt daher nahe, eine Modellvorstellung über das Durchströmungsverhalten von Schüttungen ausgehend vom Widerstandsverhalten einer Partikel aufzubauen.

Wie zuvor nachgewiesen, muß eine strömungsmechanisch sinnvolle Modellvorstellung außer dem Partikeldurchmesser d_p und der Porosität ε mindestens einen weiteren Parameter enthalten, wenn die Variationsbreite realer Schüttungen erfaßt werden soll. Ein in diesem Sinne hinreichendes Zellenmodell wird nachstehend hergeleitet.

Sind die Partikeln in der Schüttung gleichmäßig verteilt, so läßt sich die Schüttung in m Zellen aufteilen, die das gesamte Volumen der Schüttung bilden. Eine jede Zelle besteht dann aus je einer Partikel mit einem zugehörigen Fluidvolumen. Bei einer kubischen Pakkung wäre eine Zelle der je eine Partikel umschreibende Kubus (vergl. Abb. 2.2). Im Fall einer zufälligen Partikelanordnung wird man eine Fluidzelle nicht in so einfacher Weise festlegen können. Bei hinreichend gleichmäßiger Verteilung der Partikeln in der gesamten Schüttung läßt sich jedoch sinnvoll ein Zellenmodell formulieren. Es sei r_o eine charakteristische Länge der nicht notwendig kugeligen Partikeln.

Es ist sinnvoll anzunehmen, daß das charakteristische Längenmaß δ des für die Fluidströmung zur Verfügung stehenden Raumes sich von der Partikeloberfläche in zunächst unbekannter Weise bis an den Rand einer Zelle erstreckt (vergl. Abb. 2.2). Dann ist aber der Ansatz für das Zellenvolumen

$$V_c = \zeta_1 (r_o + \delta)^3 \tag{2.8}$$

mit einer noch offenen Zahl ζ_1 gerechtfertigt

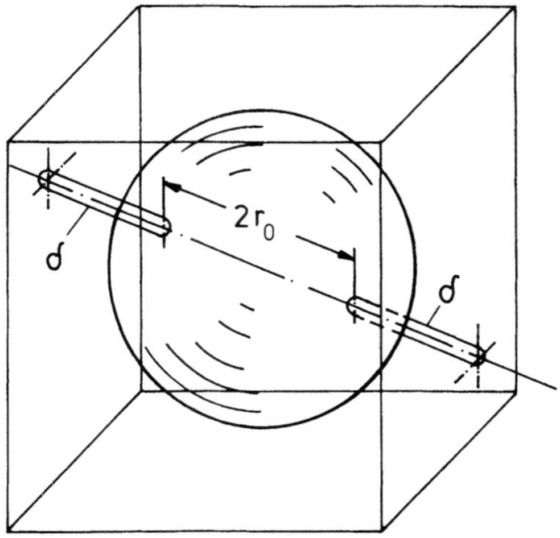

Abb. 2.2: Zellenmodell (kubische Anordnung als Beispiel)

Das Volumen einer Partikel ist:

$$V_p = \zeta_2 \, r_o^3$$

(im Falle von Kugeln: $r_o = d_p/2$; $\zeta_2 = \frac{4\pi}{3}$). Für das Volumen einer Zelle der Schüttung gilt dann aber auch:

$$V_c = \frac{\zeta_2 \, r_o^3}{1-\varepsilon} \; . \tag{2.9}$$

Durch Gleichsetzen der Beziehungen (2.8) und (2.9) erhält man als charakteristisches Längenverhältnis zur Beschreibung der Geometrie des Strömungsraumes zwischen den Partikeln

$$\frac{r_o}{\delta} = \frac{1}{\dfrac{\zeta}{\sqrt[3]{1-\varepsilon}} - 1} \; , \tag{2.10}$$

wenn man das Verhältnis

$$\zeta = \sqrt[3]{\frac{\zeta_2}{\zeta_1}}$$

einführt.

Es ist interessant, daß man ohne jede Annahme über Partikelform oder Partikelanordnung einen Grenzwert für ζ finden kann. Für den hypothetischen Grenzfall $\varepsilon \to 0$ muß r_o/δ gegen Unendlich streben. Wie man unmittelbar aus Gleichung (2.10) abliest, ist dies für $\zeta = 1$ erfüllt. Diese Abschätzung legt die Vermutung nahe, daß der i.a. unbekannte Zahlenwert ζ in der Gegend von Eins liegt. Mit der Beziehung (2.10) ist offensichtlich ein die Packungsgeometrie hinsichtlich des Durchströmungswiderstandes beschreibendes Längenverhältnis gefunden, das einen weiteren dimensionslosen Parameter, nämlich ζ enthält, der dementsprechend als Packungsparameter bezeichnet werden kann.

Die später beschriebene Auswertung von Festbett- und Wirbelschichtmessungen wird zeigen, daß es gelingt, den Packungsparameter ζ an Hand sowohl von Ausdehnungsmessungen an Wirbelschichten als auch von Druckverlustmessungen in Festbetten zu bestimmen.

4. Aussagen aus den Navier-Stokes-Gleichungen

Zur Abschätzung, wie die Packungsgeometrie das Widerstandsverhalten einer Partikel beeinflußt, wird die Umströmung einer Kugel unter folgenden vereinfachenden Voraussetzungen untersucht (vergl. Abb. 2.3):

a) Die Hauptströmungsrichtung sei vertikal von unten nach oben.
b) Die Umströmung der Kugel erfolge rotationssymmetrisch zur vertikalen Symmetrieachse durch den Kugelmittelpunkt.
c) Der für die Umströmung der Kugel zur Verfügung stehende Raum sei bis auf die Zu- und Abströmbereiche auf einen Raum von der Größenordnung einer um die Kugel gelegten Kugelschale von der Dicke δ begrenzt.

Zur Beschreibung der Geometrie des Strömungsraumes genügen bei Erfüllung der voranstehenden Voraussetzung b die in Abb. 2.3 eingezeichneten r, Θ-Koordinaten.

Der Zweck der Untersuchung der Navier-Stokes-Gleichungen ist es, herauszufinden, wie die Packungsgeometrie die Wechselwirkung zwischen Druck, Trägheitswirkungen und Zähigkeitskräften im Fluid beeinflußt, insbesondere im Fall enger Packungen, d.h. für Werte $r_o/\delta >> 1$ des durch Gleichung (2.10) definierten Längenverhältnisses.

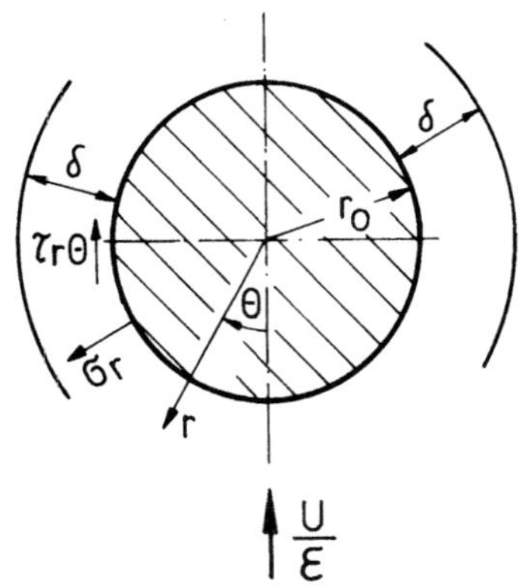

Abb. 2.3: Die Umströmung einer Kugel, Komponenten des Spannungstensors und Koordinaten

In diesem Fall liefert die Θ-Komponente der Navier-Stokes-Gleichungen auswertbare Informationen, da sie den Druckgradienten ($\partial p/\partial\Theta$) längs der Kugeloberfläche enthält. In den r, Θ-Koordinaten lautet die Θ-Komponente der Navier-Stokes-Gleichungen für ein inkompressibles Fluid bei stationärer, axialsymmetrischer Strömung im Schwerefeld (vergl. [8]):

$$\rho_F\left[v_r \frac{\partial v_\Theta}{\partial r} + \frac{v_\Theta}{r}\frac{\partial v_\Theta}{\partial \Theta} + \frac{v_r v_\Theta}{r}\right] = -\rho_F\, g \sin\Theta - \frac{1}{r}\frac{\partial p}{\partial \Theta} + \tag{2.11}$$

$$+\eta\left[\frac{\partial^2 v_\Theta}{\partial r^2} + \frac{1}{r^2}\frac{\partial^2 v_\Theta}{\partial \Theta^2} + \frac{2}{r}\frac{\partial v_\Theta}{\partial r} + \frac{\cot\Theta}{r^2}\frac{\partial v_\Theta}{\partial \Theta} + \frac{2}{r^2}\frac{\partial v_r}{\partial \Theta} - \frac{v_\Theta}{r^2 \sin^2\Theta}\right].$$

Mit Hilfe der Kontinuitätsgleichung

$$\frac{\partial v_r}{\partial r} + \frac{1}{r}\frac{\partial v_\Theta}{\partial \Theta} + \frac{2 v_r}{r} + \frac{v_\Theta \cot\Theta}{r} = 0 \tag{2.12}$$

läßt sich die Gleichung (2.11.) umformen zu

$$\frac{\rho_F}{r}\left[v_\Theta \frac{\partial v_\Theta}{\partial \Theta} + v_r v_\Theta + r v_r \frac{\partial v_\Theta}{\partial r}\right] = -\rho_F g \sin\Theta - \frac{1}{r}\frac{\partial p}{\partial \Theta} +$$

$$+ \frac{\eta}{r^2}\left[\frac{\partial^2 v_\Theta}{\partial \Theta^2} + \frac{\partial v_\Theta}{\partial \Theta}\cot\Theta + 2\frac{\partial v_r}{\partial \Theta} - \frac{v_\Theta}{\sin^2\Theta} + \frac{\partial}{\partial r}\left(r^2 \frac{\partial v_\Theta}{\partial r}\right)\right] . \qquad (2.13)$$

Innerhalb der Wirbelschicht gibt es keine freie Flüssigkeitsoberfläche. Daher kann, wenn p_o einen Referenzdruck auf der Höhe des Kugelmittelpunktes bezeichnet, der Druck p aufgespalten werden in

$$p = p_o + \rho_F g r \cos\Theta + p^* . \qquad (2.14)$$

Der Ansatz (2.14) zerlegt die Veränderung des Druckes in einen Anteil $\rho_F g r \cos\Theta$, der von der Schwere herrührt und einen Anteil p^*, der vom Strömungswiderstand der betrachteten Kugel herrührt.

Mit Hilfe der Beziehung (2.14) läßt sich die Gleichung (2.13) umformen zu

$$\rho_F\left[v_\Theta \frac{\partial v_\Theta}{\partial \Theta} + v_r v_\Theta + r v_r \frac{\partial v_\Theta}{\partial r}\right] = \frac{\partial p^*}{\partial \Theta} +$$

$$+ \frac{\eta}{r}\left[\frac{\partial^2 v_\Theta}{\partial \Theta^2} + \frac{\partial v_\Theta}{\partial \Theta}\cot\Theta + 2\frac{\partial v_r}{\partial \Theta} - \frac{v_\Theta}{\sin^2\Theta} + \frac{\partial}{\partial r}\left(r^2 \frac{\partial v_\Theta}{\partial r}\right)\right] . \qquad (2.15)$$

Gleichung (2.15) enthält den Einfluß der Erdschwere nicht mehr und gilt daher sowohl im Falle der vertikal gedachten Wirbelschichtdurchströmung als auch im Falle der Festbettdurchströmung ohne Schwerkrafteinfluß. Man hat jedoch zu beachten, daß entsprechend dem Ansatz (2.14) im Falle der Fluidisation außer der Widerstandskraft eine auf die Partikel wirkende Auftriebskraft

$$A_g = \rho_F \frac{\pi d_p^3}{6} g$$

in Rechnung gestellt werden muß. Dieses Ergebnis entspricht den Überlegungen, die zur Gleichung (2.3) für den äquivalenten Druckabfall in einer Wirbelschicht führten.

Zweckmäßige dimensionslose Variable werden eingeführt über die Definitionen

a) Dimensionsloser Abstand r' von der Kugeloberfläche:

$$r = r_o + \delta\, r' . \qquad (2.16)$$

b) Dimensionslose Geschwindigkeiten v_r', v_Θ':

$$v_r = \frac{U}{\varepsilon}\, v_r' ; \qquad v_\Theta = \frac{U}{\varepsilon}\, v_\Theta' \quad . \qquad (2.17)$$

c) Wenn $2\Delta p^*$ die Druckdifferenz zwischen Front- und Endpunkt der Kugel in Hauptströmungsrichtung bezeichnet, so wird der Druck p dimensionslos gemessen über

$$p^* = \Delta p^*\, p' \quad . \qquad (2.18)$$

Es ist zu beachten, daß die dimensionslosen Größen r', v_r', v_Θ' und p' entsprechend ihren Definitionsgleichungen (2.16) bis (2.18) so eingeführt sind, daß sie von der Größenordnung Eins sind.

Einsetzen der durch die Beziehungen (2.16) bis (2.18) definierten dimensionslosen Größen in Gleichung (2.15) liefert nach einigen Umformungen

$$v_\Theta' \frac{\partial v_\Theta'}{\partial \Theta} + v_r' v_\Theta' + \frac{r_o}{\delta}\left(1 + \frac{\delta}{r_o} r'\right) v_r' \frac{\partial v_\Theta'}{\partial r'} = - \frac{\Delta p^*}{\rho_F \left(\frac{U}{\varepsilon}\right)^2} \frac{\partial p'}{\partial \Theta} +$$

$$+ \frac{\nu}{\frac{U}{\varepsilon} r_o \left(1 + \frac{\delta}{r_o} r'\right)} \left\{ \frac{\delta^2 v_\Theta'}{\partial \Theta^2} + \frac{\partial v_\Theta'}{\partial \Theta} \cot\Theta + 2 \frac{\partial v_\Theta'}{\partial \Theta} - \frac{v_\Theta'}{\sin^2\Theta} + \right.$$

$$\left. + \left(\frac{r_o}{\delta}\right)^2 \frac{\partial}{\partial r'} \left[\left(1 + \frac{\delta}{r_o} r'\right)^2 \frac{\partial v_\Theta'}{\partial r'}\right] \right\} . \qquad (2.19)$$

Die Analyse der Navier-Stokes-Gleichung (2.19) soll Aufschluß darüber geben, wie Druck, Trägheitseinflüsse und Zähigkeitskräfte in Wechselwirkung stehen bei der Umströmung der betrachteten Kugel, insbesondere im Falle einer engen Kugelpackung, d.h. im Fall $r_o/\delta >> 1$. Bei Berücksichtigung nur der in diesem Fall dominierenden Anteile der Wirkungen von Trägheit und Zähigkeit erhält man aus Gleichung (2.19) die vereinfachte Gleichung

$$\frac{r_o}{\delta} v_r' \frac{\partial v_\Theta'}{\partial r'} = - \frac{\Delta p^*}{\rho_F \left(\frac{U}{\varepsilon}\right)^2} \frac{\partial p'}{\partial \Theta} + \frac{\nu}{\frac{U}{\varepsilon} r_o} \left(\frac{r_o}{\delta}\right)^2 \frac{\partial^2 v_\Theta'}{\partial r'^2} . \tag{2.20}$$

Der Schritt von Gleichung (2.19) zu Gleichung (2.20) ist jedoch nur unter einer zusätzlichen Annahme zulässig. Die vereinfachte Version (2.20) gilt, wenn nicht nur die Variablen v_r', v_Θ' von der Größenordnung Eins sind, sondern ebenso deren Ableitungen. Diese zusätzliche Vereinfachung läßt sich nur intuitiv rechtfertigen. Die getroffene Annahme ist sicher ungültig im Falle steiler Gradienten des Strömungsfeldes an der Kugeloberfläche. Dieser Zustand ist jedoch nur dann innerhalb einer Packung von Partikeln zu erwarten, wenn der Strömungszustand an der Kugeloberfläche vom Grenzschichttyp ist, während außerhalb der Grenzschicht die Strömung turbulent ist. In diesem Fall ist jedoch die apriori Voraussetzung einer stationären Strömung verletzt.

Diese Überlegungen lassen die Erwartung als gerechtfertigt erscheinen, daß die vereinfachte Gleichung (2.20) auch im Falle dominierender Trägheitseffekte auf den Strömungszustand gültig ist, jedoch vor dem Einsetzen echter Turbulenz.

Unter dieser zusätzlichen Einschränkung läßt sich aus der Gleichung (2.20) für die jeweiligen Grenzfälle dominierender Zähigkeitskräfte bzw. dominierender Trägheitseffekte die gesuchte Abhängigkeit des Druckabfalles Δp^* längs der Kugeloberfläche von der Packungsgeometrie abschätzen.

Mit der Reynoldszahl

$$Re_o = \frac{\frac{U}{\varepsilon} r_o}{\nu} \tag{2.21}$$

folgt aus Gleichung (2.20) für eine relativ enge Packung, d.h. für $r_o/\delta >> 1$:

a) Bei überwiegenden Zähigkeitskräften, d.h. bei $Re_o << 1$:

$$\frac{\Delta p^* r_o}{\eta \frac{U}{\varepsilon}} \propto \left(\frac{r_o}{\delta}\right)^2 . \tag{2.22}$$

b) Bei überwiegenden Trägheitswirkungen, d.h. bei $Re_o >> 1$, aber vor dem Einsetzen eigentlicher Turbulenz:

$$\frac{\Delta p^*}{\rho_F \left(\frac{U}{\varepsilon}\right)^2} \propto \frac{r_o}{\delta} \quad . \tag{2.23}$$

5. Abhängigkeit des Kugelwiderstandes von der Packungsgeometrie

Mit Hilfe der im voranstehenden Abschnitt erzielten Ergebnisse läßt sich der von der Fluidumströmung auf eine Kugel in einer dichten Packung ausgeübte Widerstand abschätzen.

Die Komponenten des Spannungstensors, die für den Widerstand der betrachteten Kugel maßgeblich sind, lauten in Kugelkoordinaten (vergl. [8] und Abb. 2.3):

$$\sigma_r = - p^* + 2\eta \frac{\partial v_r}{\partial r} \tag{2.24}$$

bzw.

$$\tau_{r\Theta} = \eta \left(\frac{1}{r} \frac{\partial v_r}{\partial \Theta} + \frac{\partial v_\Theta}{\partial r} - \frac{v_\Theta}{r} \right) . \tag{2.25}$$

Wegen der Haftbedingung verschwinden an der Kugeloberfläche s alle Geschwindigkeiten, d.h. es gilt dort

$$(v_r)_s = (v_\Theta)_s = 0 \quad . \tag{2.26}$$

Längs der Kugeloberfläche gilt daher auch:

$$\left(\frac{\partial v_r}{\partial \Theta}\right)_s = \left(\frac{\partial v_\Theta}{\partial \Theta}\right)_s = 0 \ . \tag{2.27}$$

Bei Berücksichtigung der Bedingung (2.27) folgt aus der Kontinuitätsgleichung (2.12), daß an der Kugeloberfläche

$$\left(\frac{\partial v_r}{\partial r}\right)_s = 0 \tag{2.28}$$

gilt.

Führt man dieses Resultat und den durch die Beziehung (2.18) definierten dimensionslosen Druck p' ein, so erhält man für den Beitrag der Normalspannungen zum Kugelwiderstand einfach die Veränderung des statischen Druckes längs der Kugeloberfläche:

$$(\sigma_r)_s = - \Delta p^* (p')_s \quad . \tag{2.29}$$

Bei Beachtung sowohl der Bedingungen (2.26) und (2.27) als auch der Definitionen (2.16) und (2.17) der dimensionslosen Größen v_Θ' und r' folgt aus Gleichung (2.25) die vom Fluid auf die Kugeloberfläche ausgeübte Schubspannung zu

$$(\tau_{r\Theta})_s = \frac{\eta \frac{U}{\varepsilon}}{\delta} \left(\frac{\partial v_\Theta'}{\partial r'}\right)_s \quad . \tag{2.30}$$

Der gesamte, vom Fluid auf die Kugel ausgeübte Widerstand

$$W_1 = P_1 + T_1 \tag{2.31}$$

setzt sich zusammen aus dem Druckanteil

$$P_1 = - \pi r_o^2 \int_o^\pi (\sigma_r)_s \sin 2\Theta \, d\Theta \tag{2.32}$$

und dem Schubspannungsanteil

$$T_1 = \pi r_o^2 \int_o^\pi (\tau_{r\Theta})_s (1 - \cos 2\Theta) \, d\Theta \, . \tag{2.33}$$

Einsetzen von (2.29) und (2.30) in (2.32) bzw. (2.33) liefert

$$P_1 = \pi r_o^2 \Delta p^* \int_o^\pi (p')_s \sin 2\Theta \, d\Theta \tag{2.34}$$

bzw.

$$T_1 = \pi r_o^2 \frac{\eta \frac{U}{\varepsilon}}{\delta} \int_o^\pi \left(\frac{\partial v'}{\partial r'}\right)_s (1 - \cos 2\Theta) \, d\Theta \, . \tag{2.35}$$

Definitionsgemäß ist das in Gleichung (2.34) auftretende Integral von der Größenordnung Eins. Entsprechend den im voranstehenden Abschnitt beschriebenen Überlegungen werden die dimensionslosen Geschwindigkeitsgradienten als von der Größenordnung Eins angenommen. Deshalb wird das auf der rechten Seite der Beziehung (2.35) auftretende Integral ebenfalls als von der Größenordnung Eins angesehen.

Mit Hilfe der durch die Untersuchung der Navier-Stokes-Gleichungen gewonnenen Ergebnisse kann die Abhängigkeit des Kugelwiderstandes von der Packungsgeometrie im Falle einer vergleichsweise dichten Anordnung, d.h. für $r_o/\delta \gg 1$ abgeschätzt werden.

Im Falle niedriger Reynoldszahlen, d.h. für $Re_o \ll 1$ gilt für den Druckabfall Δp^* die Beziehung (2.22). Berücksichtigung der Beziehung (2.22) liefert für den durch die Beziehung (2.31) definierten Gesamtwiderstand bei Beachtung der Beziehungen (2.34) und (2.35)

$$W_1 = \pi r_o \eta \frac{U}{\varepsilon} \left[\frac{r_o}{\delta} \Phi_\tau + \left(\frac{r_o}{\delta}\right)^2 \Phi_p \right] \quad \text{für} \quad \begin{cases} Re_o \ll 1, \\ \\ \dfrac{r_o}{\delta} \gg 1. \end{cases} \tag{2.36}$$

In Gleichung (2.36) sind die beiden dimensionslosen Terme Φ_τ und Φ_p von der Größenordnung Eins und sie beschreiben die Beiträge der Schubspannungen bzw. des Druckes zum Gesamtwiderstand der Kugel.

Im Falle hoher Reynoldszahlen, d.h. für $Re_o \gg 1$ gilt für den Druckabfall Δp^* die Beziehung (2.23). Bei Beachtung der Beziehung (2.23) und der Beziehung (2.31) für den Gesamtwiderstand folgt aus den Gleichungen (2.34) und (2.35)

$$W_1 = \pi r_o^2 \rho_F \left(\frac{U}{\varepsilon}\right)^2 \frac{r_o}{\delta} \left[\psi_p + \frac{\nu}{\frac{U}{\varepsilon} r_o} \psi_\tau \right]$$

bzw. mit der Definition (2.21) der Reynoldszahl Re_o

$$W_1 = \pi r_o^2 \rho_F \left(\frac{U}{\varepsilon}\right)^2 \frac{r_o}{\delta} \left[\psi_p + \frac{\psi_\tau}{Re_o} \right] . \tag{2.37}$$

In der Beziehung (2.37) sind die dimensionslosen Terme ψ_p und ψ_τ

von der Größenordnung Eins und sie beschreiben die Beiträge des Druckes bzw. der Schubspannungen zum Kugelwiderstand. Die Gleichung (2.37) gilt jedoch für hohe Reynoldszahlen. Deswegen folgt aus Gleichung (2.37)

$$W_1 = \pi r_o^2 \rho_F \left(\frac{U}{\varepsilon}\right)^2 \frac{r_o}{\delta} \psi_p \qquad \text{für} \begin{cases} Re_o >> 1, \\ \\ \frac{r_o}{\delta} << 1. \end{cases} \tag{2.38}$$

Die Gleichung (2.38) beschreibt den dominierenden Beitrag der Trägheitseffekte im Falle hoher Reynoldszahlen, bei denen der Formwiderstand, d.h. der von der Druckverteilung herrührende Widerstandsanteil bei weitem den Oberflächen-Reibungswiderstand, d.h. den von den Schubspannungen herrührenden Anteil ψ_τ/Re_o übertrifft.

Die beiden Beziehungen (2.36) und (2.38) gelten für Werte $r_o/\delta >> 1$. Das durch die Beziehung (2.10) definierte Längenverhältnis r_o/δ enthält den Packungsparameter ζ, der zu $\zeta \simeq 1$ abgeschätzt wurde. Mit $\zeta = 1$ folgt aus Gleichung (2.10), daß für $\varepsilon \simeq 0{,}9$ das Längenverhältnis einen Wert $r_o/\delta \simeq 1$ annimmt, während für die Einzelkugel, d.h. für $\varepsilon = 1$ $r_o/\delta = 0$ gilt.

Mit dem Kugeldurchmesser d_p läßt sich die Beziehung (2.36) wie folgt schreiben:

$$W_1 = 3\pi d_p \eta \frac{U}{\varepsilon} \left[\frac{r_o}{\delta} \frac{\Phi_\tau}{6} + \left(\frac{r_o}{\delta}\right)^2 \frac{\Phi_p}{6} \right] \qquad \text{für} \begin{cases} Re_o << 1, \\ \\ \frac{r_o}{\delta} >> 1. \end{cases} \tag{2.39}$$

Diese Gleichung läßt sich folgendermaßen interpretieren:

Der Vorfaktor ist der Widerstand der Einzelkugel, während die beiden Terme in der Klammer den Packungseinfluß auf den Kugelwiderstand beschreiben. Die beiden Terme Φ_τ und Φ_p sind unbekannt. Im Falle von $r_o/\delta = 1$, d.h. für $\varepsilon \simeq 0{,}9$ folgt jedoch aus Gleichung (2.39)

$$W_1 = 3\pi d_p \eta \frac{U}{\varepsilon} \left[\frac{\Phi_\tau}{6} + \frac{\Phi_p}{6} \right].$$

Für die Einzelkugel sind die Beiträge von Druck und Schubspannungen zum Gesamtwiderstand bekannt. In diesem Falle tragen die Schubspannungen 2/3 und die Druckverteilung 1/3 zum Gesamtwiderstand bei. Daher erscheint die Annahme als nicht ganz unsinnig, daß diese Anteile wenigstens annähernd auch noch für $\varepsilon = 0{,}9$ zutreffen.

Als Abschätzung für den Kugelwiderstand im Bereich dominierender Zähigkeitskräfte und im Gesamtbereich der möglichen Porositäten wird daher vorgeschlagen:

$$W_1 = 3\pi\, d_p\, \eta\, \frac{U}{\varepsilon} \left\{ 1 + K_1 \left[\frac{2}{3}\, \frac{r_o}{\delta} + \frac{1}{3} \left(\frac{r_o}{\delta}\right)^2 \right] \right\} \qquad (Re_o \ll 1), \qquad (2.40)$$

wobei der Zahlenwert der Konstanten K_1 experimentell zu bestimmen ist.

Aus der Gleichung (2.38) läßt sich analog für den Bereich dominierender Trägheitseinflüsse die Abschätzung

$$W_1 = \frac{\pi\, d_p^{\,2}}{4}\, \frac{\rho_F}{2} \left(\frac{U}{\varepsilon}\right)^2 \left(0{,}4 + K_2\, \frac{r_o}{\delta}\right) \qquad (Re_o \gg 1) \qquad (2.41)$$

herleiten, in der der Term 0,4 den Einzelkugelwiderstand beschreibt und in der der Faktor K_2 experimentell bestimmt werden muß.

6. Experimentelle Überprüfung des vorgeschlagenen Konzeptes

Zur Verifizierung der Gültigkeit des hier vorgeschlagenen Konzeptes läßt sich ein Schlüsselexperiment folgendermaßen formulieren:

Der Vergleich der Definition (2.6) der Eulerzahl als dimensionslose Darstellung des Partikelwiderstandes mit den Ergebnissen (2.40) und (2.41) liefert

$$EuRe = 24 + K_1 \left[\frac{2}{3} \left(\frac{r_o}{\delta}\right) + \frac{1}{3} \left(\frac{r_o}{\delta}\right)^2 \right] \qquad \text{für } Re \ll 1 \qquad (2.42)$$

bzw.

$$Eu = 0{,}4 + K_2 \left(\frac{r_o}{\delta}\right) \qquad \text{für } Re \gg 1, \qquad (2.43)$$

wenn an Stelle von (2.21) die übliche Definition

$$Re = \frac{U\, d_p}{\varepsilon\, \nu} \tag{2.44}$$

der Reynoldszahl eingeführt wird.

Wählt man irgendeine Bezugsporosität, z.B. $\varepsilon = 0{,}5$, so lassen sich aus den obenangeschriebenen Beziehungen die normierten Darstellungen

$$\frac{EuRe - 24}{(EuRe)_{\varepsilon=0,5} - 24} = \frac{\frac{2}{3}\left(\frac{r_o}{\delta}\right) + \frac{1}{3}\left(\frac{r_o}{\delta}\right)^2}{\left[\frac{2}{3}\left(\frac{r_o}{\delta}\right) + \frac{1}{3}\left(\frac{r_o}{\delta}\right)^2\right]_{\varepsilon=0,5}} \quad \text{für } Re \ll 1 \tag{2.45}$$

bzw.

$$\frac{Eu - 0{,}4}{(Eu)_{\varepsilon=0,5} - 0{,}4} = \frac{\frac{r_o}{\delta}}{\left(\frac{r_o}{\delta}\right)_{\varepsilon=0,5}} \quad \text{für } Re \gg 1 \tag{2.46}$$

herleiten.

Trägt man also die im Bereich kleiner Reynoldszahlen, bzw. die im Bereich großer Reynoldszahlen gewonnenen Meßergebnisse in den normierten Darstellungen entsprechend den beiden Beziehungen (2.45) und (2.46) auf, so sollten diese für denselben Zahlenwert des Pakkungsparameters ζ entsprechend der Definitionsgleichung (2.10) des Längenverhältnisses r_o/δ erfüllt sein.

In Abb. 2.4 sind die Ergebnisse eigener Messungen an homogenen Wirbelschichten (5 verschiedene Glasfraktionen in Äthylenglykol fluidisiert) im Bereich niedriger Reynoldszahlen in der normierten Form über ε dargestellt. Wie man sieht, werden die Messungen recht gut durch die vorgeschlagene Funktion mit dem Zahlenwert $\zeta = 0{,}9$ ausgeglichen.

In Abb. 2.5 sind die Meßwerte von Wilhelm und Kwauk [9] für hohe Reynoldszahlen in der normierten Form dargestellt. Wie man sieht, werden diese durch die vorgeschlagene Funktion mit demselben Zahlenwert $\zeta = 0{,}9$ recht gut ausgeglichen.

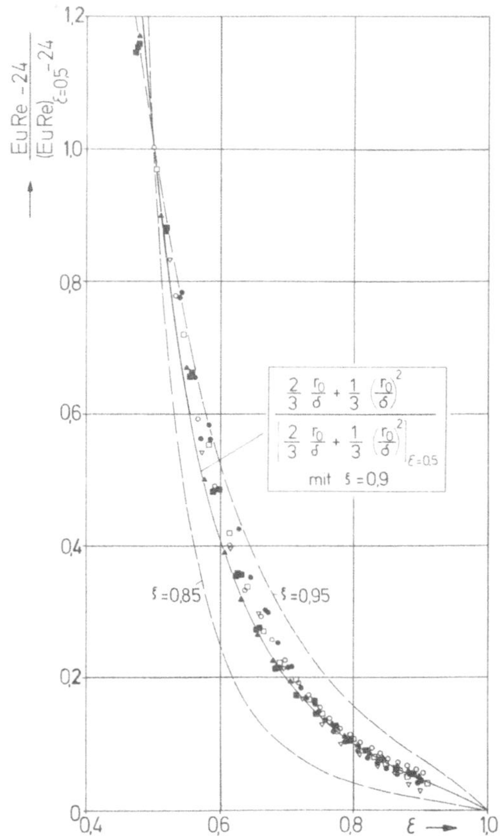

Abb. 2.4: Normierte Darstellung eigener Fluidisationsexperimente bei Reynoldszahlen Re ≤ 1

Damit ist die prinzipielle Richtigkeit des hier vorgeschlagenen Konzeptes nachgewiesen.

Als bislang einziger hat Gupte [10] bei seinen Untersuchungen an Kugelschüttungen die Porosität in einem breiteren Bereich variiert ($0,36 \leq \varepsilon \leq 0,64$) und die Packungsstruktur überprüft.

In Abb. 2.6 sind die Meßergebnisse Guptes im Bereich Re ≤ 1 in der normierten Darstellung entsprechend der Gleichung (2.45) wiedergegeben. Für eine feste Packungsporosität gilt im Bereich überwiegender Zähigkeitskräfte Eu • Re = const. Die in Abb. 2.6 eingezeichneten Punkte entsprechen daher den Ausgleichsgeraden durch die Einzel-

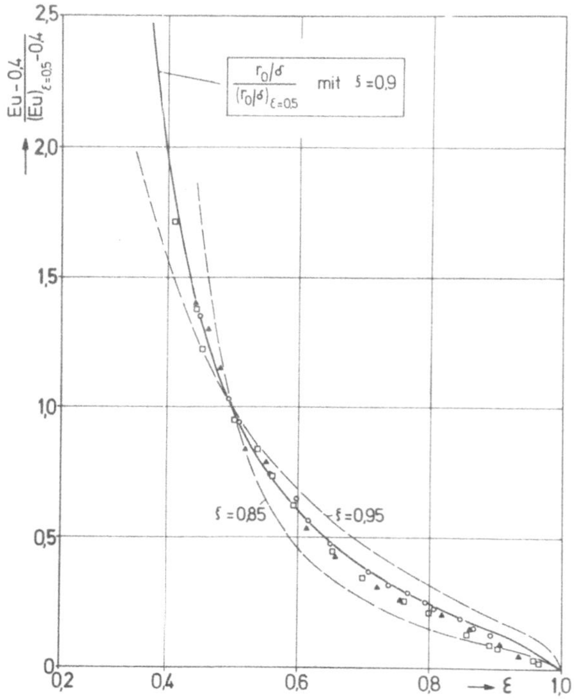

Abb. 2.5: Normierte Darstellung der Fluidisationsexperimente von Wilhelm und Kwauk [9] bei Reynoldszahlen im Bereich $500 \leq Re \leq 2000$

messungen Guptes bei Variation des Fluiddurchsatzes durch eine gegebene unveränderte Packung im Bereich $Re \leq 1$.

Wie aus Abb. 2.6 abzulesen ist, liegen die Meßwerte Guptes, in normierter Form über ε aufgetragen, fast alle auf der Linie mit dem Packungsparameter $\zeta = 0,95$. Als gestrichelte Linie mit eingezeichnet ist in Abb. 2.6 die Ausgleichslinie der Werte für die Wirbelschichtmessungen.

Wie der Vergleich zeigt, unterscheiden sich homogene Wirbelschichten und Festbett gering. Der Unterschied in dem Widerstandsverhalten ist bei niedrigen Porositäten ausgeprägter. Dieser Unterschied wurde auch in früheren Untersuchungen beobachtet. Richardson [5] z.B. führt diesen Unterschied auf die Beweglichkeit der Partikeln in der Wirbelschicht zurück.

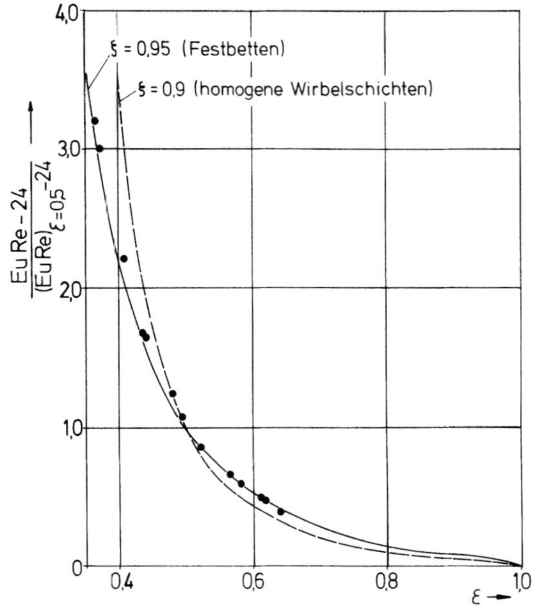

Abb. 2.6: Normierte Darstellung der Festbettmessungen von Gupte [10] bei Reynoldszahlen $Re \leq 1$

Der in Abb. 2.6 gezeigte Vergleich zwischen Wirbelschicht und Festbett lehrt, daß tatsächlich mit hinlänglicher Genauigkeit unterschiedliche Packungsparameter, hier die Zahlenwerte $\zeta = 0{,}9$ bzw. $\zeta = 0{,}95$, mit Hilfe von Ausdehnungs- bzw. Druckverlustmessungen herausgemessen werden können. Es lassen sich also unterschiedliche Packungsstrukturen hinsichtlich ihres Durchströmungsverhaltens eindeutig klassifizieren. Daraus kann geschlossen werden, daß das vorgeschlagene Konzept nicht nur prinzipiell richtig, sondern auch praktikabel ist, da der von der Theorie im Bereich $\zeta \simeq 1$ postulierte Packungsparameter mit hinlänglicher Genauigkeit und insbesondere in der Nähe von $\zeta \simeq 1$ experimentell ermittelt wird.

Die Gupteschen Messungen reichen bis $Re \leq 200$. In diesem Bereich überwiegen die Trägheitskräfte noch nicht in dem Maße, daß die Zähigkeitskräfte vernachlässigbar wären. Im Gegensatz zu Wirbelschichten stehen daher für Festbetten keine Meßwerte im Bereich überwiegender Trägheitskräfte zur Verfügung, bei denen die Packungsporosität in einem größeren Bereich variiert wurde.

7. Approximationsformeln für gleichmäßige Fluidisation und für Festbetten

Mit Hilfe des hier vorgestellten Konzeptes lassen sich Approximationsformeln für das Widerstandsverhalten von kugeligen Partikeln in homogenen Wirbelschichten bzw. in Festbetten aufbauen. Diese Formeln sind so aufgebaut, daß sie bis hin zum Widerstandsverhalten der Einzelkugel gültig sind.

Wie in Kapitel 1 nachgewiesen, liefert die Approximationsfunktion von Kaskas [2] eine gute Approximation des Widerstandsverhaltens der Einzelkugel, da die sie bildenden Terme eine eigenständige physikalische Bedeutung besitzen. Diese Approximationsfunktion lautet:

$$c_w(Re) = \frac{24}{Re} + \frac{4}{\sqrt{Re}} + 0{,}4 \quad . \tag{2.47}$$

Bei Beachtung der Gleichungen (2.42), (2.43) und (2.47) und durch Auswertung eigener sowie in der Literatur [9] gefundener Meßergebnisse läßt sich die Approximationsfunktion für das Widerstandsverhalten von kugeligen Partikeln in homogenen Wirbelschichten gewinnen, die durch Messungen bestätigt ist bis $Re \leq 2000$:

$$Eu_W = \frac{24}{Re}\left\{1 + 0{,}347\left[\frac{r_o}{\delta} + \frac{1}{2}\left(\frac{r_o}{\delta}\right)^2\right]_{\zeta=0{,}9}\right\} + \frac{4}{\sqrt{Re}} + 0{,}4 + 0{,}565\left(\frac{r_o}{\delta}\right)_{\zeta=0{,}9} \quad . \tag{2.48}$$

In Gleichung (2.48) ist die Größe r_o/δ definiert durch Gleichung (2.10). Die durch Gleichung (2.7) definierte Eulerzahl für die homogene Wirbelschicht stellt den dimensionslosen Widerstand einer Partikel gemäß der allgemeineren Definition (2.6) dar. Es kann daher geschlossen werden, daß die Gleichung (2.48) nicht nur das Verhalten homogener Wirbelschichten beschreibt, sondern allgemeingültiger ebenso den Widerstand kugeliger Partikeln in mehr oder weniger konzentrierten Suspensionen, wenn die in Gleichung (2.48) benutzte Reynoldszahl mit der Relativgeschwindigkeit zwischen Fluid und Feststoff gebildet wird.

Zur Anwendung der Beziehung (2.48) auf die hydraulischen Förderung vertikal-aufwärts vergl. Kapitel 5, Abschnitt 9 "Vorausberechnung des Druckverlustes bei der hydraulischen Förderung vertikal-aufwärts".

Dieser Vorstellung entsprechend, können homogene Wirbelschichten als experimentelle Anordnungen angesehen werden, in denen der Partikelwiderstand unter den Bedingungen einer konzentrierten Suspension gemessen werden kann.

In Abb. 2.7 beschreiben die ausgezogenen Linien die Gleichung (2.48) für unterschiedliche konstante Porositäten, während Punkte eigene Meßergebnisse für die entsprechenden Porositäten wiedergeben. Im Bereich $Re \le 1$ ist das Produkt EuRe, im Bereich $Re > 1$ ist Eu dargestellt.

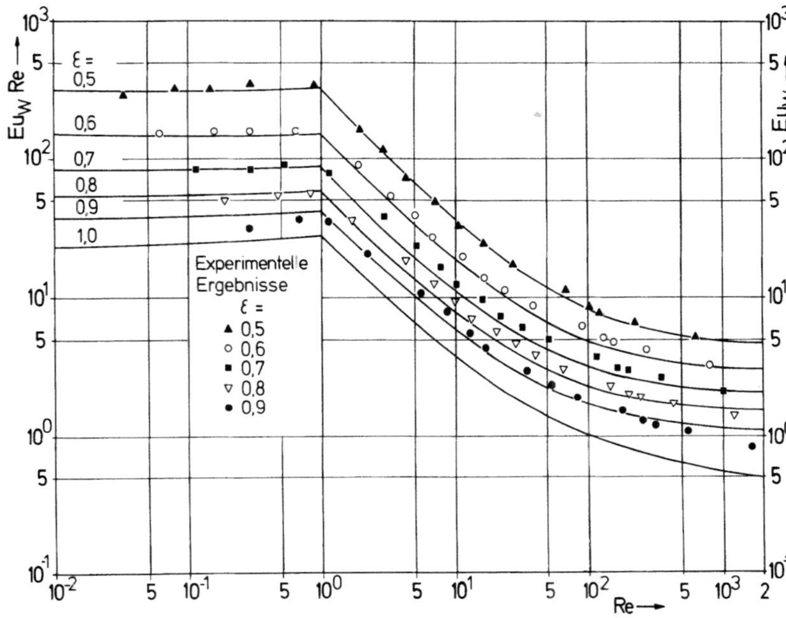

Abb. 2.7: Vergleich der Gleichung (2.48) für homogene Wirbelschichten mit eigenen Meßergebnissen

Mit Hilfe der Gleichung (2.48) läßt sich auch die für homogene Wirbelschichten geeignete Darstellung $\Omega = \Omega(Ar, \varepsilon)$ gewinnen.

Bei Beachtung der Definition (2.7) für Eu_W und (2.44) für Re folgt

$$Ar \equiv \frac{d_p{}^3 g}{\nu^2} \frac{\rho_s - \rho_F}{\rho_F} = \frac{3}{4} Eu_W Re^2 \tag{2.49}$$

bzw.

$$\Omega \equiv \frac{U^3}{\nu g} \frac{\rho_F}{\rho_s - \rho_F} = \frac{4}{3} \frac{Re\,\varepsilon^3}{Eu_W} \quad . \tag{2.50}$$

In Abb. 2.8 ist das so berechnete Diagramm $\Omega = \Omega\,(Ar, \varepsilon)$ dargestellt.

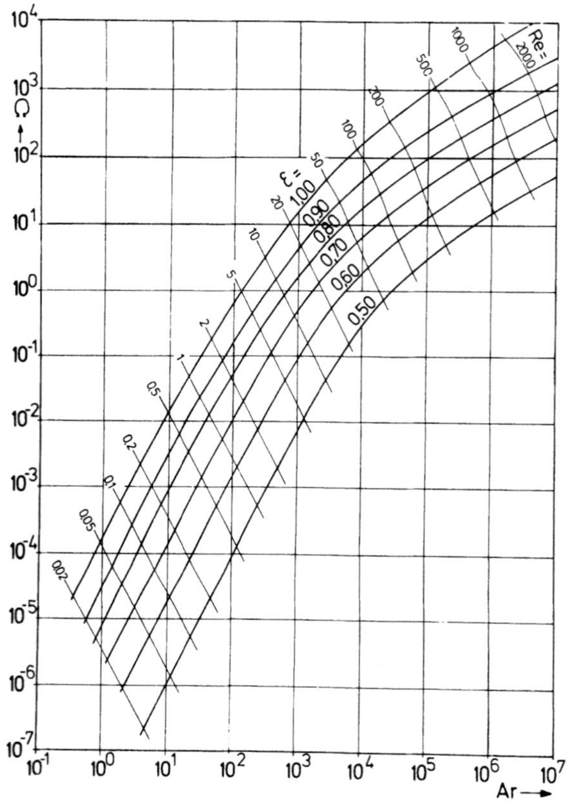

Abb. 2.8: Zustandsdiagramm der homogenen Fluidisation $\Omega = \Omega\,(Ar, \varepsilon)$, berechnet mit Hilfe von Gleichung (2.48)

Bei Beachtung der Gleichungen (2.42), (2.43) und (2.47) liefert die Auswertung der Gupteschen [10] Messungen die nachstehende Beziehung für Festbetten, die durch Experimente bis zu Reynoldszahlen Re ≤ 200 bestätigt ist:

$$Eu_F = \frac{24}{Re} \left\{ 1 + 0{,}777 \left[\frac{r_o}{\delta} + \frac{1}{2} \left(\frac{r_o}{\delta} \right)^2 \right]_{\zeta = 0{,}95} \right\} + \frac{4}{\sqrt{Re}} + 0{,}4 + 0{,}511 \left(\frac{r_o}{\delta} \right)_{\zeta = 0{,}95} \quad . \qquad (2.51)$$

In Gleichung (2.51) ist die Größe r_o/δ definiert durch Gleichung (2.10).

Die aus Gleichung (2.51) resultierenden Linien ε = const. für die von Gupte [10] untersuchten Packungen sind in Abbildung 2.9 mit den experimentellen Ergebnissen Guptes verglichen. Zur besseren Übersichtlichkeit sind die Ergebnisse für die verschiedenen Packungen in zwei Darstellungen aufgespalten.

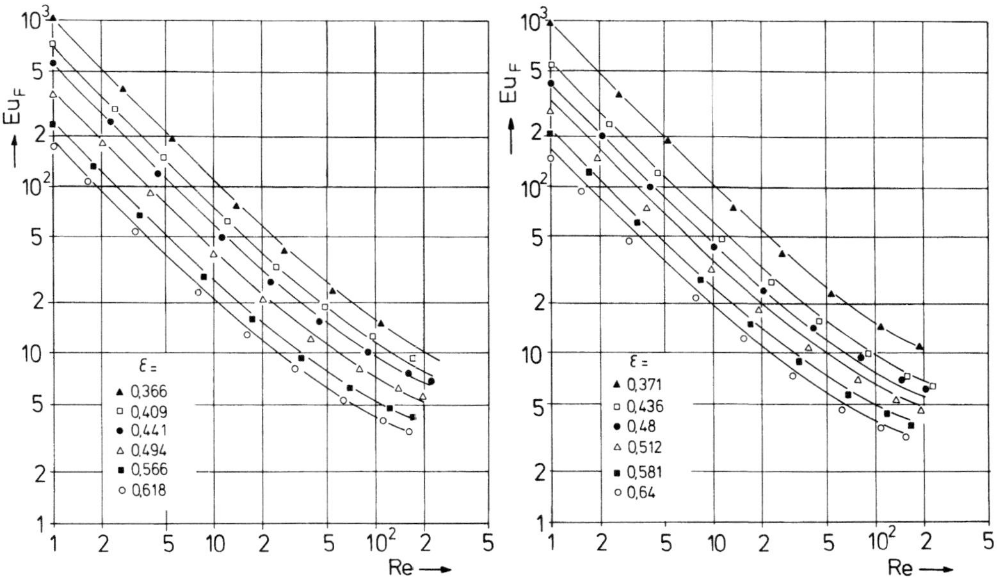

Abb. 2.9: Vergleich der Gleichung (2.51) für Festbetten mit den Meßergebnissen von Gupte [10]

8. Vergleich mit der Richardson-Zaki-Gleichung

Mit Hilfe der hier abgeleiteten Beziehungen läßt sich auch ein Vergleich mit der Richardson-Zaki-Gleichung (2.2) herstellen. Der in (2.2) vorkommende Exponent wurde bekannterweise [5] aus Experimenten $n = n(Re_{w_f})$, insbesondere

$$n = \begin{cases} 4{,}65 & \text{für } Re_{w_f} < 0{,}25 \\ 2{,}4 & \text{für } Re_{w_f} > 500 \end{cases} \qquad (2.52)$$

ermittelt. Hierbei bezeichnet

$$Re_{w_f} = \frac{w_f \, d_p}{\nu} \tag{2.53}$$

eine mit der Sinkgeschwindigkeit w_f der Einzelpartikel gebildete Reynoldszahl. Benutzt man für die Approximation des Widerstandsgesetzes bei der Sinkbewegung ebenfalls die Formel (2.47), so gilt für das Kräftegleichgewicht beim stationären Sinkvorgang

$$(\rho_s - \rho_F) \frac{\pi \, d_p^3}{6} g = \left(\frac{24}{Re_{w_f}} + \frac{4}{\sqrt{Re_{w_f}}} + 0{,}4 \right) \frac{\pi \, d_p^2}{4} \frac{\rho_F}{2} w_f^2 \; . \tag{2.54}$$

Bei Beachtung der Beziehungen (2.53) und (2.54) lassen sich aus der Beziehung (2.48) folgende, für sehr kleine bzw. sehr große Reynoldszahlen gültige Grenzbeziehungen ableiten:

$$\frac{u}{w_f} = \frac{\varepsilon}{1 + 0{,}347 \left[\frac{r_o}{\delta} + \frac{1}{2} \left(\frac{r_o}{\delta} \right)^2 \right]_{\zeta = 0{,}9}} \qquad \text{für } Re_{w_f} << 1 \tag{2.55}$$

bzw.

$$\frac{u}{w_f} = \frac{\varepsilon}{\sqrt{1 + 1{,}4125 \left(\frac{r_o}{\delta} \right)_{\zeta = 0{,}9}}} \qquad \text{für } Re_{w_f} >> 1 \; . \tag{2.56}$$

Der in den Abbildungen 2.10 bzw. 2.11 dargestellte Vergleich der Beziehungen (2.55) bzw. (2.56) mit der Richardson-Zaki-Gleichung sowie mit Meßwerten zeigt, daß für $Re_{w_f} < 1$ Gleichung (2.55), die Richardson-Zaki-Beziehung (2.2) und die Messungen sich praktisch nicht unterscheiden, während für $Re_{w_f} > 500$ die Beziehung (2.56) offensichtlich die Messungen besser wiedergibt als die Richardson-Zaki-Beziehung (2.2), wobei im Bereich $0{,}4 \leq \varepsilon \leq 0{,}9$ die Steigungen beider Kurven in der gewählten doppeltlogarithmischen Auftragung praktisch gleich sind.

Zum Nachweis der vollständigen Äquivalenz unterschiedlicher Darstellungen homogener Wirbelschichten siehe Kapitel 4 Abschnitt 3: "Darstellung des Overall-Verhaltens von Wirbelschichten".

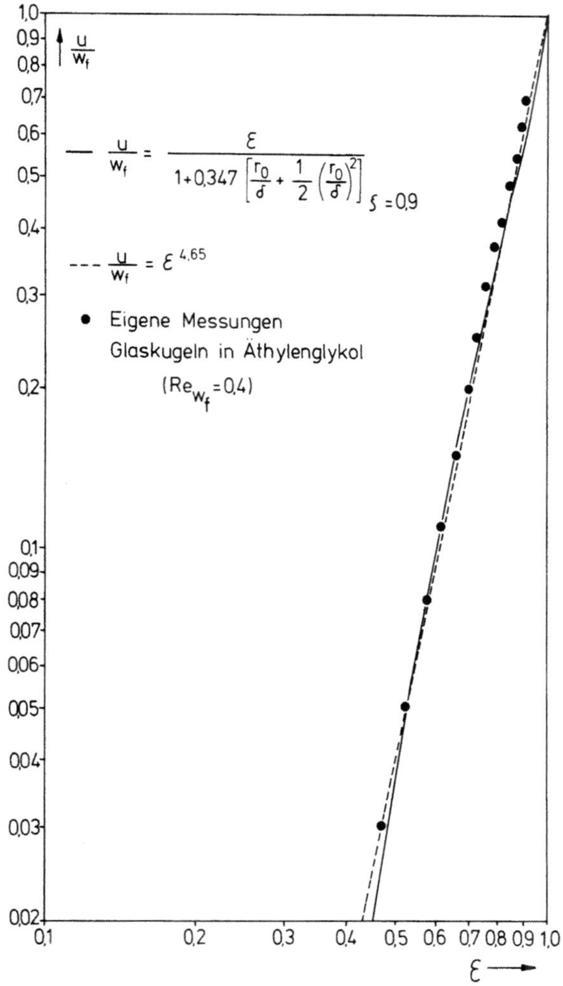

Abb. 2.10: Ausdehnungsverhalten homogener Wirbelschichten im Bereich $Re_{w_f} \ll 1$, Vergleich der Beziehung (2.55) mit der Richardson-Zaki-Gleichung und mit eigenen Messungen

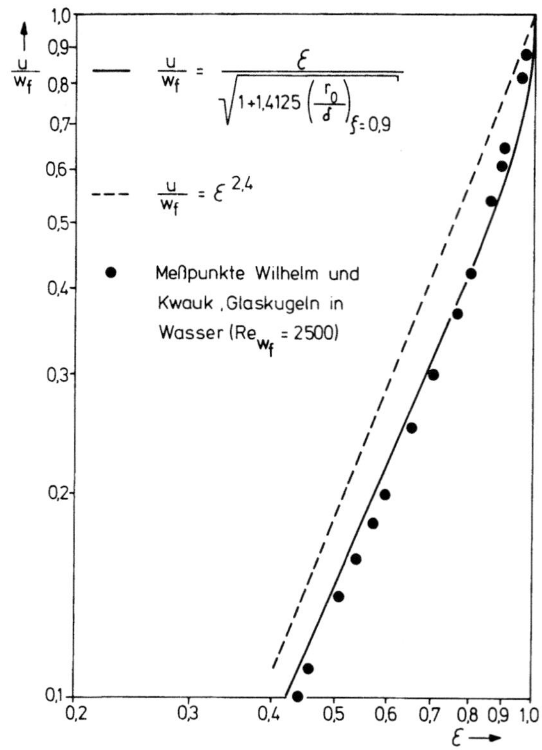

Abb. 2.11: Ausdehnungsverhalten homogener Wirbelschichten im Bereich $Re_{w_f} \gg 1$, Vergleich der Beziehung (2.56) mit der Richardson-Zaki-Gleichung und Messungen von Wilhelm und Kwauk [9]

Nomenklatur zu Kapitel 2

A	leere Querschnittsfläche der Schüttung	m^2
Ag	Auftrieb	N
Ar	Archimedeszahl, definiert durch Gleichung (2.49)	-
c_w	Widerstandsbeiwert der Einzelpartikel	-
d_p	Durchmesser einer kugeligen Partikel	m
Eu	Eulerzahl ohne spezielle Festlegung auf Wirbelschicht beziehungsweise Festbett	-
Eu_F	Festbett-Eulerzahl, definiert durch Gleichung (2.6)	-
Eu_W	Wirbelschicht-Eulerzahl, definiert durch Gleichung (2.7)	-
g	Erdbeschleunigung	ms^{-2}
ΔL	Länge (Höhe) der Schüttung	m

m	Anzahl der Partikeln in der Schüttung	-
n	Exponent, definiert durch Gleichung (2.2)	-
p	Druck	Nm^{-2}
p'	dimensionsloser Druck	-
p_o	Referenzdruck auf der Höhe des Mittelpunktes der betrachteten Kugel	Nm^{-2}
p^*	Druck im Fluid aufgrund des Partikelwiderstandes	Nm^{-2}
P_1	Druckanteil des Partikelwiderstandes	N
ΔP	Druckabfall in der Schüttung	Nm^{-2}
Δp^*	halber Druckabfall zwischen vorderem und hinterem Staupunkt der betrachteten Partikel	Nm^{-2}
ΔP_{tot}	gesamter Druckabfall in der Wirbelschicht	Nm^{-2}
r	Radius, vergl. Abb. 2.3	m
r'	dimensionsloser Abstand von der Partikeloberfläche, definiert durch Gleichung (2.16)	-
r_o	charakteristische Länge einer Partikel, bei kugeligen Partikeln: Partikelradius	m
Re	Reynoldszahl, gebildet mit dem Partikeldurchmesser	-
Re_o	Reynoldszahl, gebildet mit dem Partikelradius r_o	-
T_1	Schubspannungsanteil des Partikelwiderstandes	N
U	Leerrohrgeschwindigkeit des Fluids	ms^{-1}
v_r	Radialkomponente der Fluidgeschwindigkeit	ms^{-1}
v_r'	dimensionslose Radialgeschwindigkeit	-
$(..)_s$	an der Kugeloberfläche	
v_Θ	Umfangskomponente der Fluidgeschwindigkeit	ms^{-1}
v_Θ'	dimensionslose Umfangsgeschwindigkeit	-
V_c	Zellenvolumen, definiert durch Gleichung (2.9)	m^3
V_p	Partikelvolumen	m^3
w_f	Sinkgeschwindigkeit einer Partikel	ms^{-1}
W_1	vom Fluid auf eine Partikel übertragene Widerstandskraft	N
δ	charakteristische Länge des Strömungsraumes um eine Partikel, definiert durch Gleichung (2.10)	m
ε	Porosität	-
ζ	Packungsparameter, definiert durch Gleichung (2.10)	-
ζ_1	Faktor, definiert durch Gleichung (2.8)	-
ζ_2	Faktor, definiert durch Gleichung (2.9)	-
η	dynamische Zähigkeit	$kg\,m^{-1}\,s^{-1}$
Θ	Winkel, vergl. Abb. 2.3	-
ν	kinematische Zähigkeit	m^2s^{-1}
ρ_F	Fluiddichte	$kg\,m^{-3}$
ρ_s	Feststoffdichte	$kg\,m^{-3}$

σ_r	Normalspannung	Nm^{-2}
$\tau_{r\Theta}$	Schubspannung	Nm^{-2}
Φ_p	dimensionslose Druckfunktion, definiert durch Gleichung (2.36)	-
Φ_τ	dimensionslose Reibungsfunktion, definiert durch Gleichung (2.36)	-
ψ_p	dimensionslose Druckfunktion, definiert durch Gleichung (2.37)	-
ψ_τ	dimensionslose Reibungsfunktion, definiert durch Gleichung (2.37)	-
Ω	Kennzahl, definiert durch Gleichung (2.50)	-

Literaturverzeichnis zu Kapitel 2

1 Dullien, F.A.L.: Chem. Engng. J. 1975 10, S. 1

2 Brauer, H.: Grundlagen der Einphasen- und Mehrphasenströmungen, S. 200, Sauerländer, Aarau & Frankfurt am Main 1971

3 Schlichting, H.: Grenzschicht-Theorie, 5th Edn, S. 568, G. Braun, Karlsruhe 1965

4 Scheidegger, A.E.: The Physics of Flow Through Porous Media, University of Toronto Press Toronto 1960

5 Coulson, J.M und Richardson, J.F.: Chemical Engineering, 2nd Edn, Vol. 2, Pergamon Press, Oxford 1968

6 Rumpf, H. und Gupte, A.R.: Chem. Ing. Techn. 1971 43 (6), S. 367

7 Pawlowski, J.: Verfahrenstechnik 1975 9, S. 74

8 Kotschin, N.J., Kibel, I.A. und Rose, N.W.: Theoretische Hydromechanik, Vol. II, S. 265, Akademieverlag, Berlin 1955

9 Wilhelm, R.H. und Kwauk, M.: Chem. Engng. Prog. 1948 44 (3), S. 201

10 Gupte, A.R.: Experimentelle Untersuchung der Einflüsse von Porosität und Korngrößenverteilung im Widerstandsgesetz der Porenströmung, Dissertation Universität Karlsruhe 1970

Kapitel 3
Beschreibung feststoffbeladener Strömungen bei technologischen Aufgabenstellungen mittels geeigneter Kennzahlenkombinationen

1. Zielsetzung

Gegenstand dieses Kapitels ist das Problem der Darstellung feststoffbeladener Strömungen im Zusammenhang mit technologischen Aufgabenstellungen. Zur Veranschaulichung dessen, was hierunter im folgenden verstanden werden soll, sei ein Beispiel aus dem Bereich einphasiger Strömungen betrachtet.

Bei der einphasigen turbulenten Rohrströmung mag man eine ins Grundsätzliche zielende strömungsmechanische Aufgabenstellung in der theoretischen und/oder experimentellen Analyse der Turbulenzstruktur, eine technologische Aufgabenstellung in der Ermittlung des Druckverlustes bei gegebenem Volumenstrom sehen.

Bei bekanntermaßen sehr komplexer Turbulenzstruktur der Rohrströmung [1] läßt sich das Widerstandsgesetz $\lambda_R(Re_R)$ der turbulenten Rohrströmung vergleichsweise einfach mit Hilfe der Dimensionsanalyse [2] ableiten und durch Auswertung dann gezielt angesetzter Experimente [3] eindeutig und vollständig ermitteln.

Wegen der noch weit komplexeren Struktur feststoffbeladener Strömungen wird man sich bei deren Behandlung im Zusammenhang mit technologischen Aufgabenstellungen erst recht auf Dimensionsanalyse und gezielte Experimente abstützen.

Bisher erfolgte die Behandlung feststoffbeladener Strömungen im Zusammenhang mit technologischen Fragestellungen derart, daß unmittelbar von einer Auflistung der Einflußgrößen ausgehend ohne jeden Zwischenschritt dimensionslose Kennzahlen abgeleitet wurden [4] oder aber Kennzahlen aus stark vereinfachten Impulsbilanzen gewonnen wurden [5]. Die erstgenannte Methode führte bisher nur bei sehr einfachen Problemstellungen zu zuverlässig auswertbaren Aussagen. Die zweitgenannte, bei komplexeren Problemstellungen bisher fast ausschließlich angewandt, führt auf mehr oder weniger empirische Korrelationen mit beschränkter Genauigkeit und geringer zuverlässiger Variationsbreite der in den Beziehungen enthaltenen Parameter.

Diese voranstehend beschriebenen Methoden bei der Behandlung feststoffbeladener Strömungen sind aber auf die Dauer unbefriedigend. Gegenstand der nachstehend beschriebenen Überlegungen ist daher der Versuch, durch konsequente Ausnutzung aller allgemein gültigen, über die Partikelbewegung zur Verfügung stehenden Aussagen die Dimensionsanalyse zu einem schärferen Werkzeug zu verbessern, ohne daß die erzielten Aussagen durch willkürliche Modellvorstellungen fragwürdig werden.

2. Voraussetzungen

Bei der Behandlung grundsätzlicher Fragen müssen die zugrundeliegenden Voraussetzungen sorgfältig bedacht werden, weil andernfalls unbewußt Einschränkungen in die Betrachtung eingeschleppt werden, die deren Aussagefähigkeit beeinträchtigen. Die Voraussetzungen, von denen im nachstehenden ausgegangen ist, sind im einzelnen:

a) Es werden durchgängig nur Vorgänge in ortsfesten Apparaturen an der Erdoberfläche betrachtet, d.h. die Erdbeschleunigung g möge zur Beschreibung des Umwelteinflusses ausreichen.

b) Die Partikeln sind im Trägerfluid suspendiert, d.h. bis auf gelegentliche Kontakte der Partikeln untereinander bzw. der Partikeln mit den Apparateberandungen seien die Partikeln frei im Trägerfluid beweglich. Diese Voraussetzung trifft beispielsweise bei der pneumatischen Strähnenförderung (vergl. hierzu Kapitel 6) nicht zu. Sie ist jedoch notwendig bei einer rein strömungsmechanischen Betrachtung der Probleme feststoffbeladener Strömungen.

c) Das Stoßverhalten der Partikeln untereinander bzw. der Partikeln mit den Apparatewandungen sei für die verschiedenen Partikelmaterialien nicht sehr unterschiedlich. Diese Voraussetzung trifft beispielsweise nicht zu, wenn die Partikeln die Gefäßwandung verschleißen oder wenn merklicher Partikelabrieb beobachtet wird. Die Voraussetzung ist jedoch ebenfalls notwendig dafür, daß feststoffbeladene Strömungen als eine rein strömungsmechanische Aufgabe angesehen werden dürfen.

d) Das Trägerfluid sei Newtonsch, d.h. es sei eindeutig und ausreichend durch die Angabe seiner Dichte ρ_F und seiner kinematischen Zähigkeit ν charakterisiert.

e) Bei der Behandlung von Gas/Feststoffströmungen sei zwar das Druckniveau beliebig, es werden jedoch innerhalb der betrachteten Bilanzräume so geringe Druckgradienten vorausgesetzt, daß Kompressibilitätseffekte vernachlässigbar sind.

f) Auch im Falle innerer Poren seien die Poren so klein gegen die Partikelabmessungen, daß auch poröse Partikeln hinsichtlich ihrer Massenverteilung als homogen angesehen werden dürfen. Des weiteren seien die Feststoffpartikeln untereinander geometrisch ähnlich, so daß zu ihrer vollständigen Charakterisierung eine einzige charakteristische Länge d_p und die Angabe der Feststoffdichte ρ_s ausreichen. Insbesondere werden Partikeln bei ihrer Bewegung relativ zum Trägerfluid als nicht deformierbar angesehen, so daß für sie die Gesetze der Starrkörperbewegung gelten.

g) Abgesehen von turbulenten Schwankungsbewegungen sei der Strömungszustand stationär, d.h. es werden keine Anfahrvorgänge betrachtet.

Die in diesem Kapitel vorkommenden Gleichungen sind zum Teil unter Weglassung unwesentlicher Zahlenfaktoren formuliert. Diese Eigenschaft wird dadurch ausgedrückt, daß an Stelle des Gleichheitszeichens das Symbol $\propto$ benutzt wird.

3. Die Bewegung des starren Körpers

Bei Bezug auf den Körperschwerpunkt lassen sich bekanntlich die Bewegungsgleichungen für die Schwerpunktsbewegung bzw. die Drehbewegung um den Schwerpunkt entkoppeln.

Für die Schwerpunktsbeschleunigung gilt die vektorielle Bewegungsgleichung

$$m \frac{d \underset{\sim}{v}_s}{d t} = \Sigma \underset{\sim}{F} \quad , \tag{3.1}$$

aus der durch skalare Multiplikation mit der Schwerpunktsgeschwindigkeit $\underset{\sim}{v}_s$ die Beziehung (3.2) folgt:

$$\frac{d}{dt}\left(\frac{m}{2} v_s^2\right) = \Sigma(\underset{\sim}{F} \cdot \underset{\sim}{v}_s) \quad . \tag{3.2}$$

Die skalare Beziehung (3.2) besagt, daß die zeitliche Änderung des translatorischen Anteils der kinetischen Energie des starren Körpers gleich dem Anteil der Leistung ist, der von den äußeren Kräften bei der Schwerpunktsbewegung erbracht wird.

Entsprechend der hier gewählten Aufgabenstellung werden die Partikeln als in einem Trägerfluid suspendiert und dabei bewegt angesehen. Im allgemeinen Fall wird dabei die Partikelbewegung instationär sein. Strebt man eine Beschreibung des Systemverhaltens mit Hilfe dimensionsloser Kennzahlen an, so benötigt man bei instationärer Partikelbewegung eine charakteristische Geschwindigkeit und eine charakteristische Zeit.

Die Trägerfluidströmung selbst ist im zeitlichen Mittel als stationär anzusehen. Strenge geometrische Ähnlichkeit vorausgesetzt, läßt sich bei technologischen Aufgabenstellungen stets eine charakteristische Geschwindigkeit des Fluids dadurch angeben, daß man beispielsweise einen Volumenstrom $\dot{V}$ durch eine geeignet gewählte Kontrollfläche A dividiert:

$$v = \frac{\dot{V}}{A} \quad . \tag{3.3}$$

Eine charakteristische Zeit läßt sich dadurch gewinnen, daß man eine charakteristische Länge D des Strömungsraumes durch die durch Gleichung (3.3) definierte charakteristische Geschwindigkeit v dividiert:

$$\bar{t} = \frac{D}{v} \quad . \tag{3.4}$$

Bei der Rohrströmung hat beispielsweise die durch Gleichung (3.4) definierte charakteristische Zeit $\bar{t}$ die anschauliche Bedeutung des Kehrwertes eines Größenordnungsmaßes für den Geschwindigkeitsgradienten der Rohrströmung.

Mit Hilfe der Beziehungen (3.3) und (3.4) lassen sich eine dimensionslose Zeitzählung

$$\tau = \frac{V}{D} t \tag{3.5}$$

und eine dimensionslose Schwerpunktsgeschwindigkeit

$$\underset{\sim}{v}_S^* = \frac{\underset{\sim}{v}_S}{V} \tag{3.6}$$

definieren. Mit (3.5) und (3.6) folgt aus (3.2), wenn die Wirkung der Erdschwere getrennt berücksichtigt wird:

$$\frac{\rho_S \, d_p^3 V^2}{D} \frac{d(v_S^{*2})}{d\tau} \propto (\rho_S - \rho_F) d_p^3 g \, \underset{\sim}{\gamma} \cdot \underset{\sim}{v}_S^* + \Sigma' \, \underset{\sim}{F} \cdot \underset{\sim}{v}_S^* \; . \tag{3.7}$$

In der Beziehung (3.7) bezeichnet $\underset{\sim}{\gamma}$ einen Einheitsvektor in Richtung der Erdschwere und das Apostroph bei dem Summationszeichen soll andeuten, daß die Summation über alle eingeprägten Kräfte außer der von der Erdschwere hervorgerufenen angewendet werden soll.

Die Beziehung (3.7) bringt zum Ausdruck, daß bei einer vom Trägerfluid vollständig umhüllten Partikel die Schwerkraftwirkung schon berücksichtigt ist, und vereinbarungsgemäß im nachfolgenden die weiteren Kraftwirkungen vom Fluid auf die Partikel sich allein aus der Bewegung von Fluid und Partikel ergeben.

Für spätere Überlegungen wesentlich ist die Erkenntnis, daß der Schwerkraftterm in (3.7) nur für auftriebsneutrale Partikeln ($\rho_S = \rho_F$) verschwindet. Dann ist aber die Differentialgleichung (3.7) für $\rho_S \neq \rho_F$ nicht invariant gegen Drehung der Anordnung relativ zur Richtung des Vektors der Erdbeschleunigung.

Die Bewegung auftriebsneutraler Partikeln ist in aller Regel für technologische Aufgabenstellungen uninteressant. Es darf daher $\rho_S \neq \rho_F$ vorausgesetzt und deswegen die Beziehung (3.7) durchdividiert werden. Man erhält damit aus (3.7) die nachstehende Beziehung zwischen skalaren dimensionslosen Größen:

$$\frac{\rho_S}{\rho_S - \rho_F} \frac{V^2}{Dg} \frac{d(v_S^{*2})}{d\tau} \propto \underset{\sim}{\gamma} \cdot \underset{\sim}{v}_S^* + \sum \frac{\underset{\sim}{F} \cdot \underset{\sim}{v}_S^*}{(\rho_S - \rho_F) \, d_p^3 g} \; . \tag{3.8}$$

Für die Drehbewegung der Partikel gilt bei Bezug auf den Schwerpunkt die vektorielle Beziehung zwischen der zeitlichen Änderung des Drehimpulses und den angreifenden Momenten

$$\frac{d\,\underset{\sim}{D}_s}{d\,t} = \Sigma\,\underset{\sim}{M}_s \quad ,$$

aus der durch skalare Multiplikation mit dem Winkelgeschwindigkeitsvektor $\underset{\sim}{\omega}$ die skalare Beziehung

$$\left(\frac{d\,\underset{\sim}{D}_s}{d\,t}\right) \cdot \underset{\sim}{\omega} = \Sigma\,\underset{\sim}{M}_s \cdot \underset{\sim}{\omega} \tag{3.9}$$

folgt.

Wie man z.B. durch Ausrechnung in dem körperfesten Hauptachsensystem leicht zeigen kann, gilt aber für das Skalarprodukt zwischen Drehimpulsvektor und Winkelgeschwindigkeitsvektor wegen der Symmetrie des Trägheitstensors

$$\left(\frac{d\,\underset{\sim}{D}_s}{d\,t}\right) \cdot \underset{\sim}{\omega} = \left(\frac{d\underset{\sim}{\omega}}{d\tau}\right) \cdot \underset{\sim}{D}_s$$

und damit

$$\frac{d}{dt}\left(\frac{1}{2}\,\underset{\sim}{D}_s \cdot \underset{\sim}{\omega}\right) = \frac{1}{2}\left(\frac{d\,\underset{\sim}{D}_s}{d\,t}\right) \cdot \underset{\sim}{\omega} + \frac{1}{2}\,\underset{\sim}{D}_s \cdot \left(\frac{d\underset{\sim}{\omega}}{dt}\right) = \left(\frac{d\,\underset{\sim}{D}_s}{d\,t}\right) \cdot \underset{\sim}{\omega} . \tag{3.10}$$

Nun ist aber der rotatorische Anteil der kinetischen Energie des starren Körpers gerade gleich

$$T_{Rot} = \frac{1}{2}\,\underset{\sim}{D}_s \cdot \underset{\sim}{\omega} .$$

Bei Beachtung von (3.10) folgt aus (3.9) dann aber

$$\frac{d\,T_{Rot}}{d\,t} = \Sigma'\,\underset{\sim}{M}_s \cdot \underset{\sim}{\omega} . \tag{3.11}$$

Die Beziehung (3.11) besagt, daß die zeitliche Änderung des rotatorischen Anteils der kinetischen Energie des starren Körpers gerade gleich der Leistung der auf den Körperschwerpunkt bezogenen äußeren Momente ist. Das Apostroph bei dem Summationszeichen soll andeuten, daß die Summation keine Schwerewirkung enthält. Diese Aussage gilt stets für den im Fluid voll eingetauchten homogenen Körper, weil dann in bezug auf den Schwerpunkt weder Schwerkraft noch Auftriebskraft ein Moment besitzen.

Mit der auf die momentane Drehachse bezogenen Drehmasse I_ω gilt für die rotatorische kinetische Energie des starren Körpers:

$$T_{Rot} = \frac{1}{2} I_\omega \omega^2 ,$$

bzw. mit einer bezogenen, dimensionslosen Drehmasse i_ω

$$T_{Rot} \propto \rho_s d_p^5 i_\omega \omega^2. \tag{3.12}$$

Bei technologisch interessanten Aufgabenstellungen lassen sich wie zuvor dargelegt, in der Regel eine charakteristische Geschwindigkeit v und eine Länge D des Strömungsfeldes angeben. Zweckmäßig führt man daher eine dimensionslose Winkelgeschwindigkeit $\underset{\sim}{\omega}^*$ der Partikel über die Definition

$$\underset{\sim}{\omega}^* = \frac{D}{v} \underset{\sim}{\omega} \tag{3.13}$$

ein.

Bei Beachtung von (3.5), (3.12) und (3.13) folgt aus (3.11) die nachstehende Beziehung zwischen skalaren dimensionslosen Größen:

$$\frac{d(i_\omega \omega^{*2})}{d\tau} \propto \frac{D^2}{\rho_s d_p^5 v^2} \Sigma' (\underset{\sim}{M}_s \cdot \underset{\sim}{\omega}^*) . \tag{3.14}$$

4. Vom Trägerfluid auf die Partikeln ausgeübte Kräfte und Momente

Vom Trägerfluid werden auf die Partikeloberfläche Spannungen übertragen, die sich zu einem resultierenden Kraftvektor und einem Momentenvektor bezüglich des Schwerpunktes zusammenfassen lassen. Die vom Fluid auf suspendierte Partikeln übertragenen Kräfte und Momente werden als von der Relativbewegung zwischen Fluid und Partikeln verursacht angesehen.

In Strenge hat man dabei zu beachten, daß bei instationärer Partikelbewegung wie bei instationärer Fluidbewegung (Turbulenz) die Kraftwirkung insgesamt von der zeitlichen Veränderung des Strömungsfeldes um eine Partikel abhängt. Im Rahmen der hier interessierenden technologischen Aufgabenstellungen wird man derartige Effekte pauschal durch im Mittel modifizierte (beispielsweise turbulenzgradabhängige) Widerstandsbeiwerte zu erfassen suchen.

Weiterhin hat man zu beachten, daß bei technologischen Aufgabenstellungen die Fluidströmung zwischen Berandungen erfolgt, so daß auch die horizontale einphasige Fluidströmung einen Druckabfall erfährt.

Daraus folgt aber, daß auch eine ohne Relativgeschwindigkeit zum Fluid mit dem Fluid mitschwimmende Partikel eine Kraftwirkung vom Fluid erfährt. Diese Eigenschaft einer Strömung mit merklichem Druckgradienten muß in geeigneter Weise berücksichtigt werden.

Nur bei Beachtung dieser zuvor formulierten Bedingungen ist es sinnvoll, wie nachstehend beschrieben, die vom Fluid auf eine Partikel ausgeübten Kraftwirkungen zu untersuchen, die der Relativgeschwindigkeit des Partikelschwerpunktes gegen das Fluid bzw. der Relativgeschwindigkeit der Partikeldrehung gegen das Fluid zugeordnet werden. Diese Wechselwirkungen zwischen Fluid und Partikel sind sicher von der Feststoffkonzentration im Fluid abhängig. Da jedoch in den folgenden Kapiteln geeignete Konzentrationsmaße eingeführt werden, wird die Konzentrationsabhängigkeit hier nicht explizit aufgeführt.

Denkt man z.B. an in Turbulenzballen eingelagerte feinkörnige Partikeln, so wird man den Anströmzustand als durch eine lokale Translations- und Drehbewegung eines Fluidelementes festgelegt ansehen.

Relativ zu diesem Fluid bewege sich die Partikel mit einer Geschwindigkeit v_{rel} des Schwerpunktes und einer Winkelgeschwindigkeit der Relativdrehung ω_{rel}.

Die vom Fluid auf die Partikel ausgeübte Kraft $\underset{\sim}{F}$ bzw. das vom Fluid auf die Partikel ausgeübte Moment $\underset{\sim}{M}$ hängen vom Bewegungszustand und den relevanten Stoffdaten des Fluids bzw. der Partikel ab.

Die Einflußgrößen sind daher:

a) Betrag der Relativgeschwindigkeit zwischen Partikelschwerpunkt und Fluid v_{rel}
b) Betrag der Winkelgeschwindigkeit der Relativdrehung der Partikel zum Fluid ω_{rel}
c) Partikelabmessung d_p
d) Fluiddichte ρ_F
e) Fluidzähigkeit ν

Gemäß dem Buckingham-Theorem [2] lassen sich daher der Betrag der vom Fluid übertragenen Kraft bzw. der Betrag des vom Fluid übertragenen Moments als Verknüpfung je dreier dimensionsloser Kennzahlen, beispielsweise in der Gestalt

$$\frac{F}{\rho_F\, d_p^2 v_{rel}^2} \propto C_F\left(\frac{v_{rel}\, d_p}{\nu}\, ;\, \frac{\omega_{rel}\, d_p}{v_{rel}}\right) , \qquad (3.15)$$

$$\frac{M}{\rho_F\, d_p^3 v_{rel}^2} \propto C_M\left(\frac{v_{rel}\, d_p}{\nu}\, ;\, \frac{\omega_{rel}\, d_p}{v_{rel}}\right) \qquad (3.16)$$

darstellen. Diese Darstellung ist z.B. äquivalent der von Sawatzki [6] gewählten Beschreibung von Versuchsergebnissen zum Widerstandsverhalten angeströmter rotierender Kugeln.

Man tut gut daran zu bedenken, daß die Definitionen (3.15) und (3.16) bereits eine schwerwiegende Einschränkung bedeuten. Sie sind nämlich letzten Endes nur für exakte Kugeln streng gültig. Es wird nämlich gemäß den Definitionen (3.15) und (3.16) unterstellt, daß sowohl der Kraftbeiwert C_F als auch der Momentenbeiwert C_M von der momentanen Anordnung der Partikeln relativ zum Strömungsfeld unabhängig sind. Diese Voraussetzung ist aber nur für Kugeln erfüllt. Man wird sie jedoch bei im Zusammenhang mit technologischen Aufgabenstellungen sinnvollen Genauigkeitsansprüchen als erfüllt ansehen müssen, wenn man ernsthaft die Absicht hat, zu auswertbaren Beziehungen zu gelangen. Überdies ist bei der Definition von C_F bzw. C_M quasistationäre Betrachtungsweise zugrunde gelegt.

5. Dimensionslose Kennzahlen zur Beschreibung der Partikelbewegung in einem Fluid

Bezeichnet man mit $\underset{\sim}{f}$ einen Einheitsvektor in Richtung des Kraftvektors $\underset{\sim}{F}$ und mit einem $\underset{\sim}{m}$ einen Einheitsvektor in Richung des Momentenvektors $\underset{\sim}{M}$, so erhält man für die Beschreibung der Bewegung von Partikeln, die in einem Trägerfluid suspendiert sind, aus der Verknüpfung von (3.8) mit (3.15) bzw. von (3.14) mit (3.16) folgende dimensionslose Bewegungsgleichungen: (3.17)

$$\frac{\rho_S}{\rho_S - \rho_F} \frac{v^2}{Dg} \frac{d(v_S^{*2})}{d\tau} \propto \underset{\sim}{\chi} \cdot \underset{\sim}{v}_S^* + \frac{v_{rel}^2}{\left(\frac{\rho_S}{\rho_F} - 1\right) d_p g} C_F \left(\frac{v_{rel} d_p}{\nu} ; \frac{\omega_{rel} d_p}{v_{rel}}\right) \underset{\sim}{f} \cdot \underset{\sim}{v}_S^*$$

und

$$\frac{d(i_\omega \omega^{*2})}{d\tau} \propto \frac{\rho_F}{\rho_S} \left(\frac{D\, v_{rel}}{d_p\, v}\right)^2 C_M \left(\frac{v_{rel} d_p}{\nu} ; \frac{\omega_{rel} d_p}{v_{rel}}\right) \underset{\sim}{m} \cdot \underset{\sim}{\omega}^* \ . \qquad (3.18)$$

Aus der dimensionslosen Differentialgleichung (3.17) folgt, daß die Schwerpunktsbewegung der Partikeln durch eine Verknüpfung dimensionsloser Kennzahlen von der Form

$$F_{SO}^{\{1\}} \left(\frac{\rho_S}{\rho_S - \rho_F} \frac{v^2}{Dg} ; \frac{v_{rel}^2}{\left(\frac{\rho_S}{\rho_F} - 1\right) d_p g} ; \frac{v_{rel} d_p}{\nu} ; \frac{\omega_{rel} d_p}{v_{rel}} \right) = 0 \qquad (3.19)$$

festgelegt ist. Hierbei ist jedoch eine für das Verständnis der späteren Anwendungen wesentliche Anmerkung notwendig. Beim Übergang von der Differentialgleichung (3.17) zur Kennzahlenkombination (3.19) ging der vektorielle Charakter der Erdbeschleunigung verloren. Eine bestimmte Verknüpfung der dimensionslosen Kennzahlen entsprechend der Beziehung (3.19) wird das Verhalten eines bestimmten Systems nur dann eindeutig und vollständig beschreiben, wenn dessen Orientierung relativ zur Richtung der Erdbeschleunigung vorher festgelegt ist (beispielsweise vertikal, horizontal). Diese Einschränkung wird bei (3.19) durch die Doppelindizierung SO angedeutet, wobei S für Schwerpunktsbewegung, O für Orientierung zur Richtung der Erdschwere steht.

Aus der dimensionslosen Differentialgleichung (3.18) folgt, daß die Drehbewegung der Partikel durch eine Verknüpfung dimensionsloser Kennzahlen von der Form

$$F_R\left[\frac{\rho_F}{\rho_s}\left(\frac{D\,v_{rel}}{d_p\,v}\right)^2 ; \frac{v_{rel}\,d_p}{\nu} ; \frac{\omega_{rel}\,d_p}{v_{rel}}\right] = 0 \qquad (3.20)$$

festgelegt ist. Der Index R steht dabei für Rotation. Die Beziehungen (3.19) und (3.20) legen unter den zuvor formulierten einschränkenden Bedingungen die Partikelbewegung in einem Trägerfluid eindeutig und vollständig fest. Für die Anwendung auf technologische Aufgabenstellungen werden jedoch zweckmäßig aus (3.19) und (3.20) äquivalente Darstellungen entwickelt, die zur Beschreibung technologischer Aufgabenstellungen geeigneter sind.

6. Dimensionslose Kennzahlen zur Beschreibung der Schwerpunktsbewegungen von Partikeln

Eine geeignete Umformung der grundlegenden Beziehungen (3.19) und (3.20) ist deswegen möglich und zulässig, weil jede beliebige multiplikative Verknüpfung der in (3.19) und (3.20) auftretenden ursprünglichen Kennzahlen erlaubt ist. Im Rahmen technologischer Aufgabenstellungen interessiert in aller Regel nicht die detaillierte Analyse der Drehbewegungen der Partikeln. Man wird aber den Einfluß der Partikeldrehbewegung auf die Partikelbahnen in Rechnung stellen müssen.

Der Einfluß der Drehbewegung auf die Schwerpunktbahnen läßt sich wie folgt berücksichtigen: Durch explizite Auflösung von (3.20) ist eine Darstellung

$$\frac{\omega_{rel}\,d_p}{v_{rel}} = f\left[\frac{v_{rel}\,d_p}{\nu} ; \frac{\rho_F}{\rho_s}\left(\frac{D\,v_{rel}}{d_p\,v}\right)^2\right] \qquad (3.21)$$

möglich.

Durch Einsetzen von (3.21) in (3.19) läßt sich dann aber die in (3.19) explizit auftretende Kennzahl $(\omega_{rel}\, d_p / v_{rel})$ eliminieren. Da die Partikel-Reynoldszahl $(v_{rel}\, d_p)/\nu$ bereits explizit auftritt, folgt aus (3.19) und (3.21) die allgemeine Verknüpfung der die Schwerpunktsbewegung der Partikel festlegenden Kennzahlen, bei der der Einfluß der Partikelrotation berücksichtigt ist:

$$F_{SO}^{\{2\}} \left[\frac{v_{rel}^2}{\left(\frac{\rho_s}{\rho_F} - 1\right) d_p\, g} \, ; \, \frac{v_{rel}\, d_p}{\nu} \, ; \, \frac{\rho_s}{\rho_s - \rho_F} \, \frac{v^2}{D\, g} \, ; \, \frac{\rho_s}{\rho_F} \left(\frac{d_p\, v}{D\, v_{rel}} \right)^2 \right] = 0 \, . \quad (3.22)$$

Bevor man sich einzelnen Anwendungen zuwendet, macht man sich zweckmäßigerweise klar, welche anschauliche, physikalische Bedeutung die in (3.22) auftretenden dimensionslosen Kennzahlen besitzen.

Die Kennzahl $v_{rel}^2 / \left[\left(\frac{\rho_s}{\rho_F} - 1\right) d_p\, g\right]$ setzt die vom Fluid auf die Partikel ausgeübte Widerstandskraft ins Verhältnis zu Schwere minus Auftrieb. Die spezielle Form dieser Kennzahl folgt aus der Definition des Widerstandsbeiwertes C_F gemäß Gleichung (3.15). Die Partikel-Reynoldszahl $(v_{rel}\, d_p)/\nu$ bringt zum Ausdruck, daß der Widerstandsbeiwert seinerseits von der Reynoldszahl abhängt. Die strömungsmechanische Wechselwirkung zwischen Fluid und Partikel im Feld der Erdschwere im Hinblick auf die Schwerpunktsbewegung der Partikel wird daher im wesentlichen durch die beiden ersten der in der Beziehung (3.22) stehenden Kennzahlen zum Ausdruck gebracht.

Die Kennzahl $(\rho_s\, v^2) / \left[(\rho_s - \rho_F) D\, g\right]$ beschreibt offensichtlich die Wechselwirkung zwischen kinetischer und potentieller Energie für in einem Fluid suspendierte Partikeln im Schwerefeld. Diese anschauliche Bedeutung wird unmittelbar evident, wenn man den freien Fall im Vakuum betrachtet. Im Vakuum existiert keine Wechselwirkung zwischen Partikel und Fluid, d.h. es verschwinden alle die Terme, welche die Relativgeschwindigkeit enthalten.

Aus (3.22) folgt aber dann mit $\rho_F = 0$ die Aussage $v^2/(D\, g) = \text{const}$, die mit der altbekannten Beziehung zwischen Fallhöhe H und Schwerpunktsgeschwindigkeit v gemäß $v = \sqrt{2\, g\, H}$ gleichwertig ist.

Die an letzter Stelle in (3.22) stehende Kennzahl $\left[\rho_s (d_p v)^2\right] / \left[\rho_F (D v_{rel})^2\right]$ bringt den Einfluß der Partikeldrehung auf die Schwerpunktsbahn zum Ausdruck.

An dieser Stelle ist eine für das Verständnis feststoffbeladener Strömungen wichtige Anmerkung notwendig. Gemäß der grundlegenden Beziehung (3.11) kann auf eine homogene Partikel, die keine Drehmasse besitzt, für die also $T_{Rot} \equiv 0$ ist und die ohne zusätzliche Bindung im Fluid mitschwimmt, vom Fluid kein Moment ausgeübt werden. Mit $M \equiv 0$ folgt aber aus der Beziehung (3.16) für die momentenfrei mitdrehende Partikel die Abhängigkeit

$$\frac{\omega_{rel} d_p}{v_{rel}} = f\left(\frac{v_{rel} d_p}{\nu}\right) .$$

Geht man mit dieser Beziehung in die grundlegende Beziehung (3.19) für die Schwerpunktsbewegung, so folgt zwingend, daß im Fall kugeliger Partikeln ein Einfluß der Partikelrotation auf die Schwerpunktsbewegung aus rein statischen Überlegungen, d.h. ohne Berücksichtigung der Drehträgheit nicht gefolgert werden kann. Dies ist der schlichte Grund, warum einschlägige Versuche von vorneherein zum Scheitern verurteilt waren.

7. Dimensionslose Kennzahlen zur Beschreibung technologischer Aufgabenstellungen

Die Darstellung (3.22) ist noch nicht für die Anwendung auf technologische Aufgabenstellungen direkt geeignet. Ihr liegen nämlich allein physikalische Gesetzmäßigkeiten zugrunde. Die zweckmäßige Umformung auf technologische Aufgabenstellungen ist aber keine Frage der Naturwissenschaften, sondern ausschließlich eine Frage einer angepaßten Strategie. Diese Strategie kann nur auf den jeweiligen Anwendungsfall zielen.

Eine erste Konsequenz derartiger, auf spezielle Anwendungsfälle zielender Strategien ist aber die, daß die unmittelbare, physikalisch anschaulich deutbare Bedeutung der Kennzahlen, wie sie in der Beziehung (3.22) noch zum Ausdruck kommt, weitgehend verloren geht.

Eine zweite Konsequenz problemorientierter Strategien besteht darin, daß eine einheitliche Darstellung unterschiedlicher Phänomene der feststoffbeladenen Strömungen nicht möglich ist. Vielmehr wird man jeweils für eine Problemklasse eine bestimmte, besonders zweckmäßige Darstellung zu finden suchen.

Die vorliegende Arbeit hat die Bewegung von Partikeln in an der Erdoberfläche befindlichen Strömungsfeldern zum Gegenstand. Der einfachste Bewegungszustand ist dann aber der einer einzelnen Partikel relativ zu einem ruhenden oder mit einheitlicher und konstanter Geschwindigkeit v bewegten Fluid. In diesem Fall gilt ganz einfach $v_{rel} = w_f$, d.h. die Relativgeschwindigkeit ist gleich der stationären Sinkgeschwindigkeit der Einzelpartikel. Die Sinkgeschwindigkeit w_f hat als charakteristische Größe des Problems gegenüber den anderen Daten den Vorzug, daß in ihr bereits eine Aussage über das Widerstandsverhalten der Partikel enthalten ist.

Daß es generell möglich ist, die Sinkgeschwindigkeit w_f zur Charakterisierung der speziellen Partikel/Fluid-Kombination auch dann zu benutzen, wenn sie nicht wie bei der Wirbelschicht etwa rein gefühlsmäßig als wesentlich angesehen wird, läßt sich wie folgt zeigen:

Das Kräftegleichgewicht beim stationären Sinkvorgang der kugeligen Einzelpartikel lautet:

$$(\rho_s - \rho_F)\,\frac{\pi d_p^3}{6}\,g = c_w\,(Re_{w_f})\,\frac{\pi d_p^2}{4}\,\frac{\rho_F}{2}\,w_f^2 \tag{3.23}$$

mit dem Widerstandsbeiwert $c_w(Re_{w_f})$ für die Sinkbewegung der Partikel, der von der mit der Sinkgeschwindigkeit gebildeten Reynoldszahl

$$Re_{w_f} \equiv \frac{w_f\,d_p}{\nu} \tag{3.24}$$

abhängt. Aus (3.23) und (3.24) folgt dann aber sowohl

$$\frac{\left(\frac{\rho_s}{\rho_F} - 1\right) d_p^3 g}{\nu^2} \propto c_w\,(Re_{w_f})\,Re_{w_f}^2 \tag{3.25}$$

als auch

$$\frac{w_f^2}{\left(\frac{\rho_s}{\rho_F}-1\right) d_p\, g} \propto \frac{1}{c_w(Re_{w_f})} \quad . \tag{3.26}$$

Aus dem Vergleich von (3.25) und (3.26) folgt aber dann unmittelbar

$$\frac{w_f^2}{\left(\frac{\rho_s}{\rho_F}-1\right) d_p\, g} \propto f\left[\frac{\left(\frac{\rho_s}{\rho_F}-1\right) d_p^3\, g}{\nu^2}\right]$$

bzw.

$$\frac{w_f^2}{\left(\frac{\rho_s}{\rho_F}-1\right) d_p\, g} \propto f\left[\frac{\left(\frac{\rho_s}{\rho_F}-1\right) d_p\, g}{v_{rel}^2}\left(\frac{v_{rel}\, d_p}{\nu}\right)^2\right] . \tag{3.27}$$

Die rechte Seite von (3.27) ist aber offensichtlich nichts anderes als eine Kombination der beiden ersten in (3.22) auftretenden dimensionslosen Kennzahlen.

Bei Beachtung von (3.27) folgt dann aber aus (3.22) die allgemeingültige Beziehung für die Schwerpunktsbewegung der Partikeln

$$F_{SO}^{\{3\}}\left[\left(\frac{v_{rel}^2}{\left(\frac{\rho_s}{\rho_F}-1\right) d_p\, g}\,;\, \frac{w_f^2}{\left(\frac{\rho_s}{\rho_F}-1\right) d_p\, g}\,;\, \frac{v_{rel}\, d_p}{\nu}\right);\, \frac{\rho_s}{\rho_s-\rho_F}\,\frac{v^2}{D\, g}\,;\, \frac{\rho_s}{\rho_F}\,\left(\frac{d_p\, v}{D\, v_{rel}}\right)^2\right] = 0 . \tag{3.28}$$

Die runde Klammer bei den ersten drei Kennzahlen soll andeuten, daß diese alle drei die Wechselwirkung zwischen Strömungskräften und Schwerkraft beschreiben. Insbesondere kann je nach Wahl stets eine dieser drei Kennzahlen ersatzlos gestrichen werden, da gemäß der Herleitung der Beziehung (3.28) zwei Kennzahlen zur Beschreibung der Wechselwirkung zwischen Strömungsmechanik und Schwere ausreichen. Die beiden letzten in (3.28) auftretenden Kennzahlen beschreiben den Einfluß von Trägheit bzw. Drehträgheit der Partikel auf den Bewegungsablauf.

In der Form (3.28) ist die physikalische Herkunft der einzelnen Terme noch erkennbar. In dieser Form sind jedoch die Kennzahlen zur Beschreibung technologischer Aufgabenstellungen wenig geeignet.

Durch zulässige multiplikative Kombination der ersten, der vierten und der fünften der in (3.28) vorkommenden Kennzahlen erhält man die zu (3.28) völlig äquivalente Beziehung

$$F_{SO}^{\{4\}}\left[\left(\frac{v_{rel}^2}{\left(\frac{\rho_s}{\rho_F}-1\right)d_p\,g}\;;\;\frac{w_f^{\,2}}{\left(\frac{\rho_s}{\rho_F}-1\right)d_p\,g}\;;\;\frac{v_{rel}\,d_p}{\nu}\right)\;;\;\frac{\rho_s}{\rho_s-\rho_F}\,\frac{v^2}{d_p\,g}\;;\;\frac{d_p}{D}\right]=0. \tag{3.29}$$

Auch für die Beziehung (3.29) gilt gemäß ihrer Herleitung, daß von den drei ersten, in der runden Klammer stehenden Termen willkürlich einer ersatzlos gestrichen werden darf. Auf diese Art und Weise lassen sich alternative Darstellungen ein und desselben Problems gewinnen.

In den nachstehenden Kapiteln wird die Beziehung (3.29) im Kontext mit ihrer Herleitung auf unterschiedliche technologische Aufgabenstellungen angewandt werden.

Nomenklatur zu Kapitel 3

A	Kontrollfläche	m^2
c_w	Widerstandsbeiwert der Partikel	-
C_F	Kraftbeiwert, definiert durch Gleichung (3.15)	-
C_M	Momentenbeiwert, definiert durch Gleichung (3.16)	-
d_p	lineare Partikelabmessung	m
D	charakteristische Länge des Strömungsfeldes	m
$\underset{\sim}{D}_s$	Drehimpulsvektor in bezug auf den Partikelschwerpunkt	$kg\,m^2\,s^{-1}$
$\underset{\sim}{f}$	Einheitsvektor in Richtung der vom Fluid auf die Partikel übertragenen Kraft	-
F	vom Fluid auf die Partikel übertragene Kraft	N
$\underset{\sim}{F}$	Kraftvektor	N

F_R	Verknüpfung dimensionsloser Kennzahlen zur Beschreibung der Drehbewegung der Partikel, definiert durch Gleichung (3.20)	-
$F_{SO}^{\{i\}}$	(i = 1, 2, 3, 4) untereinander äquivalente Verknüpfungen dimensionsloser Kennzahlen zur Beschreibung der Schwerpunktsbewegung der Partikel, definiert durch die Gleichungen (3.19), (3.22), (3.28), (3.29)	-
g	Erdbeschleunigung	$m\,s^{-2}$
H	Fallhöhe	m
i_ω	dimensionslose Drehmasse, definiert durch Gleichung (3.12)	-
I_ω	Drehmasse der Partikel bezüglich der momentanten Drehachse	$kg\,m^2$
m	Masse einer Partikel	kg
$\underset{\sim}{m}$	Einheitsvektor in Richtung des vom Fluid auf die Partikel übertragenen Moments	-
M	vom Fluid auf die Partikel übertragenes Moment	Nm
$\underset{\sim}{M}_s$	Momentenvektor in bezug auf den Partikelschwerpunkt	Nm
Re_R	mit dem Rohrdurchmesser gebildete Reynoldszahl	-
Re_{w_f}	mit der Sinkgeschwindigkeit gebildete Reynoldszahl, definiert durch Gleichung (3.24)	-
t	Zeitzählung	s
$\bar{t}$	charakteristische Zeit, definiert durch Gleichung (3.4)	s
T_{Rot}	Rotatorischer Anteil der kinetischen Energie der Partikel	$kg\,m^2 s^{-2}$
v	charakteristische Geschwindigkeit des Strömungsfeldes	$m\,s^{-1}$
v_{rel}	Relativgeschwindigkeit zwischen Partikel und Fluid	$m\,s^{-1}$
$\underset{\sim}{v}_s$	Schwerpunktsgeschwindigkeitsvektor einer Partikel	$m\,s^{-1}$
$\underset{\sim}{v}_s^*$	dimensionsloser Schwerpunktsgeschwindigkeitsvektor, definiert durch Gleichung (3.6)	-
$\dot{V}$	Volumenstrom des Fluids	$m^3 s^{-1}$
w_f	stationäre Sinkgeschwindigkeit der Einzelpartikel	$m\,s^{-1}$
$\underset{\sim}{\gamma}$	Einheitsvektor in Richtung der Erdbeschleunigung	-
λ_R	Widerstandsgesetz der einphasigen Rohrströmung	-
ν	kinematische Zähigkeit	$m^2 s^{-1}$
ρ_F	Fluiddichte	$kg\,m^{-3}$
ρ_s	Feststoffdichte	$kg\,m^{-3}$
τ	dimensionslose Zeitzählung, definiert durch Gleichung (3.5)	-
$\underset{\sim}{\omega}$	Winkelgeschwindigkeitsvektor	s^{-1}
$\underset{\sim}{\omega}^*$	dimensionsloser Winkelgeschwindigkeitsvektor, definiert durch Gleichung (3.13)	-
ω_{rel}	Winkelgeschwindigkeit der Drehung der Partikel relativ zum Fluid	s^{-1}

Literaturverzeichnis zu Kapitel 3

1 Rotta, J.C.: Turbulente Strömungen, B.G.Teubner, Stuttgart 1972

2 Zierep, J.: Ähnlichkeitsgesetze und Modellregeln der Strömungslehre, G.Braun, Karlsruhe 1972

3 Schlichting, H.: Grenzschicht-Theorie, G.Braun, Karlsruhe 1965

4 Brauer, H.: Grundlagen der Einphasen- und Mehrphasenströmungen, Sauerländer, Aarau und Frankfurt am Main 1971

5 Weber, M.: Strömungsfördertechnik, Krausskopf-Verlag, Mainz 1974

6 Sawatzki, O.: Über den Einfluß der Rotation und der Wandstöße auf die Flugbahnen kugeliger Teilchen im Luftstrom, Dissertation T.H. Karlsruhe 1961

Kapitel 4
Gas / Feststoff-Wirbelschichten

1. Lockerungspunkt (Minimalfluidisation)

Der gesamte Druckabfall in der Wirbelschicht ist gleich dem Gewicht von Fluid und Feststoff, bei gasfluidisierten Betten praktisch gleich dem Feststoffgewicht. Für ein gut fluidisierendes, wenig kohäsives Gut von annähernd einheitlicher Korngröße ergibt sich der mit dem Gesamtgewicht der Schüttung G und der leeren Querschnittsfläche A dimensionslos gemachte Druckverlust ΔP als Funktion der mit der Minimalfluidisationsgeschwindigkeit u_{mf} dimensionslos gemachten Leerrohrgeschwindigkeit u nach Abb. 4.1.

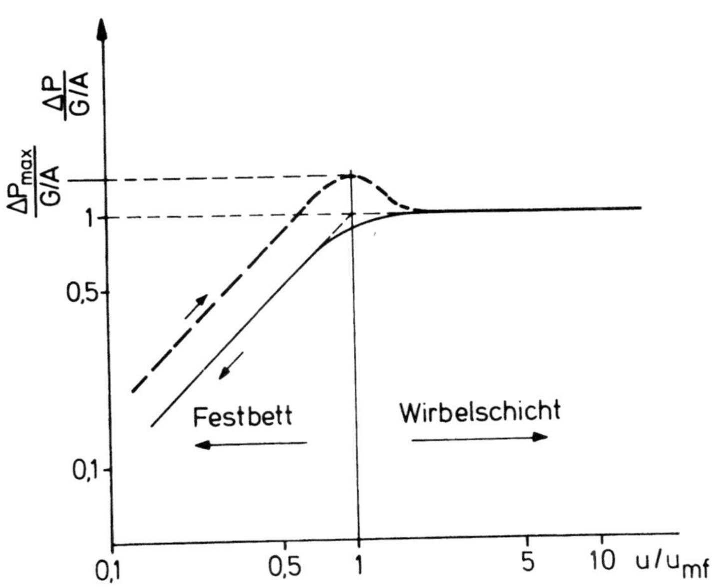

Abb. 4.1: Druckverlustverlauf einer gut fluidisierenden Gas/Feststoff-Wirbelschicht

Bei entsprechend feinkörnigem Gut und damit laminarer Durchströmung des Festbettes ergibt sich im Festbettbereich die Steigung 1. Vor Einsetzen der Fluidisation wird eventuell ein Wert $\Delta P_{max}/(G/A) > 1$ erreicht aufgrund der Ursprungsverfestigung des Gutes infolge des Eigengewichtes. Beim Überschreiten des Lockerungspunktes wird durch die einsetzende Fluidisation die Anfangsverfestigung zerstört und der Druckabfall fällt im Wirbelschichtbereich auf den Gleichgewichtswert $\Delta P/(G/A) = 1$. Erst bei Werten $u/u_{mf} >> 1$ steigt der Druckverlust wieder etwas infolge der zusätzlichen Verluste durch die dann wesentlich intensivere Feststoffbewegung bzw. Gasströmung. Bei Absenkung der Anströmungsgeschwindigkeit unter u_{mf} zeigt das dann lockere Festbett einen geringeren Druckverlust. Der Lockerungspunkt wird daher zweckmäßig durch den Schnittpunkt zwischen der (evtl. extrapolierten) Festbettlinie bei Absenkung der Anströmgeschwindigkeit und der horizontalen Wirbelschichtlinie festgelegt.

2. Qualitative Beschreibung der Wirbelschichtzustände

Bei einer Steigerung des Strömungsmitteldurchsatzes über den Lockerungspunkt hinaus zeigen Flüssigkeits- bzw. Gas-durchströmte Wirbelschichten ein grundsätzlich verschiedenes Verhalten. Die Flüssigkeits/Feststoff-Wirbelschicht reagiert auf eine Durchsatzsteigerung mit einer gleichmäßigen Expansion. Dieses Verhalten wird homogene Fluidisation genannt. Zur homogenen Fluidisation siehe Kapitel 2. Bei einer Gas/Feststoff-Wirbelschicht dagegen durchsetzt der über die Minimalfluidisation hinausgehende Gasanteil die Schicht im wesentlichen in Form von praktisch feststofffreien Blasen. Die Wirbelschichtporosität ist $\varepsilon > \varepsilon_{mf}$. Die Gasblasen wachsen hauptsächlich durch Koaleszenz während des Aufstiegs, wenn nicht durch Einbauten für ihre Zerteilung gesorgt wird. Bei genügend schlanken und hohen Apparaturen nehmen die Gasblasen schließlich den gesamten Querschnitt ein und durchlaufen die dann stoßende Wirbelschicht als eine Folge von Gaskolben. Solange die Schicht eine abgrenzbare Oberfläche besitzt, herrscht Fluidisation in dichter (Feststoff-)Phase. Erreicht die Flüssigkeitsgeschwindigkeit die Sinkgeschwindigkeit der Partikeln, so wird die gesamte Schicht ausgetragen. Bei der Gas/Feststoff-Wirbelschicht verschwinden bei hohen Porositäten Blasenbildung und definierte Schichtoberfläche. Wegen der Ausbildung von

Feststoffsträhnen läßt sich jedoch eine zirkulierende Wirbelschicht bei einer Geschwindigkeit aufrechterhalten, die das Mehrfache der Sinkgeschwindigkeit der Einzelpartikeln beträgt.

3. Darstellung des Overall-Verhaltens von Wirbelschichten

Mit Hilfe der in den voranstehenden Kapiteln bereitgestellten Beziehungen lassen sich für die Darstellung des Overall-Verhaltens von Wirbelschichten geeignete Kennzahlen gewinnen.

Bei Wirbelschichten mit praxisnahen, d.h. insbesondere nicht zu geringen Gefäßabmessungen liefern die Gefäßabmessungen keine charakteristische Länge des Strömungsraumes. Vielmehr wird die charakteristische Länge des Strömungsraumes wegen der vergleichsweise hohen Feststoffkonzentration in Wirbelschichten durch den mittleren Abstand der Partikeln untereinander festgelegt sein. Dann ist aber gemäß Kapitel 2 das durch die dortige Gleichung (2.10) festgelegte Längenverhältnis zu wählen, d.h. es gilt

$$\frac{d_p}{D} = \frac{1}{\frac{\zeta}{\sqrt[3]{1-\varepsilon}} - 1} \quad . \qquad (4.1)$$

Zur Ermittlung des Widerstandsverhaltens von Partikeln in homogenen Wirbelschichten ließ sich der Packungsparameter aus Bettexpansionsmessungen zu $\zeta = 0{,}9$ bestimmen.

Bei Festbetten lassen sich mit denselben Partikeln unterschiedliche Packungen herstellen, die dann je nach der gewählten Partikelanordnung unterschiedliche Zahlenwerte des Packungsparameters ζ aufweisen. In Wirbelschichten besitzen die Partikeln dagegen eine Beweglichkeit derart, daß sich die Partikelanordnung von selbst einstellt. Insbesondere sind daher für eine gegebene mittlere Porosität ε alternative Anordnungen nicht einstellbar. Selbst wenn sich für eine bestimmte Partikelsorte, beispielsweise Kugeln, der Zahlenwert des Packungsparameters ζ mit zunehmender Bettexpansion ändern würde, so wäre er dennoch eine eindeutige Funktion von ε. Daraus folgt aber, daß die geometrische Struktur einer Wirbelschicht im Gegensatz zum Festbett, hinreichend durch die Porosität ε festgelegt ist. An Stelle des durch die Beziehung (4.1) festgelegten Längenverhältnisses darf daher in der das Overall-Verhalten von Wirbelschichten beschreibenden Kennzahlenkombination die Porosität ε selbst verwendet werden.

Weiterhin ist die Wirbelschicht dadurch gekennzeichnet, daß bei ihr im Mittel keine Netto-Partikelbewegung erfolgt. Dann gilt aber in Wirbelschichten $v_{rel} \simeq v$. Die Zwischenraumgeschwindigkeit v des Fluids in Wirbelschichten ist mit dessen Leerrohrgeschwindigkeit u über $v = u/\varepsilon$ verknüpft. Da die Porosität ε selbst als Variable auftrifft, kann diese in den übrigen Kennzahlen weggelassen werden. Aus den voranstehenden Überlegungen folgt dann aber, daß die in Kapitel 3 abgeleitete und dort mit (3.29) bezeichnete allgemeingültige Kennzahlenkombination im Falle der Wirbelschichten zu

$$F^{\{1\}}_{W.S.}\left[\left(\frac{u^2}{\left(\frac{\rho_S}{\rho_F}-1\right)d_p\,g};\ \frac{w_f^2}{\left(\frac{\rho_S}{\rho_F}-1\right)d_p\,g};\ \frac{u\,d_p}{\nu}\right);\ \frac{\rho_S}{\rho_F}\quad \frac{u^2}{\left(\frac{\rho_S}{\rho_F}-1\right)d_p\,g};\ \varepsilon\right]=0 \qquad (4.2)$$

wird. Die runde Klammer bei den drei ersten Kennzahlen deutet vereinbarungsgemäß an, daß entsprechend den in Kapitel 3 beschriebenen Überlegungen eine der drei in ihr stehenden Kennzahlen ersatzlos gestrichen werden darf.

Aus der Beziehung (4.2) läßt sich insbesondere ableiten, daß die beiden bisher bekannten Darstellungen des Zustandes homogener Wirbelschichten völlig äquivalent sind.

Eigene Untersuchungen (siehe Kapitel 2) haben ergeben, daß die homogene Fluidisation auf Werte $\rho_S/\rho_F \leq 3$ beschränkt ist. In diesem Fall entfällt das Dichteverhältnis ρ_S/ρ_F als eigenständige Einflußgröße. Entsprechend der Beziehung (4.2) ist dann die homogene Fluidisation durch die Kennzahlenkombination

$$F^{\{1\}}_{hom.W.S.}\left[\left(\frac{u^2}{\left(\frac{\rho_S}{\rho_F}-1\right)d_p\,g};\ \frac{w_f^2}{\left(\frac{\rho_S}{\rho_F}-1\right)d_p\,g};\ \frac{u\,d_p}{\nu}\right);\ \varepsilon\right]=0 \qquad (4.3)$$

festgelegt.

Durch zulässige multiplikative Verknüpfungen der in (4.3) enthaltenen Kennzahlen und den Spielregeln entsprechend willkürliche Streichung einer der in der runden Klammer stehenden Kennzahl erhält man die alternativen Darstellungen

$$F^{\{2\}}_{hom.W.S.}\left[\frac{u}{w_f}\,;\;\frac{w_f\,d_p}{\nu}\,;\;\varepsilon\right] = 0 \tag{4.4}$$

bzw.

$$F^{\{3\}}_{hom.W.S.}\left[Ar \equiv \frac{d_p^{\,3}g}{\nu^2}\,\frac{\rho_S-\rho_F}{\rho_F}\,;\quad \Omega \equiv \frac{u^3}{\nu g}\,\frac{\rho_F}{\rho_S-\rho_F}\,;\;\varepsilon\right] = 0\,. \tag{4.5}$$

Die in (4.4) enthaltenen Kennzahlen sind aber nichts anderes als die in der empirischen Richardson-Zaki-Gleichung [1] vorkommenden Kennzahlen, während die in (4.5) vorkommenden Kennzahlen nichts anderes als die in dem Zustandsdiagramm homogener Wirbelschichten vorkommenden Kennzahlen Ar, Ω und ε sind. Mithin ist die völlige Äquivalenz beider Darstellungen nachgewiesen.

Aus der hier gegebenen Herleitung läßt sich auch die physikalische Bedeutung eines altbekannten Kriteriums zur Abgrenzung des Zustands der homogenen Fluidisation einsehen. Entsprechend der Herleitung der Beziehung (4.2) beschreibt der in ihr vorkommende Term

$$\frac{\dfrac{\rho_S}{\rho_F}}{\dfrac{\rho_S}{\rho_F}-1}\;\frac{u^2}{d_p\,g} \tag{4.6}$$

ohne vorangegangene Verknüpfung mit anderen Kennzahlen den Einfluß der Trägheit der Partikeln auf den Zustand der Wirbelschicht.

Entsprechend der Herleitung der Beziehungen (4.4) bzw. (4.5) folgt aber, daß diese nur gelten, wenn der Einfluß der Partikelträgheit auf den Zustand der Wirbelschicht vernachlässigbar ist. Auf diese Grundvoraussetzung für die Existenz der homogenen Wirbelschicht hat als Erster Pawlowski [2] hingewiesen. Umgekehrt ist dann aber zu erwarten, daß die Abgrenzung des Zustandes der homogenen Fluidisation wenigstens in grober Näherung durch die durch (4.6) festgelegte Kennzahl erfolgen kann.

Ein merkbarer Trägheitseinfluß wird nach eigenen Messungen (siehe Kapitel 2) erst für Dichteverhältnisse $\rho_S/\rho_F \geq 3$ beobachtet.

In diesem Fall ist aber das in (4.6) auftretende Dichteverhältnis unwesentlich.

Will man nun Systeme abgrenzen, die bei Überschreiten der Minimalfluidisation Trägheitseinfluß der Partikeln aufweisen, so wird man vermuten, daß homogene Fluidisation nur dann vorliegt, wenn die Kennzahl

$$Fr_{mf} = \frac{u^2_{mf}}{d_p\, g} \tag{4.7}$$

kleiner als ein bestimmter Zahlenwert ist.

Durch die Auswertung von Messungen haben Wilhelm und Kwauk [3] gefolgert, daß als Grenzwert $Fr_{mf} \leq 0{,}13$ gilt. Mit der hier beschriebenen Herleitung ist eine physikalisch sinnvolle Deutung dieses altbekannten Kriteriums gegeben. Man hat dabei jedoch zu beachten, daß dieses nur für den Fall einer rein hydromechanischen Betrachtungsweise gilt, beispielsweise also für den Vergleich von Flüssigkeits/Feststoff- mit Gas/Feststoff-Systemen.

Das z.B. von Geldart [4] ausführlich diskutierte, verzögerte Einsetzen der Blasenbildung bei aus feinkörnigen und leichten Partikeln bestehenden Gas/Feststoff-Wirbelschichten ist auf den dann wesentlichen Einfluß der Haftkräfte zwischen den Partikeln zurückzuführen und daher mit der hier gegebenen, rein strömungsmechanischen Betrachtungsweise nicht zu erfassen.

Durch zulässige Streichung der mit der Sinkgeschwindigkeit w_f gebildeten Kennzahl in (4.2) und multiplikative Verknüpfungen der übrigen Kennzahlen bzw. Einfügen eines unwesentlichen Zahlenfaktors erhält man die zu (4.2) völlig äquivalente Darstellung

$$F^{\{2\}}_{W.S.}\left[\frac{3}{4}\, Fr\frac{\rho_F}{\rho_s - \rho_F} \equiv \frac{3}{4}\,\frac{u^2}{d_p\, g}\,\frac{\rho_F}{\rho_s - \rho_F};\quad Re_L \equiv \frac{u\, d_p}{\nu};\ \frac{\rho_s}{\rho_F};\ \varepsilon\right] = 0. \tag{4.8}$$

Gegenstand von Forschung wie Praxis sind bisher fast ausnahmslos Flüssigkeits/Feststoff- bzw. drucklos betriebene Gas/Feststoff-Wirbelschichten. In diesen Fällen ist aber das Dichteverhältnis ρ_S/ρ_F keine echte Variable in einem breiten Variationsbereich. Vielmehr sind Flüssigkeits/Feststoff-Systeme an die Größenordnung $\rho_S/\rho_F \simeq 2 \div 5$, bzw. Gas/Feststoff-Systeme an die Größenordnung $\rho_S/\rho_F \simeq 2 \div 5 \cdot 10^3$ gebunden.

Gemäß der Kennzahlenkombination (4.8) ist es daher nicht verwunderlich, daß man bei jeweils praktisch festgehaltenem ρ_S/ρ_F das Overall-Verhalten von Gas/Feststoff-Systemen und von Flüssigkeits/Feststoff-Systemen gewissermaßen übereinander kopiert in einem einzigen Diagramm entsprechend der von Reh [5] gegebenen Darstellung beschreiben kann. In dem in Abb. 4.2 wiedergegebenen Zustandsdiagramm nach Reh sind infolge der doppeltlogarithmischen Auftragung gemäß den Beziehungen

$$\log\left(\frac{3}{4}\,\mathrm{Fr}\frac{\rho_F}{\rho_S - \rho_F}\right) = \log\left(\frac{3}{4\mathrm{Ar}}\right) + 2\,\log \mathrm{Re}_L$$

bzw.

$$\log\left(\frac{3}{4}\,\mathrm{Fr}\frac{\rho_F}{\rho_S - \rho_F}\right) = \log\left(\frac{3}{4}\,\Omega\right) - \log \mathrm{Re}_L$$

die für ein gegebenes Gas/Feststoff-System festen Werte Ar = const Geraden mit der Steigung + 2, während die Linien Ω = const Geraden mit der Steigung - 1 sind.

Da in Zukunft Druckwirbelschichten insbesondere im Zusammenhang mit der Weiterentwicklung der Kohletechnologie vermehrte Bedeutung finden werden, ist das Dichteverhältnis ρ_S/ρ_F als eine stetige Variable anzusehen, mithin stellen die in Abb. 4.2 übereinander kopierten Zustandsdiagramme eigentlich nur die jeweiligen Ebenen ρ_S/ρ_F = const in einem räumlichen Zustandsdiagramm entsprechend der Kennzahlenkombination (4.8) dar.

Die für die homogene Fluidisation gültigen gestrichelten Linien ε = const sind zahlenmäßig zuverlässig. Die für Gas/Feststoff-Systeme gültigen, ausgezogen gezeichneten Linien ε = const liefern lediglich Anhaltswerte, da der ungleichmäßige Fluidisationszustand insbesondere bei Laboranordnungen mit Gefäßdurchmessern < 0,5 m stark von Gefäßdurchmesser, Ruheschichthöhe und Gestaltung des Anströmbodens abhängt (vergl. hierzu Abschnitt 5).

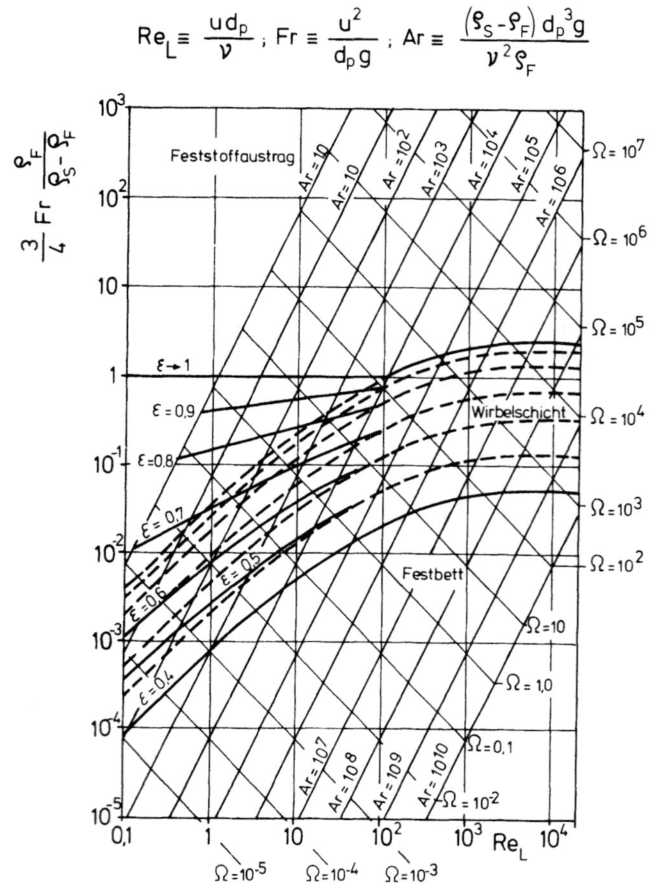

Abb. 4.2: Zustandsdiagramm für Gas/Feststoff-Systeme kugeliger Partikeln gleichen Durchmessers nach Reh [5]

Während bei homogener Fluidisation (gestrichelte Linien) Fluidisation und Feststoffaustrag klar von einander abgegrenzt sind, ist die ungleichmäßige Fluidisation (ausgezogene Linien) durch einen, zu kleineren Ar-Zahlen und damit kleineren Partikelgrößen immer breiter werdenden Übergangsbereich zwischen Fluidisation und Förderung gekennzeichnet. Oberhalb der gekrümmten Schwebelinie der Einzelpartikel (w_f, $\varepsilon \to 1$) bis zur horizontalen Austragslinie ($\varepsilon \to 1$) der Gas-Wirbelschicht befindet sich der Bereich der ausgedehnten Wirbelschicht, der nur durch Rückführung des ausgetragenen Feststoffs oder Neuzufuhr aufrecht erhalten werden kann. Wegen der dort möglichen hohen spezifischen Gasdurchsätze finden derartige zirkulierende Wirbelschichten bei Reaktionen feinkörniger Feststoffe zunehmende Anwendung [6].

Insgesamt liefert das Zustandsdiagramm ein nützliches strömungsmechanisches Basisdesign, das für viele Anwendungen, insbesondere unter den physikalischen Verfahren und nichtkatalytischen Reaktionen, auch hinreichend sein dürfte. Eine genauere Wirbelschicht-Auslegung erfordert zusätzlich eine Berücksichtigung der lokalen strömungsmechanischen Verhältnisse (siehe hierzu Abschnitt 5).

4. Unterschiedliches Verhalten von Feststoffen bei der Gas/Feststoff-Fluidisation

Durch Auswertung zahlreicher eigener und fremder Messungen konnte Geldart [4] hinsichtlich ihres Fluidisationsverhaltens in Gas/Feststoff-Wirbelschichten vier unterschiedliche Typen von Schüttgütern kennzeichnen und von einander abgrenzen. Diese sind:

Gruppe A:
Materialien mit kleiner Korngröße und/oder niedriger Feststoffdichte, von denen einige Krack-Katalysatoren typische Beispiele sind, zeigen folgendes Verhalten: Wirbelschichten mit derartigen Materialien expandieren merklich oberhalb der Minimalfluidisation, bevor Blasenbildung einsetzt. Wenn die Gaszufuhr schlagartig abgestellt wird, kollabiert das Bett langsam mit einer Geschwindigkeit von 0,3 ÷ 0,6 cm/s, die der Leerrohrgeschwindigkeit in der Suspensionsphase entspricht. Alle Gasblasen steigen schneller als das Zwischenraumgas in der Suspensionsphase. Die mittlere Blasengröße läßt sich auf zwei Wegen reduzieren, entweder durch eine breite Kornverteilung und/oder kleine mittlere Korngröße. Es scheint eine maximale Blasengröße zu existieren.

Gruppe B:
Diese Gruppe enthält die meisten Materialien im Bereich mittlerer Korngrößen und Dichten, d.h. im Bereich

$$40\ \mu m \le d_p \le 500\ \mu m$$

bzw.

$$1{,}4 \cdot 10^3 kg/m^3 \le \rho_s \le 4 \cdot 10^3 kg/m^3 .$$

Im Gegensatz zu Gruppe A Feststoffen setzt bei diesen Materialien Blasenbildung direkt oberhalb der Minimalfluidisation ein. Die Bettausdehnung ist gering und bei plötzlichem Abschalten der Gaszufuhr kollabiert das Bett sehr rasch. Die meisten Blasen steigen schneller als das Zwischenraumgas. Eine Begrenzung der maximalen Blasengröße scheint nicht zu existieren. Unter vergleichbaren Bedingungen, d.h. insbesondere bei gleichem Abstand vom Anströmboden, scheint die Blasengröße unabhängig von der Korngröße des Feststoffes zu sein.

Gruppe C:
Zur Gruppe C gehören Materialien, die in irgendeiner Weise kohäsiv sind. Übliche Fluidisation derartiger Feststoffe ist extrem schwierig. Die Schüttung wird in kleinen, glatten Rohren als Ganzes vom durchströmenden Gas angehoben, bzw. das Gas bläst lediglich einzelne Kanäle frei, die vom Anströmboden bis an die Bettoberfläche reichen. Diese Schwierigkeit rührt daher, daß die zwischen den Partikeln wirksamen Haftkräfte merklich größer sind als die, welche das Gas auf die Partikel auszuüben vermag. Lediglich durch den Einsatz mechanischer Rührer läßt sich mehr oder weniger schlechte Fluidisation erzwingen.

Gruppe D:
Zu dieser Gruppe zählen Materialien mit großen und/oder sehr schweren Partikeln. Außer den allergrößten Gasblasen steigen die meisten mit geringerer Geschwindigkeit als das Gas im Zwischenraum der Suspensionsphase, derart, daß Gas von unten in die Blasen ein- und am oberen Ende wieder austritt. Deshalb ist bei diesen Feststoffen der Gasaustauschmechanismus zwischen Blasenphase und Suspensionsphase anders als bei den Gruppe A oder Gruppe B Materialien. Die Gasgeschwindigkeit in der Suspensionsphase ist vergleichsweise hoch. Führt man das Fluidisiergas durch eine einzelne, zentrale Bohrung zu, so stellt sich keine übliche Fluidisation, sondern das sogenannte spouted bed [7] ein.

Offensichtlich läßt sich die hier mit den Worten von Geldart beschriebene Einteilung der Materialien nur verstehen, wenn eine bisher nicht berücksichtigte Eigenart feinkörniger Schüttgüter in Rechnung gestellt wird, nämlich der zunehmende Einfluß der Haftkräfte zwischen Partikeln mit abnehmender Korngröße.

Zur Abgrenzung zwischen den Gruppen A und B bzw. B und D benutzte Geldart Kriterien, die ihrerseits an die experimentelle Erfahrung mit blasenbildenden Wirbelschichten anknüpfen. Die voranstehend beschriebenen Abgrenzungen verknüpfen jedoch lediglich Eigenschaften des Feststoffes (Dichte bzw. Korngröße) mit den Eigenschaften des Fluidisiergases Luft bei drucklosen Wirbelschichten. Es sollte daher auch eine Abgrenzung mit Hilfe der bisher abgeleiteten Overall-Eigenschaften von Wirbelschichten möglich sein.

Die Grenze der Fluidisierbarkeit bei sehr feinkörnigen Feststoffen ist offensichtlich dadurch gegeben, daß innerhalb des im Zustand der Fluidisation erreichbaren Bereichs der vom Gas auf die Partikeln übertragenen Strömungskräfte diese nicht mehr ausreichen, die zwischen den Partikeln wirksamen Haftkräfte zu überwinden. Man hat daher eine sinnvolle Formulierung dieses Problems darin zu sehen, daß gefragt wird, wie groß die bei der Festbettdurchströmung innerhalb des Fluidisationsbereichs übertragbaren Strömungskräfte im Vergleich zu den Haftkräften zwischen den Partikeln sind. Sinnvollerweise ist der Bereich der Fluidisation abgegrenzt durch Leerrohrgeschwindigkeiten im Bereich $u_{mf} \leq u \leq w_f$. Feinkörnige Partikeln führen zu Reynoldszahlen $Re < 1$. Aus Abb. 9 in Kapitel 2 entnimmt man, daß für die bei feinkörnigen Partikeln vorliegenden Festbettporositäten $0{,}5 \leq \varepsilon \leq 0{,}6$ für das Widerstandsgesetz der Festbettdurchströmung $Eu_F \cdot Re \simeq 2 \cdot 10^2$ gilt.

Mit den Definitionen (2.6) bzw. (2.44) für Eu_F bzw. Re in Kapitel 2 folgt dann die auf eine Partikel vom Gas ausgeübte Widerstandskraft zu

$$W_1 \simeq \frac{\pi}{4}\, 10^2\, d_p\, \eta\, \frac{u}{\varepsilon} \quad . \tag{4.9}$$

Mit dem Kräftegleichgewicht

$$3\,\pi\, d_p\, \eta\, w_f = (\rho_s - \rho_F)\, \frac{\pi\, d_p^{\,3}}{6}\, g$$

für den stationären Sinkvorgang folgt dann die maximal auf eine Partikel im Fluidisationsbereich übertragbare Strömungskraft zu

$$W_{1\,max} = \frac{10^2}{12}\; \frac{(\rho_s - \rho_F)\, \frac{\pi\, d_p^{\,3}}{6}\, g}{\varepsilon} \quad . \tag{4.10}$$

Nach Rumpf [8] gilt für die in einer Zufallspackung per Haftung übertragbare Zugspannung

$$\sigma_z \simeq \frac{1-\varepsilon}{\varepsilon} \frac{F_H}{d_p^2} , \qquad (4.11)$$

wobei F_H die an einer einzelnen Kontaktstelle übertragene Haftkraft bedeutet. In einer gleichmäßigen Zufallspackung gleich großer Kugeln ist deren mittlere Fläche in einer Schnittebene

$$\bar{A} = \frac{\pi}{6} d_p^2 .$$

Die mittlere Partikelzahl m der in der Schnittfläche geschnittenen Partikeln folgt dann aus

$$m \frac{\pi d_p^2}{6} = (1-\varepsilon) A ,$$

wobei A die leere Querschnittsfläche bedeutet.

Die im Mittel pro Partikel übertragene Zugkraft ist dann bei Beachtung von (4.11)

$$F_T = \frac{\sigma_z A}{m} \simeq \frac{\pi}{6} \frac{F_H}{\varepsilon} . \qquad (4.12)$$

Die für die Fluidisationsgrenze feinkörniger Partikeln gültige Kennzahl folgt dann durch Quotientenbildung aus (4.10) und (4.12) zu

$$\frac{W_{1\,max}}{F_T} = \frac{10^2}{12} \frac{(\rho_S - \rho_F)\, d_p^3 g}{F_H} \simeq 10 \frac{(\rho_S - \rho_F)\, d_p^3 g}{F_H} . \qquad (4.13)$$

Die Haftkraft F_H hängt von der Oberflächengeometrie der Haftpartner, den Wechselwirkungskräften zwischen den Haftpartnern und wegen der lokalen Deformation an den Kontaktstellen von der Härte der Haftpartner ab.

Nach Krupp [9] läßt sich für den Modellfall ausschließlicher van der Waals-Bindung die an einer Kontaktstelle übertragene Haftkraft zu

$$F_H \simeq \frac{\overline{h\omega}}{8\pi\, z_o^2} R \left(1 + \frac{\overline{h\omega}}{8\pi^2 z_o^3 H} \right) \qquad (4.14)$$

abschätzen.

In (4.14) bezeichnen:

$\overline{h\omega}$ = Lifschitz van der Waals-Konstante,

$z_o \approx 4 \cdot 10^{-10}$m = Abstand, bei dem Haftkraft maximal beim Abreißen,

H = Härte des Feststoffes,

R = charakteristisches Rauhigkeitsmaß der Oberfläche an der Kontaktstelle (vergl. Abb. 4.3).

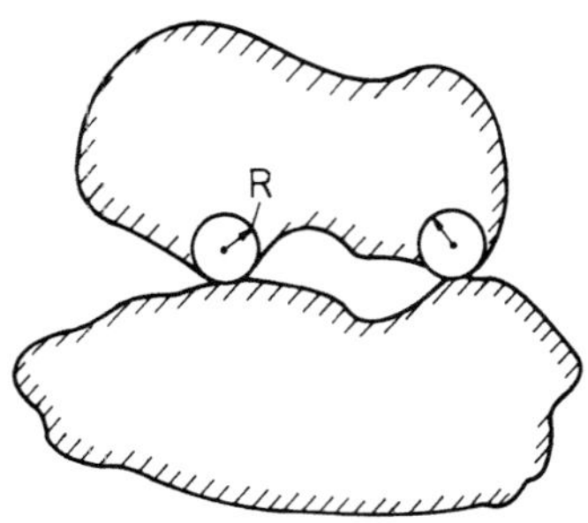

Abb. 4.3: Kontaktstelle zweier Partikeln

Bei den bei Fluidisation üblichen Partikeln kann nicht der Partikelradius selbst als charakteristische Größe R angesehen werden. Von Krupp ausgewertete Versuche deuten darauf hin, daß R ≈ 0,1 μm als charakteristische Größe der Oberflächengeometrie angesehen werden kann. Für verschiedene Stoffarten ergeben sich die in der Tabelle 1 zusammengestellten Zahlenwerte, die in ihrer Größenordnung mit der experimentellen Erfahrung übereinstimmen.

Stoffart	$\overline{h\omega}$[eV]	H[N m^{-2}]
Kunststoffe	1,7	10^6
harte Mineralien, Glas	7	10^8

Tabelle 1: Stoffwerte zur Berechnung der Haftkraft

Mit den Zahlenwerten nach Tabelle 1 lassen sich für verschiedene Feststoffe die in Tabelle 2 zusammengestellten Zahlenwerte für F_H ermitteln.

Stoffart	F_H [N]
Polypropylen	$3{,}71 \cdot 10^{-7}$
Krack-Katalysator	$8{,}76 \cdot 10^{-8}$
Glaskugeln	$8{,}26 \cdot 10^{-8}$

Tabelle 2: Zahlenwerte F_H für verschiedene Stoffarten

Die durch Gleichung (4.12) definierte, im Mittel pro Partikel übertragene Zugkraft ist aber ein oberer Grenzwert, der für den hypothetischen Spannungszustand einer in allen drei Raumrichtungen gleich großen Zugbeanspruchung gilt. Wie die experimentelle Erfahrung lehrt, wird dieser beispielsweise bei einachsiger Zugbeanspruchung bei weitem nicht erreicht. Zu allem Überfluß ist der beim Aufbrechen eines Festbettes sich einstellende Spannungszustand weit komplexer als hier angenommen. Man wird daher fordern müssen, daß die Fluidisationsgrenze feinkörniger Partikeln gemäß Gleichung (4.13) durch die Grenzbedingung

$$\frac{W_{1\,max}}{F_T} = 10\,\frac{(\rho_S - \rho_F)\, d_p^3 g}{F_H} = K_1 \tag{4.15}$$

festgelegt ist, wobei $K_1 < 1$ eine empirisch zu bestimmende Konstante ist. Wertet man die von Geldart [4] mitgeteilten Versuche aus, so erhält man für Katalysatorpartikeln mit $d_p \simeq 20$ µm und $\rho_S \simeq 1000$ kg/m³ den Zahlenwert $K_1 \simeq 10^{-2}$. Mit diesem empirisch bestimmten Wert ergibt sich der in Abb. 4.4 wiedergegebene linke schraffierte Übergangsbereich, wenn als Grenzwerte für die Haftkraft F_H die Zahlenwerte $F_H = 3{,}71 \cdot 10^{7}$ für Polypropylen bzw. $F_H = 8{,}76 \cdot 10^{-8}$ für Krack-Katalysator eingesetzt werden. Der schraffierte Bereich deutet an, innerhalb welcher Schwankungsbreite je nach Intensität der Haftkräfte die Fluidisationsgrenze zu erwarten ist, wobei zusätzliche Erschwernisse, wie Verfestigung beim Einfüllen, feuchtes Gut oder Einflüsse elektrostatischer Kräfte, nicht berücksichtigt sind.

Die Abgrenzung zwischen den von Geldart mit A bzw. B charakterisierten Gruppen hat als den hier entwickelten Vorstellungen entsprechendes Kriterium, daß schon bei Fluidisationsbeginn der Einfluß der Haftkräfte auf das Fluidisationsverhalten unwesentlich ist.

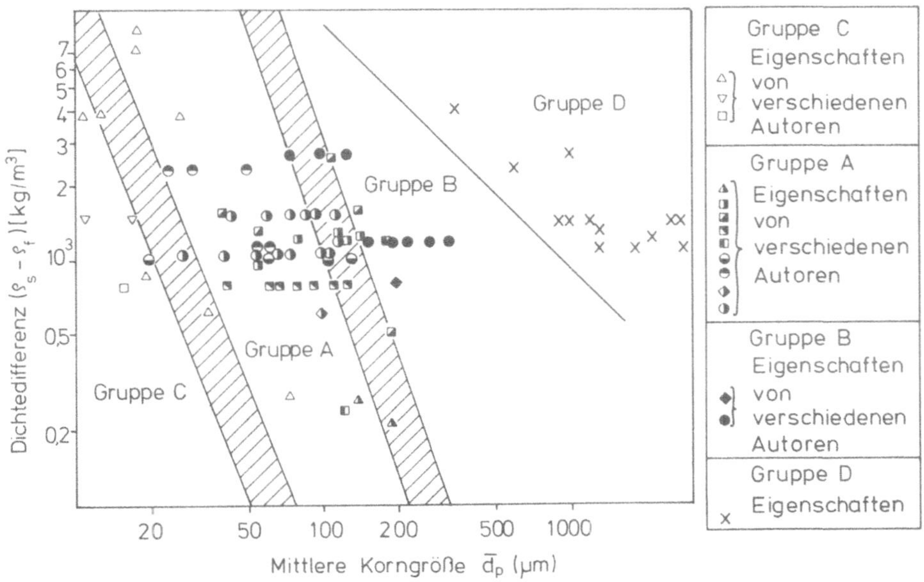

Abb. 4.4: Unterscheidung verschiedener Typen von Gas-fluidisierten Feststoffen, Darstellung nach Geldart [4]

Nun sind aber bei der Fluidisation die im Mittel vom Fluid auf die Partikeln übertragenen Widerstandskräfte gerade gleich Schwere minus Auftrieb. Man wird daher als Abgrenzungskriterium einfach fordern, daß die Grenze zwischen Gruppe A und Gruppe B durch ein Kriterium von der Form

$$\frac{(\rho_S - \rho_F)\,\frac{\pi\, d_p^{\,3}}{6}\, g}{F_H} = K_2 \qquad (4.16)$$

mit einem Zahlenwert $K_2 \leq 1$ festgelegt wird.

Nimmt man aus der experimentellen Erfahrung als Richtwert, daß sich Glaspartikeln mit einer Dichte $\rho_S \simeq 2{,}5 \cdot 10^3$ kg/m³ und einer mittleren Korngröße $d_p = 100$ µm mit unmittelbar nach Überschreiten der Minimalfluidisation einsetzender Blasenbildung fluidisieren lassen, so ergibt sich mit dem Zahlenwert F_H für Glaskugeln nach Tabelle 2 der Zahlenwert $K_2 = 0{,}16$. Mit diesem empirisch bestimmten Wert für K_2 ergibt sich der in Abb. 4.4 eingezeichnete mittlere schraffierte Streifen für den Übergang zwischen Gruppe A und Gruppe B, wenn wiederum die von der Stoffart abhängigen unterschiedlichen Zahlenwerte der rechnerischen Haftkraft F_H berücksichtigt werden.

Auch die zahlenmäßigen Unterschiede zwischen den Konstanten K_1 und K_2 lassen eine sinnvolle Deutung zu. So ist sicher ein geringeres Verhältnis von Strömungswiderstand zu Haftkraft erforderlich, um die Struktur aufzubrechen als dafür notwendig ist, daß die Haftkräfte im Vergleich zu den Strömungskräften überhaupt bedeutungslos sind.

Die Abgrenzung zwischen den Gruppen B und D läßt sich wie folgt deuten: Diese Abgrenzung betrifft grobkörnige Partikeln, die sich entsprechend dem Zustandsdiagramm Abb. 4.2 im Übergangsbereich bzw. im Bereich der quadratischen Widerstandsgesetze befinden. Im quadratischen Bereich gilt aber für eine vorgegebene Bettexpansion, d.h. ein vorgegebenes ε

$$\frac{3}{4} Fr \frac{\rho_F}{\rho_s - \rho_F} \approx const.$$

Beispielsweise liest man aus Abb. 4.2 für die Minimalfluidisation die Bedingung

$$\frac{3}{4} Fr_{mf} \frac{\rho_F}{\rho_s - \rho_F} \approx 5 \cdot 10^{-2}$$

ab. Mit der Definition (4.7) für Fr_{mf} erhält man dann die Beziehung für den Zustand der Minimalfluidisation

$$\frac{3}{4} \frac{\rho_F u_{mf}^2}{(\rho_s - \rho_F) d_p g} \approx 5 \cdot 10^{-2} \quad . \qquad (4.17)$$

Dieses Ergebnis hat den einfachen physikalischen Hintergrund, daß bei Überwiegen der Trägheitskräfte im Vergleich zu den Zähigkeitskräften der Staudruck im Fluid - in (4.17) repräsentiert durch $\rho_F u_{mf}^2$ - im Vergleich zu Schwere minus Auftrieb - in (4.17) repräsentiert durch $(\rho_s - \rho_F) d_p g$ - einen bestimmten Wert überschreiten muß, damit Fluidisation einsetzt.

An diese Einsicht anknüpfend, ist aber die folgende Argumentation nicht ganz abwegig: Es ist zu erwarten, daß diejenigen Systeme zur Ausbildung eines spouted bed geeignet sind, für die der erforderliche Staudruck des Fluidisiergases einen bestimmten Wert überschreitet, d.h. einen bestimmten Wert $\rho_F u_{mf}^2 = const$. Gemäß der Beziehung (4.17) ist diese Grenze dann völlig gleichwertig durch einen Grenzwert

$$(\rho_s - \rho_F)\, d_p\, g = const$$

festgelegt. Geht man von der von Mathur [7] mitgeteilten experimentellen Erfahrung aus, daß sich ein stabiles spouted bed im Grenzfall mit Sandpartikeln einer mittleren Korngröße $d_p \approx 600$ µm und einer Dichte $\rho_s \approx 2600$ kg/m³ realisieren ließ, so gilt gemäß der voranstehenden Beziehung als Grenzwert

$$(\rho_s - \rho_F)\, d_p\, g = 15{,}3\ \mathrm{N\,m^{-2}}\ . \qquad (4.18)$$

Die Beziehung (4.18) liefert die in Abb. 4.4 dargestellte Gerade mit der Steigung - 1 , die recht gut mit den anderen, von Geldart aufgetragenen Daten übereinstimmt.

5. Lokale Struktur der Gas-Wirbelschichten

Die charakteristische Eigenschaft der Gas-Wirbelschicht ist das Auftreten von Gasblasen. Oberhalb des Lockerungspunktes durchströmt nur ein bestimmter Anteil des Fluidisiergases die dichte Suspensionsphase. Das übrige Gas passiert die Wirbelschicht in Form von praktisch feststofffreien Gasblasen.

Auf der einen Seite ist die Existenz der Blasen vorteilhaft, da die Rührwirkung der Blasen Ursache der intensiven Feststoffvermischung in der Wirbelschicht ist. Die intensive Feststoffbewegung ist maßgeblich sowohl für die Temperaturkonstanz innerhalb des Bettes als auch für die vergleichsweise hohen Wärmeübergangszahlen zwischen Bett und Heiz- oder Kühlflächen. Andererseits kann die Existenz der Blasen auch nachteilig sein. In einem katalytischen Wirbelschichtreaktor, in dem der Feststoff eine Gasphasen-Reaktion katalysiert, kann die Bypasswirkung der Blasen den Gesamtumsatz des Reaktors merklich beeinflussen.

Die nachstehend mitgeteilten Ergebnisse gelten im wesentlichen für Partikeln der Gruppe B nach der Einteilung von Geldart, d.h. für solche, bei denen Blasenbildung unmittelbar nach Überschreiten der Minimalfluidisation einsetzt und bei denen unbegrenztes Blasenwachstum beobachtet wird.

Wegen der Undurchsichtigkeit der Wirbelschicht ist die Erfassung des lokalen Zustands im Innern einer ausgedehnten Schicht außerordentlich schwierig. Die wesentlichen Züge der Wirkung der Gasblasen auf die Eigenschaften einer Wirbelschicht lassen sich aus der Beobachtung einzelner Blasen bei gering über den Lockerungspunkt fluidisierten Betten erklären. Einen umfassenden Überblick über den Kenntnisstand gaben Jackson [10] für theoretische und Rowe [11] für experimentelle Untersuchungen.

Da in der vorliegenden Arbeit im wesentlichen auf die Gegenstände eingegangen werden soll, die am Erlanger Lehrstuhl für Mechanische Verfahrenstechnik erarbeitet wurden, sei hier nur soweit auf die an Einzelblasen gewonnenen Erkenntnisse eingegangen, wie zum Verständnis der nachfolgenden Erörterungen notwendig.

Die verschiedenen theoretischen und experimentellen Befunde lassen sich zu folgendem Bild zusammenfassen (vergl. Abb. 4.5):

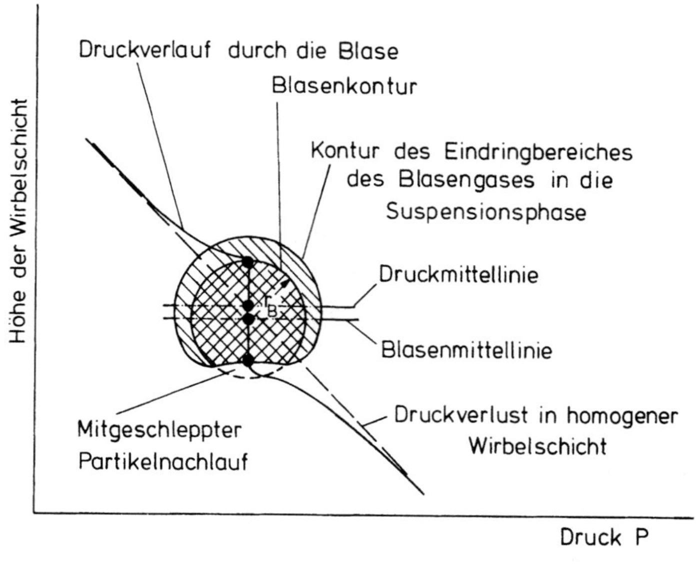

Abb. 4.5: Einzelblase, Blasengasverteilung, Druckverlauf

In dem mit der Blase aufwärts mitbewegten Strömungsbild umströmen die Partikeln die kugelförmige Blase stationär von oben nach unten. Ähnlich der fluidumströmten Feststoffkugel bei $Re > 1$ bildet sich ein Nachlauf am unteren Blasenende aus, in dem Partikeln mit nach oben geschleppt werden.

Diesem Strömungsbild entspricht der von Reuter [12] sorgfältig gemessene Druckverlauf innerhalb der Blase. Während die gestrichelte Linie den Druckverlauf in der ungestörten Suspensionsphase zeigt, beschreibt die ausgezogene Linie den Druckverlauf in der Blase längs der vertikalen Symmetrielinie. Dem Druckgradienten folgend strömt Gas von unten in die Blase ein und nimmt dabei Partikeln von unten in den Nachlauf hinein. Aus diesem Grund sind die Gasblasen unten abgeplattet mit einer Erhöhung in der vertikalen Achse. Da sich der Nachlauf nicht beliebig mit Partikeln anreichern kann, wirft die Blase nach einer gewissen Lauflänge Partikeln aus dem Nachlauf ab. Entsprechend dem Druckgradienten strömt im oberen Blasenanteil Gas aus der Blase in die Suspensionsphase. Außer bei sehr kleinen Blasen ist die Blasensteiggeschwindigkeit erheblich größer als die Gasgeschwindigkeit in der Suspensionsphase. Das austretende Gas wird daher relativ zur Blase von den umströmenden Partikeln nach unten mitgenommen und tritt am unteren Ende wieder in die Blase ein. Die Existenz dieser Zirkulation des Blasengases bei nur geringem Eindringen in die umgebende Suspensionsphase konnte in sog. zweidimensionalen Betten mit geringer Querabmessung in einer Richtung an dann zylindrischen Blasen nachgewiesen werden, die künstlich durch Injizierung eines farbigen Spurgases erzeugt wurden. Mit wachsender Blasenabmessung wird die relative Eindringtiefe des Blasengases in die Suspensionsphase immer geringer.

Diese an Einzelblasen gewonnenen Befunde liefern folgende wichtige Einsichten in das Verhalten von Gas/Feststoff-Wirbelschichten:

a) Die Gasblasen transportieren Partikeln in der Wirbelschicht nach oben durch Mitnahme im Nachlauf. Bei der Blasenumströmung werden auch im Nachlauf nicht eingefangene Partikeln nach oben verlagert, wie man aus dem Absolutbild der Partikelbewegung entnehmen kann.
b) Die Zirkulationsströmung des Gases innerhalb der Blasen ist für eine erhebliche Bypass-Wirkung der Blasen verantwortlich.
c) Infolge des Unterdruckes am unteren Blasenende saugen größere,

schnellere Blasen kleinere, langsamere Blasen nach dem Überholen von unten ein und koaleszieren mit diesen. Die Folge dieser Koaleszenz ist ein rasches Blasenwachstum in Steigrichtung.

Mit Hilfe miniaturisierter (Meßvolumen $\simeq$ 2 mm^3) und den Fluidisationszustand nicht störender kapazitiver Meßwertgeber konnte Werther [13] erstmals den lokalen Fluidisationszustand in Wirbelschichten beliebiger Abmessungen quantitativ erfassen. Die nachstehend beschriebenen Aussagen über das lokale Verhalten von Gas/Feststoff-Wirbelschichten gehen sämtlich auf von Werther vorgelegte Originalarbeiten zurück.

Während bei homogenen Wirbelschichten oder bei der Rohrströmung für die technische Anwendung pauschale Aussagen zu deren Charakterisierung ausreichen, die einfachen Meßmethoden zugänglich sind und die sich in einfacher Weise mit Hilfe dimensionsloser Kennzahlen darstellen lassen, ist beispielsweise bei heterogen-katalytischen Reaktionen in der Wirbelschicht deren lokales Verhalten auch für die technische Praxis von erheblicher Bedeutung. Dieses lokale Verhalten ist aber nur mit hochgezüchteten Meßtechniken überhaupt erfaßbar, die zudem erheblichen theoretischen Aufwand [13] erfordern, wenn die vom Meßwertgeber gelieferten Daten wieder in verfahrenstechnisch sinnvolle Größen rückübersetzt werden sollen. Diese extrem schwierigen Probleme der Meßtechnik sind nicht Gegenstand der nachstehend beschriebenen Aussagen. Auf der anderen Seite ist das lokale Geschehen in Wirbelschichten so komplex, daß es - wenigstens zum gegenwärtigen Zeitpunkt - bestenfalls durch empirische Korrelationen beschreibbar ist.

Abb. 4.6 zeigt die Anzahl-Summenkurven der Blasengrößenverteilung in einer praxisnahen Wirbelschicht von 1 m Durchmesser bei einer Leerrohrgeschwindigkeit u, die etwa das Fünffache der Lockerungsgeschwindigkeit u_{mf} beträgt, im Abstand h gleich 8 cm bzw. 30 cm vom Anströmboden. Die Verteilung der Blasendurchmesser reicht im Abstand von 8 cm Anströmboden von 2 mm bis 40 mm, im Abstand von 30 cm von 5 mm bis 80 mm. In einem festen Ort der Wirbelschicht befinden sich also nacheinander Gasblasen erheblich unterschiedlicher Größe. Wegen der genauen Messung der lokalen Blasengrößenverteilung kann aus der Verteilungskurve das mittlere Blasenvolumen berechnet werden.

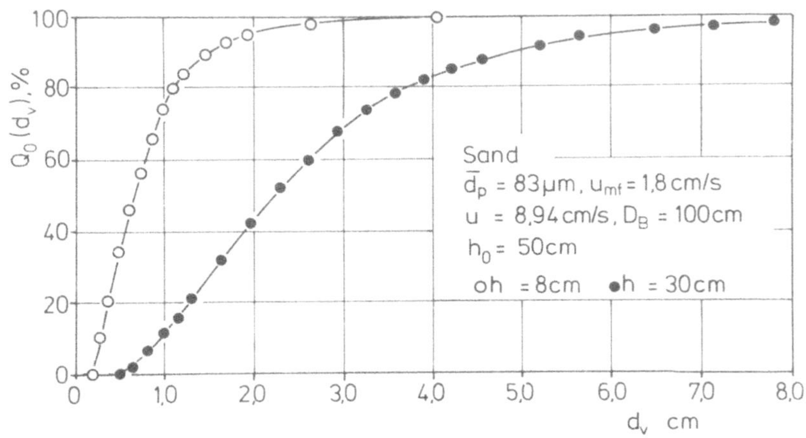

Abb. 4.6: Blasengrößenverteilung in einer Wirbelschicht

Wie die in Abb. 4.7 dargestellten Messungen lokaler mittlerer Blasenvolumina $\overline{V_b}$ in Abhängigkeit von der Höhe h über dem Anströmboden für 2 verschiedene Geschwindigkeiten u zeigen, ergibt sich längs eines Steigweges von etwas weniger als 1 m eine Zunahme des lokalen mittleren Blasenvolumens über einen Bereich von 2 Zehnerpotenzen [14].

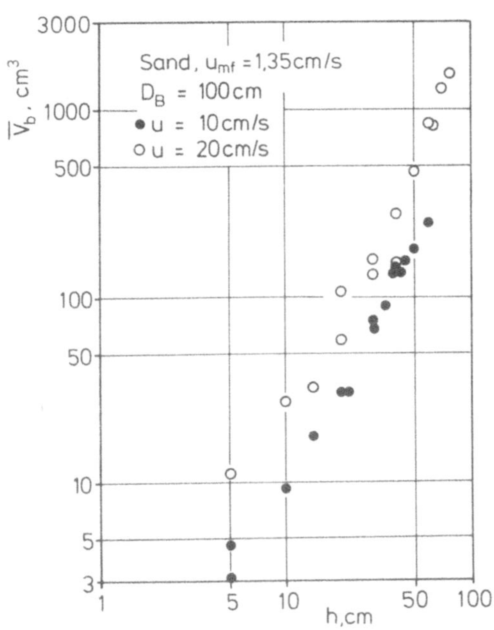

Abb. 4.7: Abhängigkeit des lokalen mittleren Blasenvolumens $\overline{V_b}$ von der Höhe h über dem Anströmboden [14] D_B = 100 cm, Quarzsand, u_{mf} = 1,35 cm/s, •u = 10 cm/s, ou = 20 cm/s).

Der diesem Wachstum zugrundeliegende Mechanismus der Blasenkoaleszenz ist durch die grundlegenden Untersuchungen von Clift und Grace [15, 16] entschlüsselt worden, die gezeigt haben, daß der Verschmelzungsvorgang in einem Eindringen der folgenden in die sich dabei stark verformende führende Blase besteht (Abb. 4.8). Während des Eindringens bewegen sich die beiden Blasen relativ zueinander mit einer genau definierten, konstanten Relativgeschwindigkeit u_A,

$$u_A = (\sqrt{2/3})\sqrt{g\,d_B}\;;$$

die Dauer T_c des Koaleszenzvorganges ist im skizzierten Fall zweier gleich großer Blasen (Durchmesser d_B) einfach angebbar als

$$T_c = d_B/u_A\;.$$

Ausgehend von diesem Mechanismus läßt sich unter Berücksichtigung der Zufälligkeit des In-Kontakt-Kommens der Blasen in einer realen Wirbelschicht ein statistisches Koaleszenzmodell ableiten [14], das in Verbindung mit Messungen auf eine empirische Korrelation für das Blasenwachstum führt,

$$\left(\frac{d_v}{\text{cm}}\right) = 0{,}853\sqrt[3]{1 + 0{,}272\left(\frac{u - u_{mf}}{\text{cm/s}}\right)}\left[1 + 0{,}0684\left(\frac{h}{\text{cm}}\right)\right]^{1,21}\;. \qquad (4.19)$$

Gleichung (4.19) ermöglicht eine Vorausberechnung der lokalen mittleren Blasengröße, und zwar des Durchmessers d_v der volumengleichen Kugel, als Funktion der Höhe h über dem Anströmboden und der Gasgeschwindigkeit u. Die Eigenschaften des fluidisierten Feststoffs gehen lediglich in der Gestalt der Lockerungsgeschwindigkeit u_{mf} ein. Im Gegensatz zu der in der Literatur häufig vertretenen Ansicht, daß das Verhältnis u/u_{mf}, die "Fluidisationszahl", maßgeblich sei, erweist sich hier die "Überschußgasgeschwindigkeit" $(u - u_{mf})$ als bestimmende Größe. Die Beziehung (4.19) gilt für eine poröse Platte als Anströmboden.

In Abb. 4.9 ist ein Vergleich zwischen gemessenen und nach Gleichung (4.19) berechneten Blasengrößen dargestellt, der eine gute Übereinstimmung für einen breiten Bereich der Parameter zeigt.

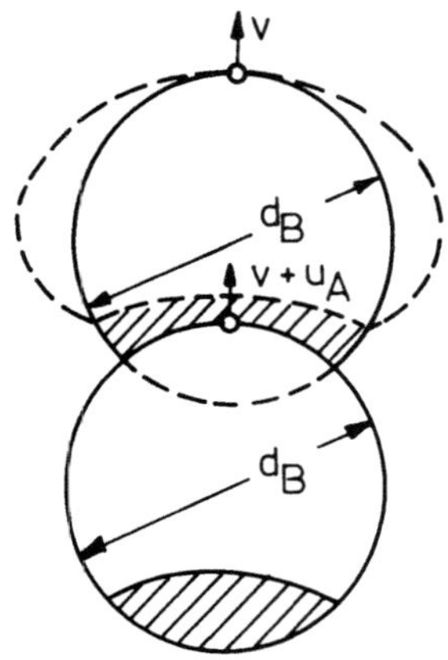

Abb. 4.8: Koaleszenz zweier gleich großer Blasen (nach Clift und Grace [15, 16]

$$\left(\frac{d_v}{cm}\right) = 0.853\ \sqrt[3]{1 + 0.272\left(\frac{u - u_{mf}}{cm/s}\right)}\ \left[1 + 0.0684\left(\frac{h}{cm}\right)\right]^{1.21}$$

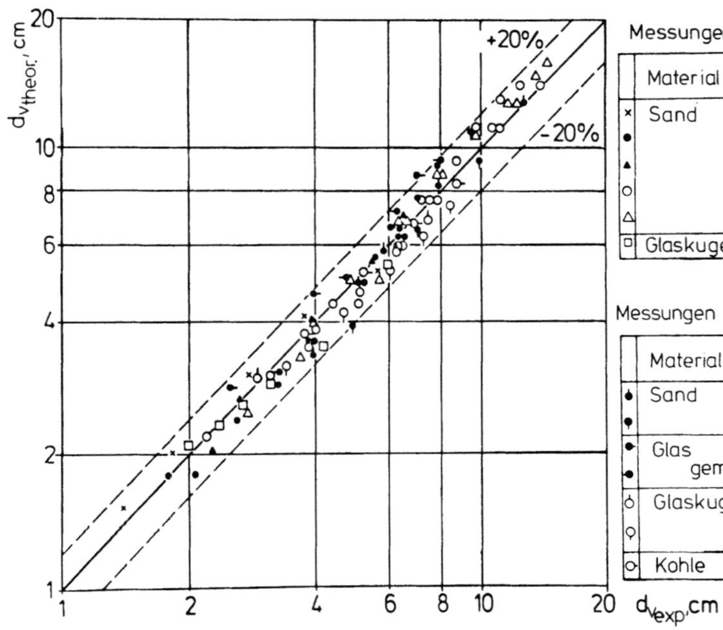

Messungen Werther [14]

	Material	u_{mf} cm/s	$u-u_{mf}$ cm/s
×	Sand	1,35	3,65
●			8,65
▲			13,65
○			18,65
△			28,65
□	Glaskugeln		7,8

Messungen Rowe u. Everett [17]

	Material	u_{mf} cm/s	$u-u_{mf}$ cm/s
●	Sand	2,75	9,35
●			15,40
●	Glas gemahlen	5,5	6,88
●			9,63
○	Glaskugeln	8,0	8,0
○			11,2
○	Kohle	8,0	5,6

Abb. 4.9: Vergleich gemessener mit nach Gleichung (4.19) berechneten Blasengrößen

Die bisherigen Erörterungen betrafen im wesentlichen die Höhenabhängigkeit der Blasenentwicklung. Was die Strömungsmechanik von Gas/Feststoff-Wirbelschichten weiter kompliziert, ist eine charakteristische Ungleichverteilung der aufsteigenden Blasen über den Querschnitt der Wirbelschicht. Abb. 4.10 zeigt eine Auftragung lokaler Messungen des in Form von Blasen durchgesetzten Gasvolumenstromes $\dot{V}_b$ in Abhängigkeit von der Entfernung r von der Rohrachse für verschiedene Höhen h über dem Anströmboden. Die Messungen lassen erkennen, wie sich in Bodennähe eine wandnahe Zone verstärkter Blasenentwicklung herausbildet, die sich mit zunehmender Höhe über dem Anströmboden zur Rohrmitte hin verschiebt [18].

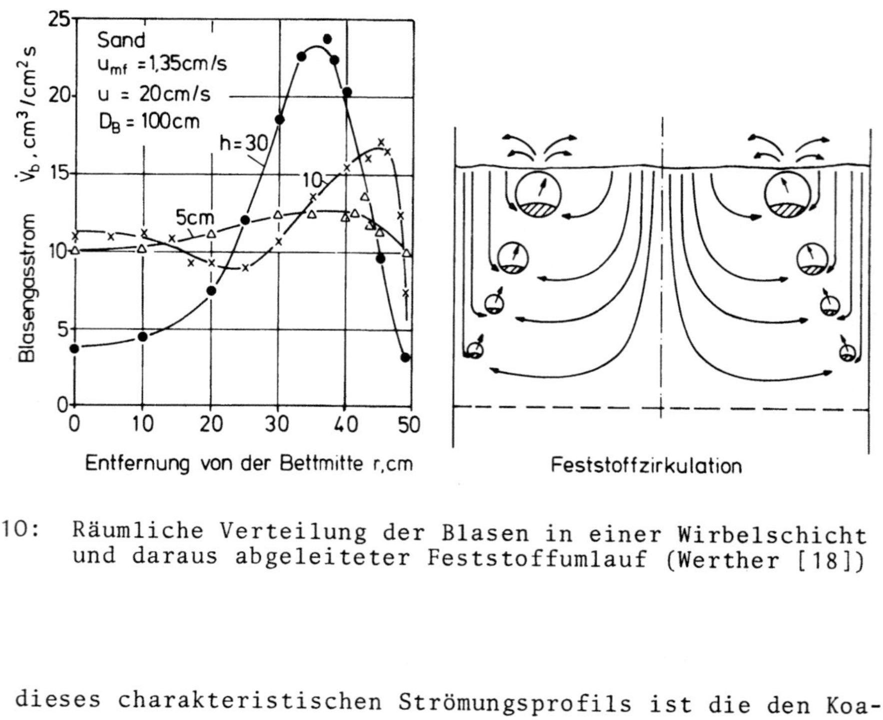

Abb. 4.10: Räumliche Verteilung der Blasen in einer Wirbelschicht und daraus abgeleiteter Feststoffumlauf (Werther [18])

Ursache dieses charakteristischen Strömungsprofils ist die den Koaleszenzablauf beeinflussende Nähe der Rohrwand, wie neuere Modellrechnungen von Johnson [19] gezeigt haben. Allerdings wird dadurch lediglich der auslösende Mechanismus geliefert, denn die Blasen schleppen in ihrem Nachlauf Feststoff aufwärts, der an der Bettoberfläche ausgeworfen wird und anschließend bevorzugt in Zonen verringerter Blasenentwicklung wieder abwärts strömt, wodurch die Ungleichverteilung der Blasen über dem Bettquerschnitt weiter verstärkt und stabilisiert wird. Die Existenz dieser in Abb. 4.10 schematisch dargestellten Feststoffzirkulation ist zwar für katalytische Wirbelschichtreaktionen nachteilig, da durch die Abwärtsströmung der Suspensionsphase bereits ausreagiertes Gas rückvermischt wird, für andere Anwendungen aufgrund der intensiven Feststoffdurchmischung aber durchaus von Vorteil.

Die genaue Ausbildung der Feststoffzirkulation, deren Kenntnis von Bedeutung sein kann, z.B. für die Anordnung von Feststoffzuführungen, hängt im wesentlichen ab vom Verhältnis Betthöhe H_W zu Bettdurchmesser D_B.

Abb. 4.11 zeigt Messungen der Blasenentwicklung und die daraus abgeleitete Feststoffzirkulation für eine sehr schlanke Wirbelschicht mit einem Verhältnis $H_W/D_B = 5$ [20] und für eine sehr flache Wirbelschicht (1 m Durchmesser, 30 cm Betthöhe) [21]. Sehr breite, flache Wirbelschichten sind demnach durch die Existenz mehrerer Zirkulations"zellen" gekennzeichnet, die für eine rasche und gründliche Feststoffdurchmischung sorgen.

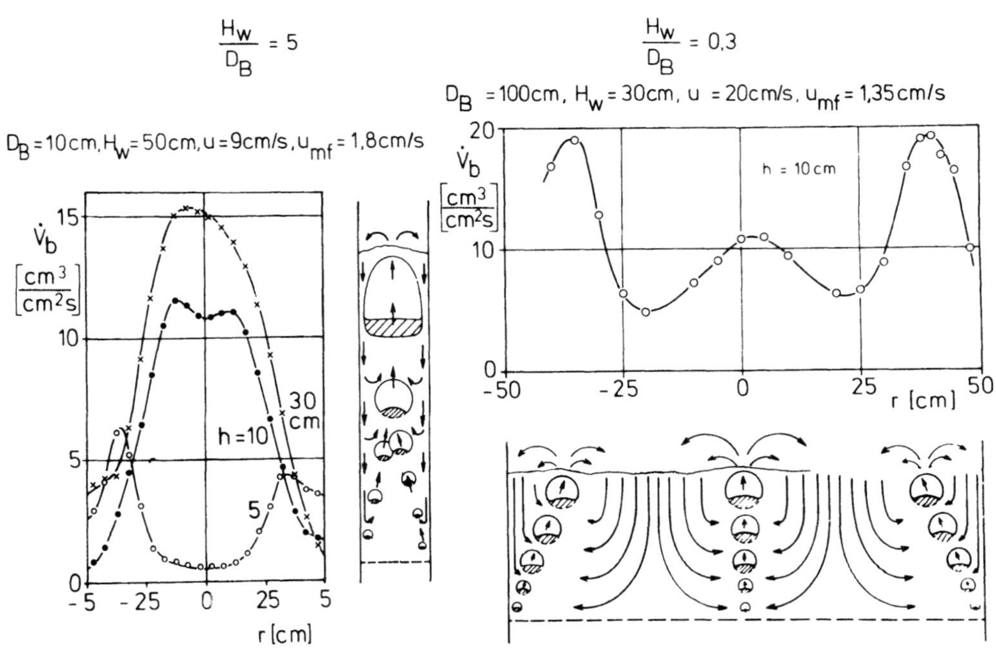

Abb. 4.11: Blasenentwicklung und Feststoffzirkulation in Wirbelschichten mit unterschiedlichen Verhältnissen H_W/D_B

Selbstverständlich läßt sich die Feststoffzirkulation durch eine ungleichmäßige Gaszufuhr verstärken - Davidson und Mitarb. [22] haben derartige "Golfstrom"-Zirkulationen eingehend untersucht. Schwierig aber ist es, eine Reduktion der Feststoffzirkulation zu erreichen. Da der auslösende Mechanismus in der Blasenentwicklung, also in der Natur der Wirbelschicht selbst liegt, hält sich auch der Einfluß des Anströmbodens in engen Grenzen.

Oft wird als Kriterium für eine gute Gasverteilung ein möglichst hohes Verhältnis von Boden- zu Bettdruckverlust genannt. Entsprechende Messungen [18] zeigen aber, daß eine Erhöhung des Bodendruckverlustes über ein bestimmtes Maß hinaus keine Verbesserung der Gasverteilung bringt, während unterhalb eines Mindest-Bodendruckverlustes sich sehr deutliche Ungleichmäßigkeiten und Instabilitäten in der Verteilung des Blasengases über den Bettquerschnitt zeigen (vergl. Abb. 4.12). Hinsichtlich des erforderlichen Bodendruckverlustes herrscht in der Literatur keine Einigkeit. Genannt werden Mindest-Verhältnisse von Boden- zu Bettdruckverlust von 0,1 bis 0,3 [23, 24, 25]. Genauere Untersuchungen lassen allerdings erkennen, daß derartige Verhältniszahlen mit einiger Vorsicht zu verwenden sind. Tatsächlich ergibt sich für einen von Whitehead [26] unter-

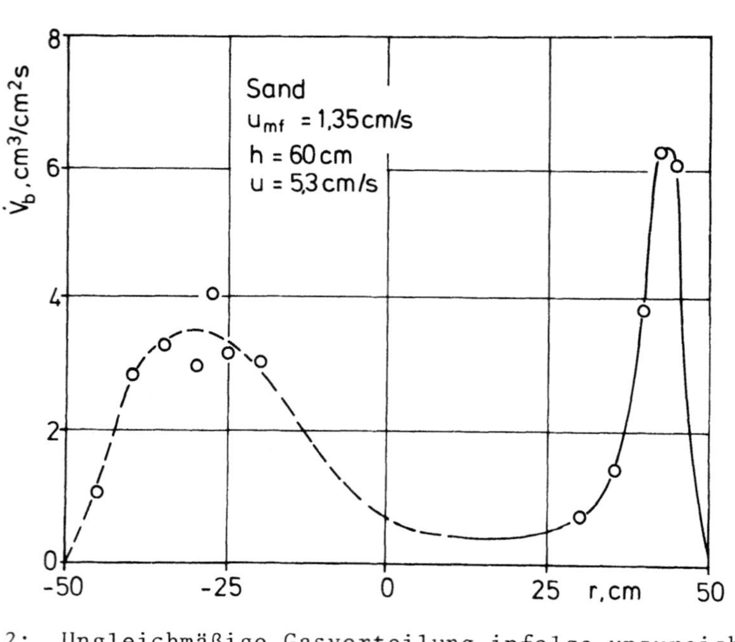

Abb. 4.12: Ungleichmäßige Gasverteilung infolge unzureichenden Bodendruckverlustes (D_B = 100 cm, Quarzsand, u_{mf} = 1,35 cm/s, u = 5,3 cm/s, Boden/Bettdruckverlust = 0,19) [21]

suchten Glockenboden eine Abhängigkeit des notwendigen Bodendruckverlustes nicht nur vom Bettdruckverlust, sondern auch von der Betriebsgeschwindigkeit und von der Kennlinie des Anströmbodens.

Die konstruktive Ausführung des Anströmbodens hat ebenfalls nur einen begrenzten Einfluß auf die Verteilung des Blasengases über dem Bettquerschnitt, wie Messungen von Whitehead und Young [27] an einer Wirbelschicht von quadratischem Querschnitt mit 120 cm Kantenlänge gezeigt haben, deren Anströmboden 16 Einblasglocken enthielt. Dargestellt sind in der oberen Bildhälfte von Abb. 4.13 die bei verschiedenen Betthöhen H an der Bettoberfläche beobachteten Blaseneruptionen.

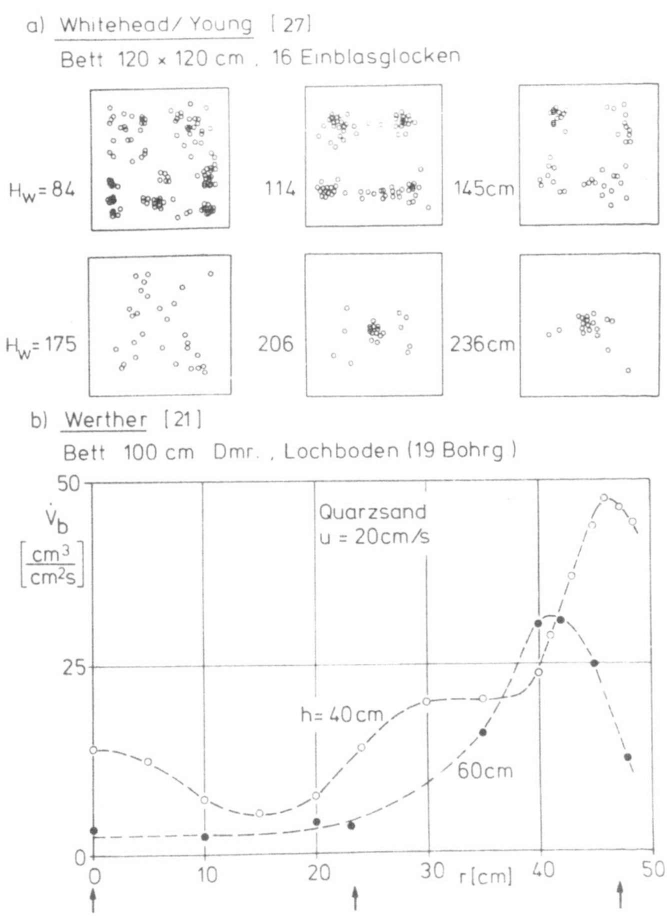

Abb. 4.13: Einfluß der Anströmbodenkonstruktion auf die Blasengasverteilung

Jeder Punkt entspricht dem Mittelpunkt einer Blaseneruption. Man erkennt deutlich die sich herausbildende Ringzone verstärkter Blasenentwicklung, die schließlich für größere Betthöhen in der Rohrmitte zu einer zentralen Blasenbahn zusammenwächst. Des weiteren in der unteren Bildhälfte von Abb. 4.13 dargestellt sind Messungen [21] an einer zylindrischen Wirbelschicht von 1 m Durchmesser mit einem Lochboden, der 19 Bohrungen enthielt. Während sich in einer Höhe von 40 cm der Einfluß der aus dem Boden austretenden Gasstrahlen noch deutlich bemerkbar macht, ist in einer Höhe von 60 cm das charakteristische Strömungsprofil der Blasenphase voll ausgebildet, ohne daß noch ein Einfluß des Bodens erkennbar wäre.

Da die Ungleichverteilung der Blasen über den Bettquerschnitt letztlich durch den Koaleszenzmechanismus hervorgerufen wird, sind auch alle Maßnahmen, die das Blasenwachstum bremsen bzw. den Zerfall von Blasen fördern - Einbauten, erhöhter statischer Druck, hoher Feinkornanteil im Wirbelgut - , geeignet zur Vergleichmäßigung der Blasenentwicklung, was durch verschiedene Hinweise aus der Literatur bestätigt wird [26, 28, 29].

Insbesondere haben die von Bock [30] durchgeführten simultanen Messungen des lokalen Wärmeübergangs und der lokalen Strömungsmechanik an vertikalen Einzelrohren und vertikalen Rohrbündeln einen merklichen Einfluß der Einbauten auf die lokale Strömungsmechanik und damit auf den lokalen Wärmeübergang ergeben.

Als Beispiel seien die von Bock [30] gemessenen für den Wärmeübergang wesentlichen, lokalen mittleren Feststoffkontaktzeiten $\bar{\tau}$ an der Rohrwand in Abb. 4.14 für ein vertikales Einzelrohr bzw. in Abb. 4.15 für ein vertikales Rohrbündel wiedergegeben, die eine deutliche Verringerung der mittleren Kontaktzeit infolge einer veränderten Struktur der Blasenströmung im Falle des Rohrbündels bei sonst ungeänderten Meßpositionen bzw. Versuchsbedingungen zeigen.

Der Einfluß der Blasen hat zur Folge, daß im Hinblick auf eine Maßstabsvergrößerung nicht - wie beim Festbettreaktor - das Verhältnis Partikel zu Gefäßdurchmesser, sondern das Verhältnis Blasendurchmesser zu Gefäßdurchmesser von Bedeutung ist. Da die Abmessungen der Blasen um Größenordnungen über denen der Partikeln im Zentimeter-

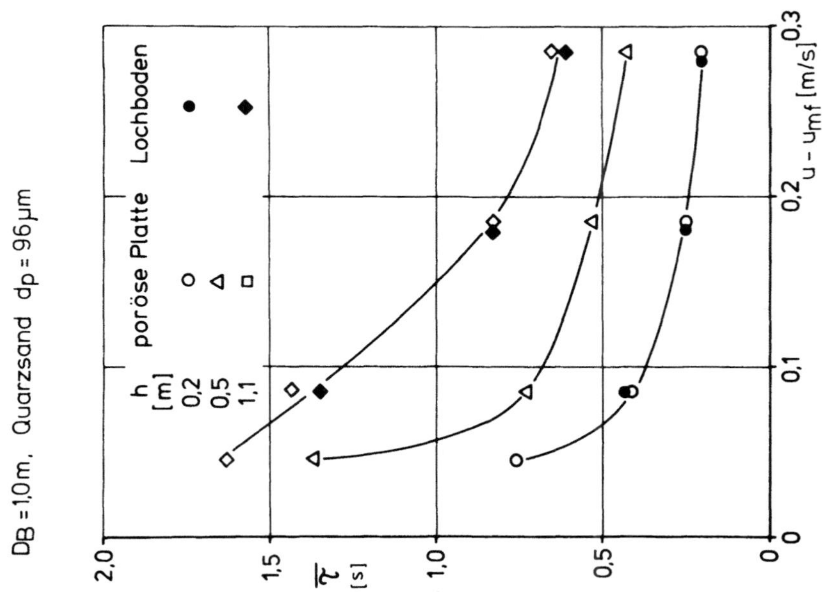

Abb. 4.14: Mittlere Feststoffkontaktzeit für vertikales Einzelrohr, Messungen von Bock [30]

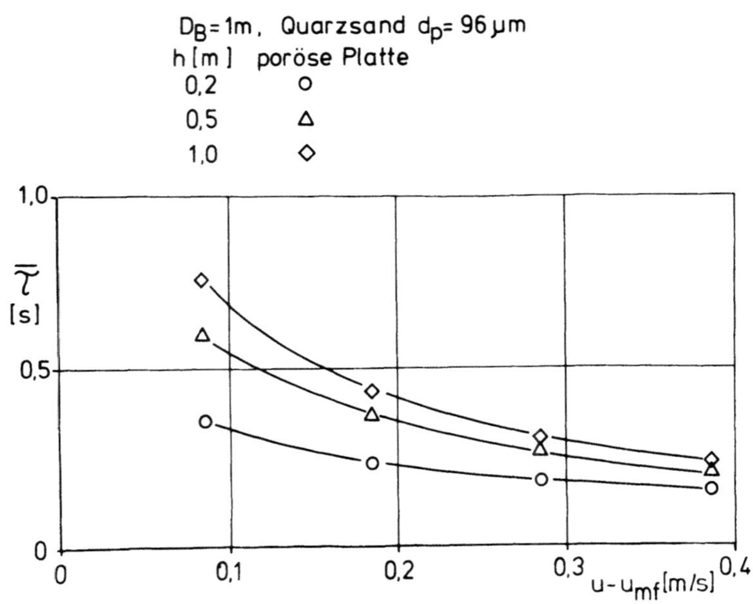

Abb. 4.15: Mittlere Feststoffkontaktzeit für vertikales Rohrbündel, Messungen von Bock [30]

bzw. Dezimeterbereich liegen und damit von der Größenordnung der im Labor üblichen Gefäßdurchmesser sind, folgt unmittelbar, daß das Betriebsverhalten von kleinmaßstäblichen Wirbelschichten stark durchmesserabhängig ist. Abb. 4.16 veranschaulicht diesen Sachverhalt anhand von strömungsmechanischen Messungen [20]. Die aus Messungen lokaler Blasensteiggeschwindigkeiten abgeleiteten mittleren Blasengas-Verweilzeiten lassen für Gefäßdurchmesser D_B unter etwa 20 cm eine sehr starke Durchmesserabhängigkeit erkennen. Es folgt hieraus, daß für Labor- bzw. Technikumswirbelschichten ein Mindestdurchmesser von etwa 50 cm erforderlich ist, wenn die daran gewonnenen Ergebnisse direkt als Grundlage für die Projektierung größerer Einheiten dienen sollen. Die dann notwendigen großen Pilotanlagen machen die Neuentwicklung von Wirbelschichtverfahren generell ausgesprochen kosten- und zeitaufwendig.

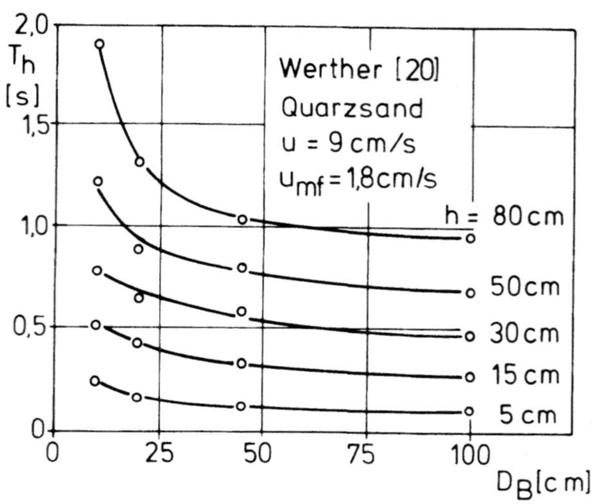

Abb. 4.16: Einfluß des Gefäßdurchmessers D_B auf die Strömungsmechanik (T_h mittlere Blasengas-Verweilzeit, berechnet aus Messungen lokaler Blasensteiggeschwindigkeiten)

Industriell übliche Gasverteiler wie z.B. Lochböden, Glockenböden oder Rohrverteiler führen der Wirbelschicht das Gas über diskrete Öffnungen zu. Der Mechanismus der Blasenentstehung an einer Öffnung ist von Davidson und Harrison [31] untersucht worden, die einen einfachen Zusammenhang zwischen dem Gasvolumenstrom $\dot{V}_0$ und dem Durchmesser $d_{v,0}$ der entstehenden Blase theoretisch begründen und experimentell bestätigen konnten,

$$d_{v,0} = 1{,}3(\dot{V}_0{}^2/g)^{0{,}2} \; . \qquad (4.20)$$

Bei höheren Gasdurchsätzen ist der Eintrittsimpuls des Gasstromes so groß, daß sich über der Öffnung zunächst ein Strahl ausbildet.

Für die mittlere Reichweite L eines vertikalen Strahls hat Merry [22] eine empirische Korrelation abgeleitet,

$$\frac{L}{d_0} = 5{,}2 \left(\frac{\rho_F \, d_0}{\rho_s \, d_p} \right)^{0{,}3} \left[1{,}3 \left(\frac{u_0{}^2}{g \, d_0} \right)^{0{,}2} - 1 \right] , \qquad (4.21)$$

die bei Kenntnis der Gasgeschwindigkeit u_0 im Austrittsquerschnitt mit dem Durchmesser d_0, des Partikeldurchmessers d_p, der Feststoff- und Gasdichte eine Vorausberechnung der mittleren Strahleneindringtiefe gestattet. Die Kenntnis dieser Größe ist von erheblicher Bedeutung für die Auslegung einer Wirbelschicht, da innerhalb der Reichweite des Strahls wegen dessen stark erosiver Wirkung keine Einbauten, z.B. Wärmetauscherrohre, angeordnet werden dürfen und außerdem in der bodennahen Strahlzone völlig andere Austauschverhältnisse als in der darüberliegenden Blasenzone herrschen.

Aufbauend auf den Beziehungen (4.19), (4.20) und (4.21) läßt sich ein einfaches Konzept zur Vorausberechnung des Blasenwachstums für beliebige Anströmbodenkonstruktionen formulieren [21]:

Man bestimmt zunächst die Höhe h_0 über der Bodenplatte, in der die Blasenbildung einsetzt. h_0 kann entweder durch die Konstruktion - z.B. bei der Einblasglocke - oder durch die Strahllänge L bei einem Lochboden gegeben sein. Die Größe der entstehenden Blasen ist durch Gleichung (4.20) gegeben, die, wie von Basov, Markhevka und Mitarb. [32] gezeigt wurde, auch für die vom Ende eines Gasstrahls abreissenden Blasen zumindest näherungsweise gilt. Da sowohl der Ort der Blasenentstehung als auch die Größe der entstehenden Blasen innerhalb gewisser Grenzen statistisch schwanken und da das nachfolgende Blasenwachstum durch wiederum statistische Koaleszenzprozesse bestimmt wird, erscheint es sinnvoll, anzunehmen, daß das von der Anfangsblasengröße $d_{v,0}$ ausgehende Wachstum der Blasen nach derselben Gesetzmäßigkeit verlaufen wird, wie für Blasen gleicher mittlerer Größe unter denselben Betriebsbedingungen in einer mit einer porösen Platte ausgerüsteten Wirbelschicht (vergl. Abb. 4.17).

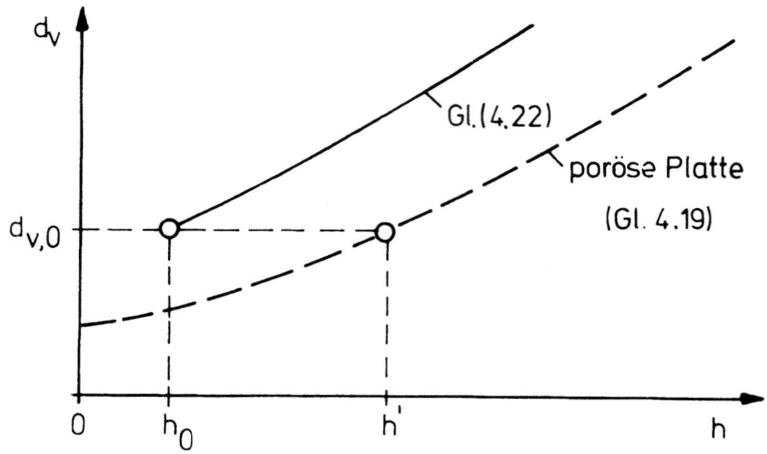

Abb. 4.17: Vorausberechnung des Blasenwachstums in Abhängigkeit von der Konstruktion des Anströmbodens

Zur Blasengröße $d_{v,0}$ gehört für die poröse Platte eine Höhe h', die mit Hilfe von Gleichung (4.19) bestimmt werden kann. Für beliebige Bodenkonstruktionen ist damit das Blasenwachstum einfach berechenbar auf der Basis der für die Wirbelschicht mit poröser Platte geltenden Korrelation Gleichung (4.19), in der lediglich die Höhe h durch die äquivalente Höhe $(h + h' - h_0)$ ersetzt wird:

$$\left(\frac{dv}{cm}\right) = 0{,}853 \sqrt[3]{1 + 0{,}272\left(\frac{u - u_{mf}}{cm/s}\right)} \cdot \left[1 + 0{,}0684\left(\frac{h + h' - h_0}{cm}\right)\right]^{1,21} . \qquad (4.22)$$

Abb. 4.18 zeigt einen Vergleich des nach diesem Verfahren vorausberechneten Blasenwachstums mit gemessenen Blasengrößen für einen Lochboden [21] und für einen von Whitehead und Young [27] an einer Wirbelschicht von industriellen Abmessungen untersuchten Glockenboden. Die Messungen der letzteren Autoren bestätigen im übrigen die alte Praxiserfahrung, daß der Einfluß des Anströmbodens nur in unmittelbarer Bodennähe merklich ist. In 2 m Höhe über dem Boden ist der relative Unterschied zwischen Glockenboden mit 45 cm großen Blasen und poröser Platte mit 35 cm Blasendurchmesser praktisch vernachlässigbar.

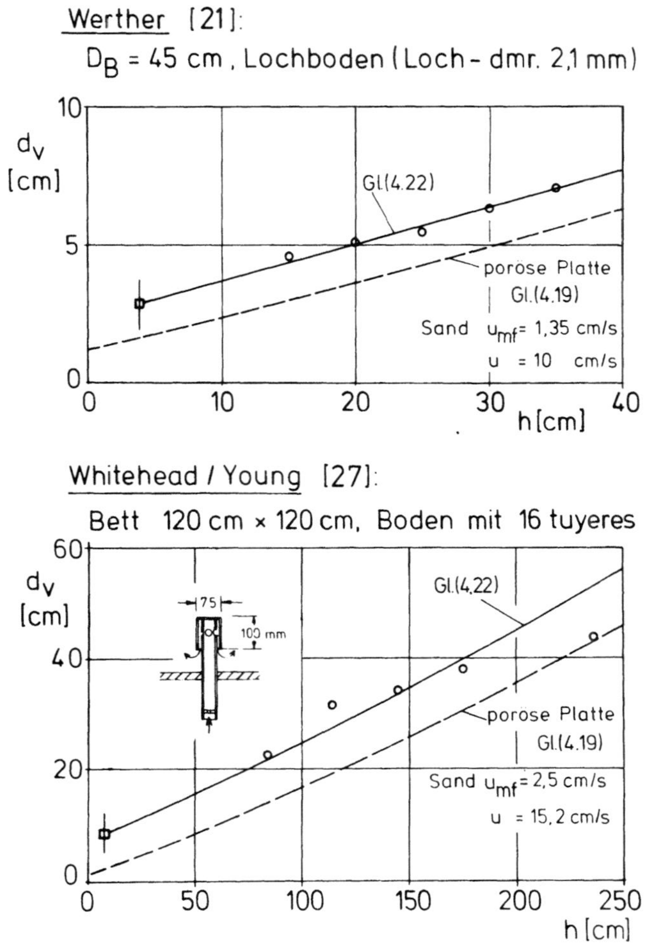

Abb. 4.18: Blasenwachstum für einen Lochboden [21] und einen Glokkenboden [27]

Das hier beschriebene Berechnungsverfahren erlaubt die Vorausberechnung des Blasenwachstums für ein vorgegebenes Wirbelschichtsystem unter Berücksichtigung der Anströmbodenkonstruktion und ermöglicht damit beispielsweise den Vergleich verschiedener Anströmböden in bezug auf ihre Gasverteilungseigenschaften.

Nomenklatur zu Kapitel 4

A	Querschnittsfläche	m^2
$\overline{A}$	mittlere Schnittfläche der Partikeln	m^2
Ar	$\equiv [(\rho_s - \rho_F)\, d_p^3\, g\,]/(\rho_F\, \nu^2)$ Archimedeszahl	-

d_B	Blasendurchmesser	m
d_0	Durchmesser einer Bodenöffnung	m
d_p	Partikeldurchmesser	m
$\overline{d_p}$	mittlere Korngröße	m
d_v	Vertikaldurchmesser einer Blase	m
$d_{v,0}$	Anfangsblasengröße	m
D	charakteristische Länge des Strömungsraumes, definiert durch Gleichung (4.1)	m
D_B	Bettdurchmesser	m
F_H	Haftkraft an Kontaktstelle	N
Fr	$= u^2/d_p\,g$ Froudezahl	-
Fr_{mf}	$= u_{mf}^2/d_p\,g$ Froudezahl mit Lockerungspunkt	-
F_T	im Mittel pro Partikel übertragbare Zugkraft, definiert durch Gleichung (4.12)	-
$F^{\{i\}}_{W.S.}$	(i = 1, 2) die Wirbelschicht kennzeichnende, untereinander gleichwertige Kennzahlenkombinationen, definiert durch Gleichung (4.2) bzw. Gleichung (4.8)	-
$F^{\{i\}}_{hom.W.S.}$	(i = 1, 2, 3) untereinander gleichwertige Kennzahlenkombinationen zur Beschreibung der homogenen Wirbelschicht, definiert durch die Gleichungen (4.3), (4.4) und (4.5)	-
g	Erdbeschleunigung	$m\,s^{-2}$
G	Gesamtgewicht der Schüttung	N
h	Abstand vom Anströmboden	m
h'	Äquivalenthöhe nach Gleichung (4.22)	m
h_0	Höhe, bei der Blasenbildung einsetzt	m
$\overline{h\omega}$	Lifschitz-van der Waalskonstante	eV
H	Härte des Feststoffes	$N\,m^{-2}$
H_0	Ruheschichthöhe	m
H_W	Wirbelschichthöhe	m
L	Strahleindringtiefe	m
m	mittlere Partikelzahl in einer Schnittfläche einer ruhenden Schüttung	-
P	Druck	$N\,m^{-2}$
ΔP	Druckabfall	$N\,m^{-2}$
ΔP_{max}	maximaler Druckabfall bei Fluidisationsbeginn	$N\,m^{-2}$
Q_0	Anzahlsumme	-
r	radialer Abstand von der Rohrachse	m
r_B	Blasenradius	m
R	Radius der Oberflächenrauhigkeit von Partikeln	m
Re_L	$= u\,d_p/\nu$ mit Leerrohrgeschwindigkeit und Partikelgröße gebildete Reynoldszahl	-

T_C	Dauer des Koaleszenzvorganges zweier Blasen	s
T_h	Verweilzeitverhalten des Blasengases zwischen Anströmboden und Höhe h	s
u	Leerraum-Fluidgeschwindigkeit	$m\,s^{-1}$
u_A	Relativgeschwindigkeit zweier Blasen	$m\,s^{-1}$
u_{mf}	Leerraum-Fluidgeschwindigkeit im Lockerungspunkt	$m\,s^{-1}$
u_o	Gasgeschwindigkeit in einer Bodenöffnung	$m\,s^{-1}$
$\overline{V_B}$	lokales mittleres Blasenvolumen	m^3
$\dot{V}_B$	lokaler Blasenvolumenstrom	$m^3 m^{-2} s^{-1}$
$\dot{V}_O$	Gasvolumenstrom in Anströmbohrung	$m^3 s^{-1}$
w_f	Sinkgeschwindigkeit der Einzelpartikel	$m\,s^{-1}$
W_1	auf eine Partikel im Mittel ausgeübte Widerstandskraft, definiert durch Gleichung (4.9)	N
$W_{1\,max}$	im Fluidisationsbereich maximal auf eine Partikel mögliche Widerstandskraft, definiert durch Gleichung (4.10)	N
z_o	Haftabstand	m
ε	Porosität (Lückengrad)	-
ε_{mf}	Porosität im Lockerungspunkt	-
η	dynamische Viskosität	$kg\,m^{-1} s^{-1}$
ν	kinematische Viskosität	$m^2 s^{-1}$
$\overline{\tau}$	mittlere Feststoffkontaktzeit	s
ρ_F	Fluiddichte	$kg\,m^{-3}$
ρ_s	Feststoffdichte	$kg\,m^{-3}$
σ_Z	übertragbare Zugspannung in kohäsivem Schüttgut	$N\,m^{-2}$
Ω	$\rho_F u^3 / (\rho_s - \rho_F) \nu g$ Kennzahl im Wirbelschichtzustandsdiagramm	-

Literaturverzeichnis zu Kapitel 4

1 Coulson, J.M. und Richardson, J.F.: Chemical Engineering, 2nd Edn., Vol. 2, Pergamon Press, Oxford 1968

2 Pawlowski, J.: Verfahrenstechnik 9(1975) S. 74

3 Wilhelm, R.H. und Kwauk, M.: Chem. Engng. Progr. 44 (1948) S. 201

4 Geldart, D.: Powder Technology 7 (1973) S. 285/292

5 Reh, L.: Chemie-Ing.-Technik 40 (1968) S. 509/515

6 Reh, L.: Chem. Engng. Progr. 67 (1971) S. 58/63

7 Mathur, K.B.: Kapitel 17 Spouted Beds in Fluidization (J.F. Davidson and D. Harrison edit.) Academic Press London and New York 1971

8 Rumpf, H.: Chemie-Ing.-Technik 42 (1970) S. 538/540

9 Krupp, H.: Advances in Colloid and Interface Science 1 No. 2, May 1967

10 Jackson, R.: Kapitel 3 Fluid Mechanical Theory in Fluidization (J.F. Davidson and D. Harrison edit.) Academic Press London and New York 1971

11 Rowe, P.N.: Kapitel 4 Experimental Properties of Bubbles in Fluidization (J.F. Davidson and D. Harrison edit.) Academic Press London and New York 1971

12 Reuter, H.: Chemie-Ing.-Technik 35 (1963) S. 98/103

13 Werther, J.: Experimentelle Untersuchungen zur Hydrodynamik von Gas/Feststoff-Wirbelschichten, Dissertationsschrift Erlangen 1972

14 Werther, J.: Chem.-Ing.-Tech. 48 (1976) S. 339, MS 349/76; VDI-Bericht (1976) Nr. 260, S. 233

15 Clift, R. und Grace, J.R.: Chem. Eng. Prog. Symp. Ser. 66 (1970) Nr. 105, S. 14

16 Clift, R. und Grace, J.R.: AIChE Symp. Ser. 67 (1971) Nr. 116, S. 23

17 Rowe, P.N. und Everett, D.J.: Trans. Inst. Chem. Eng. 50 (1972) S. 55

18 Werther, J.: GVC/AIChE-Joint Meeting, München 1974, preprints Vol. III, S. E2-2/1

19 Johnson, J.E.: M. Eng. Thesis, McGill University, Montreal 1973

20 Werther, J.: Aufbereit.-Tech. (1974) S. 670

21 Werther, J.: Chemie-Ing.-Technik 49 (1977), S. 193-202

22 Merry, J.M.D. und Davidson, J.F.: Proc. Int. Symp. Fluidization, Toulouse 1973, S. 196

23 van Swaaij, W.P.M. und Zuiderweg, F.J.: Proc. Ing. Symp. Fluidization, Toulouse 1973, S. 454

24 Zenz, F.A. und Othmer, D.F.: Fluidization and Fluid Particle Systems, Reinhold Publ. Co., New York 1960

25 Gregory, S.A.: Proc. Int. Symp. Fluidization, Einhoven 1967, Netherlands University Press, S. 751

26 Whitehead, A.D., Gartside, G. und Dent, D.C.: Chem. Eng. J. 1 (1970) S. 175

27 Whitehead, A.B. und Young, A.D.: Proc. Int. Symp. Fluidization, Eindhoven 1967, Netherlands University Press, S. 285

28 Knowlton, T.M.: Paper No. 9b, 67th Annual Meeting Amer. Inst. Chem. Engrs., Washington, D.C. 1974

29 Matsen, J.M.: AIChE Symp. Ser. 69 (1973) Nr. 128, S. 30

30 Bock, H.-J.: Dimensionierung von senkrechten Wärmeaustauschflächen in Gas/Feststoff-Wirbelschichten, Chemie-Ing.-Technik 53 (1981), 3, MS 890

31 Davidson, J.F. und Harrison, D.: Fluidized Particles, Cambridge University Press, Cambridge-London 1963

32 Basov, V.A., Markhevka, V.I., Melik-Akhnazarov, T.Kh. und Orochko, D.I.: Int. Chem. Eng. 9 (1969) S. 263

Kapitel 5
Druckverlust bei der hydraulischen Förderung

1. Stand der Kenntnisse, Aufgabenstellung

Die Rohrströmung von Suspensionen ist nicht nur für reine Transportaufgaben [1], selbst über lange Strecken [2] von Bedeutung, sondern auch in der chemischen Technik, so z.B. für den Rohrreaktor zum Lösen von Bauxit bei der Aluminiumerzeugung [3] und in Zukunft wohl insbesondere im Zusammenhang mit der Weiterentwicklung der Kohletechnologie, insbesondere der Kohleverflüssigung [4].

Die bisher vorliegenden Beziehungen für die Vorausberechnung des Druckverlustes bei der hydraulischen Förderung im horizontalen Rohr, wie z.B. die Gleichungen von Durand [5], von Newitt [6] oder von Charles [7] sind in ihrer Anwendbarkeit begrenzt hinsichtlich der Feststoffkonzentration oder des Bereiches der zulässigen Partikelgrößen.

In diesem Kapitel wird daher zunächst ein neues Konzept zur Vorausberechnung des Druckverlustes bei der Förderung im horizontalen Rohr entwickelt, das möglichst frei ist von mehr oder weniger willkürlichen Modellvorstellungen und deshalb keinerlei Einschränkungen in seiner Anwendbarkeit hinsichtlich Feststoffkonzentration, Korngröße oder Rohrdurchmesser unterworfen ist. Im letzten Abschnitt dieses Kapitels wird die Vorausberechnung des Druckverlustes bei der Förderung vertikal-aufwärts dargestellt. Insbesondere wird angestrebt, daß die verwendeten dimensionslosen Kennzahlen eine Darstellung ermöglichen, die einer sinnvollen physikalischen Interpretation zugänglich ist.

2. Die dem Konzept zugrunde liegenden Überlegungen

Zunächst sind die dem neuen Konzept zugrunde liegenden Überlegungen aufgelistet, die sich in drei Gruppen zusammenfassen lassen:

a) Ein brauchbarer Ansatz zur Druckverlustvorausberechnung bei der hydraulischen Förderung kann nur auf Daten aufgebaut werden, die bei der Suspensionsströmung einfach meßbar sind. Druckverlustformeln sollten nämlich durch umfangreiches, eigenes wie fremdes Versuchsmaterial abgesichert sein, eine Forderung, die sich nicht erfüllen läßt, wenn zur Datengewinnung subtile Meßtechniken herangezogen werden müssen.

b) In eigenen experimentellen Untersuchungen (Zisselmar [8]) wurde nachgewiesen, daß bei einer turbulent strömenden Suspension feinkörniger Partikeln die Turbulenzstruktur wenig von der eines homogenen Fluids abweicht, so lange die Feststoffkonzentration vergleichsweise niedrig ist. Aus diesem Ergebnis wird der Schluß gezogen, daß es sinnvoll ist, den Ansatz für den Druckverlust in einen "Fluidanteil" aufzuspalten, der formal dem der einphasigen Rohrströmung entspricht und in einen "Partikelanteil", der mit zunehmender Feststoffbeladung der Strömung an Bedeutung gewinnt.

c) Als für den "Partikeldruckverlustanteil" maßgeblicher Mechanismus wird angesehen, daß die Partikeln aufgrund nicht näher erörterter Vorgänge wie gegenseitige Behinderung bzw. Kollision bzw. Auftreffen auf die Rohrwand gegenüber der mittleren Suspensionsströmung abgebremst werden und der "Partikeldruckverlust" dafür aufzubringen ist, daß das Trägerfluid die Partikeln jeweils wieder auf die mittlere Suspensionsgeschwindigkeit beschleunigt. Mit dieser Modellvorstellung wird insbesondere unterstellt, daß sich der "Partikeldruckverlustanteil" als ein rein strömungsmechanisches Problem, insbesondere der Partikelumströmung beschreiben läßt. Die Gültigkeit dieser Annahme läßt sich nur durch Auswertung von Versuchen rechtfertigen. Umgekehrt läßt sich die Brauchbarkeit des hier vorgelegten Konzeptes dadurch nachweisen, daß es auch die pneumatische Förderung dann richtig beschreibt, wenn die hier unterlegte Modellvorstellung zutrifft. Dies ist der Fall, wenn der zu fördernde Feststoff weder die Rohrwand verschleißt oder merklichen Abrieb erfährt, noch als am Rohrboden rutschende Strähne transportiert wird. Diese einschränkenden

Voraussetzungen sind bei der Flugförderung nicht abrasiver und grobkörniger Materialien erfüllt.

3. Einfach meßbare Daten der Suspensionsströmung und daraus berechenbare Größen

a) Mengenmessung
Die Volumenstrommessung erfolgt z.B. in der Versuchsanlage des Erlanger Lehrstuhls für Mechanische Verfahrenstechnik [9] durch zeitweiliges Umlenken auf ein Wägegefäß:

Gemessen werden dabei in der Zeitspanne ΔT:
$V_{Suspension}$ = aufgefangenes Volumen,
$M_{Suspension}$ = aufgefangene Masse.

Damit sind berechenbar:
Volumenstrom Suspension $\dot{V}_{Suspension} = \dfrac{V_{Suspension}}{\Delta T}$,

Dichte der Suspension $\rho_{Suspension} = \dfrac{M_{Suspension}}{V_{Suspension}}$,

bzw. gleichwertig mit $\rho_{Suspension}$:
Transportkonzentration $c_T = \dfrac{V_S}{V_{Suspension}} = \dfrac{\rho_{Suspension} - \rho_F}{\rho_s - \rho_F}$.

b) Druckverlustmessung
Nach einer genügend langen Anlaufstrecke wird der Druckverlust der ausgebildeten Rohrströmung gemessen. Damit ist der Druckgradient $\Delta P/\Delta L$ bekannt.

Dem nachstehend beschriebenen theoretischen Konzept liegen bewußt keine anderen als diese vergleichsweise einfach zu messenden Daten zugrunde.

4. Ein theoretisches Konzept

Der in einer hydraulischen Förderanlage auftretende Druckverlust ist letzten Endes durch die Verknüpfung folgender Einflußgrößen festgelegt:

a) Umwelt: Erdbeschleunigung g

b) Konstruktive Anlagedaten: Rohrdurchmesser D. Hierbei Voraussetzung: hydraulisch glattes Rohr

c) Stoffdaten: Feststoff: Feststoffdichte ρ_S, mittlere Partikelgröße d_p. Hierbei Voraussetzung: Partikeln in nicht zu breiter Kornverteilung vorliegend und mit annähernd kugeliger Partikelform.
   Fluid : Fluiddichte ρ_F, Fluidzähigkeit η_F. Hierbei Voraussetzung: Newtonsches Fluid.

d) Betriebsdaten der Anlage:
   Volumenstrom Suspension $\dot{V}_{Suspension}$,
   Transportkonzentration $c_T = \dfrac{\rho_{Suspension} - \rho_F}{\rho_S - \rho_F}$

e) Gesuchte Größe: Druckgradient $\Delta P/\Delta L$. Hierbei Voraussetzung der ausgebildeten Rohrströmung.

Gemäß dem Buckingham-Theorem [10] lassen sich aus diesen neun Einflußgrößen bei dem hier vorliegenden Strömungsproblem sechs dimensionslose Kennzahlen bilden.

Die rein experimentelle Ermittlung des Druckverlustes ohne jede theoretische Modellvorstellung ist aber bei so vielen Kennzahlen ein aussichtsloses Unterfangen. Die Reduktion der Zahl der zur vollständigen Beschreibung des Problems notwendigen Kennzahlen durch möglichst weit gefaßte theoretische Modellvorstellungen ist daher unerläßlich.

Sinngemäße Übertragung des Druckverlustansatzes der turbulenten einphasigen Rohrströmung auf die Suspensionsströmung bedeutet: Die zum Transport der Suspension über eine Strecke von der Länge ΔL erforderliche Verlustleistung beträgt

$$\Delta P\, \dot{V}_{Suspension} = \Delta P_{Fluid}\, \dot{V}_{Suspension} + \Delta P_z\, \dot{V}_{Suspension} \,. \quad (5.1)$$

Beim hydraulischen Transport ist der mittlere Schlupf der Partikeln relativ zur Fluidströmung im Vergleich etwa zur pneumatischen Förderung gering. Als charakteristische Geschwindigkeit der Suspension kann daher die mit dem Volumenstrom $\dot{V}_{Suspension}$ gebildete mittlere Geschwindigkeit

$$v = \frac{\dot{V}_{Suspension}}{\frac{\pi D^2}{4}}$$

gewählt werden.

Der in (5.1) auftretende Druckverlustanteil ΔP_z wird als von der Relativbewegung zwischen Fluid und Partikeln verursacht angesehen. Wie in Kapitel 3 erörtert, erfährt in einem Strömungsfeld mit Druckgradient auch eine ohne Relativbewegung mitschwimmende Partikel vom Fluid eine Kraft infolge des Druckgradienten.

Dieser Überlegung entsprechend wird für den Fluidanteil des Druckverlustes wie auch bisher in der Literatur [11], [12] angesetzt:

$$\Delta P_{Fluid} = \lambda_R (Re_R) \frac{\Delta L}{D} \frac{\rho_F}{2} v^2 \qquad (5.2)$$

mit dem bekannten Widerstandsgesetz $\lambda_R(Re_R)$ der einphasigen Rohrströmung [13].

Der Ansatz (5.2) wird auch durch folgende Überlegungen gestützt: Bei der laminaren Rohrströmung feinkörniger Partikeln wurde vielfach eine Entmischung in unmittelbarer Wandnähe beobachtet [14], [15], [16]. Es ist daher nicht abwegig, bei der turbulenten Suspensionsströmung feinkörniger Partikeln in der viskosen Unterschicht in unmittelbarer Wandnähe ebenfalls eine weitgehende Entmischung der Suspension anzunehmen. Bei grobkörnigen Partikeln ist andererseits die Dicke der viskosen Unterschicht kleiner als die Partikelabmessungen. Diese beiden Effekte mögen dazu führen, daß die für den Fluidwiderstandanteil maßgebliche Strömung in unmittelbarer Rohrwandnähe bei turbulenter Suspensionsströmung so erfolgt, wie wenn das Fluid allein mit der mittleren Geschwindigkeit v strömen würde. Wegen des völligeren Profils der turbulenten Rohrströmung im Vergleich zur laminaren wirkt sich dann aber die erhöhte Suspensionsviskosität, die bei laminarer Rohrströmung gemessen wird, nicht in vergleichbarem Maße auf die turbulente Rohrströmung aus. Der zusätzliche

Druckverlustanteil ΔP_z wird als von der Relativbewegung der Partikeln zum Fluid verursacht vorausgesetzt.

Als für den Partikeldruckverlust verantwortlicher Mechanismus wird daher die Folge angesehen: Partikeln abgebremst aus verschiedenen Ursachen - danach Partikeln wieder beschleunigt durch die vom Fluid auf die Partikeln übertragene Schleppkraft.

Da letztendlich die Relativbewegung einzelner Partikeln zum Fluid als entscheidend angesehen wird, wird zunächst die Zusatzverlustleistung umgerechnet auf eine mittlere Zusatzverlustleistung pro Partikel: Im Rohrstück von der Länge ΔL befindet sich insgesamt die Anzahl z an Partikeln. Partikelzahl z, Feststoffvolumenstrom $\dot{V}_S$ und Absolutgeschwindigkeit v_s der Partikeln sind verknüpfbar über

$$z = \frac{\dot{V}_S}{\frac{\pi d_p^3}{6}} \; \frac{\Delta L}{v_s} \; .$$

Im Mittel haben die Partikeln eine Schlupfgeschwindigkeit v_{rel} gegen die mittlere Geschwindigkeit v. Die absolute Partikelgeschwindigkeit ist daher

$$v_s = v - v_{rel} .$$

Damit wird die Partikelzahl z in dem Rohrstück von der Länge ΔL bei Beachtung der Definition der Transportkonzentration c_T schließlich:

$$z = \frac{c_T \dot{V}_{Suspension}}{\frac{\pi d_p^3}{6}} \; \frac{\Delta L}{v - v_{rel}} \; . \tag{5.3}$$

Die mittlere zusätzliche Verlustleistung pro Partikel ist dann entsprechend der Zerlegung Gleichung (5.1)

$$\overline{P}_1 = \frac{\Delta P_z \dot{V}_{Suspension}}{z} \; ,$$

bzw. bei Beachtung der Beziehung (5.3):

$$\overline{P}_1 = \frac{\Delta P_z \frac{\pi d_p^3}{6} (v - v_{rel})}{c_T \Delta L} \; . \tag{5.4}$$

Wie üblich bei der Behandlung von Problemen der Mehrphasenströmungen, wird auch hier eine Darstellung mit Hilfe dimensionsloser Kennzahlen angestrebt. Entsprechend den voranstehenden Überlegungen zu den zugrunde gelegten Mechanismen wird daher eine geeignete dimensionslose Kennzahl für den Zusatzdruckverlust gebildet aus dem Quotienten von mittlerer Verlustleistung pro Partikel zu der mit der mittleren Schleppkraft des Fluid gebildeten Verlustleistung des Fluids an der Partikel.

Die mittlere Schleppkraft des Fluids an einer Partikel ist

$$\overline{F}_1 = c_w\,(\overline{Re}_p,\, c_T)\frac{\pi\, d_p^2}{4}\,\frac{\rho_F}{2}\, v_{rel}^2 \;. \qquad (5.5)$$

In dieser Beziehung bezeichnet $c_w\,(\overline{Re}_p,\, c_T)$ den von der Transportkonzentration c_T und der Partikel-Reynoldszahl

$$\overline{Re}_p = \frac{v_{rel}\, d_p}{\nu} \qquad (5.6)$$

abhängigen Widerstandsbeiwert.

Die mittlere Verlustleistung des Fluids infolge der mittleren Schleppkraft ist dann gleich $\overline{F}_1\, v$. Eine geeignete dimensionslose Kennzahl zur Darstellung des Zusatzdruckverlustes ist daher

$$\frac{\overline{P}_1}{\overline{F}_1\, v} = \frac{\Delta\, P_z}{c_T\, \rho_F\, v^2}\cdot\frac{d_p}{\Delta L}\cdot\frac{4}{3 c_w\,(\overline{Re}_p,\, c_T)}\cdot\frac{1 - \frac{v_{rel}}{v}}{\left(\frac{v_{rel}}{v}\right)^2} \;. \qquad (5.7)$$

Es wird hier von einer bestimmten Modellvorstellung ausgegangen, nämlich, daß der Zusatzdruckverlust als Folge der Relativbewegung der Partikeln zum Fluid auftritt.

Nun ist aber eine mittlere Relativgeschwindigkeit der Partikeln zum Trägerfluid meßtechnisch kaum zuverlässig zu erfassen. Es wird daher hier ein Weg gewählt, bei dem ein rechnerisches Geschwindigkeitsverhältnis $\frac{v_{rel}}{v}$ durch Druckverlustmessungen ermittelt wird.

Die gemäß Gleichung (5.7) definierte Kennzahl setzt die Zusatzverlustleistung pro Partikel ins Verhältnis zur Verlustleistung der vom Fluid auf eine Partikel übertragenen Schleppkraft. Bei einer exakten Gültigkeit der verwendeten Modellvorstellung sollte diese daher gleich Eins sein. Mit der Forderung

$$\frac{\overline{P}_1}{\overline{F}_1\, v} = 1$$

läßt sich aus der Druckverlustmessung ein rechnerischer Partikelschlupf $\frac{v_{rel}}{v}$ ermitteln:

Mit der neuen Kennzahl

$$x = \frac{\Delta P_z}{c_T\, \rho_F\, v^2}\, \frac{d_p}{\Delta L}\, \frac{4}{3 c_w\, (\overline{Re}_p,\, c_T)} \tag{5.8}$$

erhält man aus Gleichung (5.7) mit der Forderung

$$\frac{\overline{P}_1}{\overline{F}_1\, v} = 1$$

die quadratische Gleichung für $\frac{v_{rel}}{v} = \frac{v_{rel}}{v}(x)$:

$$x \cdot \frac{1 - \frac{v_{rel}}{v}}{\left(\frac{v_{rel}}{v}\right)^2} = 1 \tag{5.9}$$

bzw. nach $\frac{v_{rel}}{v}$ aufgelöst:

$$\frac{v_{rel}}{v} = \frac{x}{2}\left[\sqrt{1 + 2\,\frac{2}{x}} - 1\right] \quad . \tag{5.10}$$

Hohe Werte des zusätzlichen Druckverlustes bedeuten gemäß der Definitionsgleichung (5.8) für x große Zahlenwerte x. Für große Zahlenwerte x gilt aber die Näherung

$$\frac{v_{rel}}{v} \simeq \frac{x}{2}\left[1 + \frac{2}{x} - 1\right] \simeq 1 \; ,$$

d.h. entsprechend ihrer Definition ist die rechnerische Relativgeschwindigkeit physikalisch richtig auf den Wertebereich

$$0 \leq \frac{v_{rel}}{v} \leq 1$$

beschränkt.

Durch Auflösung der Beziehung (5.8) nach x sollte sich umgekehrt bei bekanntem $\frac{v_{rel}}{v}$ der dimensionslose Zusatzdruckverlust zu

$$\frac{\Delta P_z}{c_T \, \rho_F \, v^2} \; \frac{d_p}{\Delta L} \; \frac{4}{3 c_w \, (\overline{Re}_p, \, c_T)} \equiv x = \frac{\left(\frac{v_{rel}}{v}\right)^2}{1 - \frac{v_{rel}}{v}} \tag{5.11}$$

berechnen lassen.

Bis jetzt hat dieses Ergebnis aber lediglich die Qualität einer Scheinauflösung. Über die Definition der Reynoldszahl $\overline{Re}_p$ enthält nämlich die dimensionslose Darstellung des Zusatzdruckverlustes die unbekannte mittlere Relativgeschwindigkeit selbst. Überdies ist für die Rohrströmung das Widerstandsgesetz $c_w \, (\overline{Re}_p, \, c_T)$ unbekannt.

5. Eine geeignete Auswertung von Druckverlustmessungen

Die zuvor geschilderte Problematik läßt sich nur durch einen Trick überwinden, dem folgende Überlegungen von Wellmann [17] zugrunde liegen:

Die Beweglichkeit der Partikeln relativ zum Fluid wird zumindest in ihrer Größenordnung durch deren Sinkgeschwindigkeit festgelegt. Als eine Abschätzung für den unbekannten Widerstandsbeiwert $c_w \, (\overline{Re}_p, \, c_T)$ kann daher über die mit der Sinkgeschwindigkeit w_f gebildete Reynoldszahl

$$Re_{w_f} = \frac{w_f \, d_p}{\nu}$$

ein Widerstandsbeiwert

$$c_w \, (Re_{w_f})$$

ermittelt werden. Dieser ist für eine bestimmte Partikel/Fluidkombination eindeutig festgelegt.

Ohne zusätzlichen Aufwand an subtiler Meßtechnik läßt sich daher allein durch einfache Druckverlustmessungen an Stelle der ursprünglich eingeführten Größe x die Größe

$$x^* = \frac{\Delta P_z}{c_T \, \rho_F \, v^2} \cdot \frac{d_p}{\Delta L} \cdot \frac{4}{3 c_w \, (Re_{w_f})}$$

bzw. bei Beachtung des Kräftegleichgewichts beim stationären Sinkvorgang

$$(\rho_s - \rho_F) \, \frac{\pi \, d_p^{\,3}}{6} \, g = c_w \, (Re_{w_f}) \, \frac{\pi \, d_p^{\,2}}{4} \, \frac{\rho_F}{2} \, w_f^{\,2} \qquad (5.12)$$

die Kennzahl

$$x^* \equiv \frac{\Delta P_z}{c_T \, (\rho_s - \rho_F) \, \Delta L \, g} \cdot \left(\frac{w_f}{v} \right)^2 \qquad (5.13)$$

und mit dieser analog zur Beziehung (5.10) ein rechnerischer Partikelschlupf

$$\left(\frac{v_{rel}}{v} \right)_r = \frac{x^*}{2} \left[\sqrt{1 + 2 \, \frac{2}{x^*}} - 1 \right] \qquad (5.14)$$

ermitteln.

Sowohl eigene [9], [17], als auch in der Literatur mitgeteilte [18], [19], [20], [21], [22] Druckverlustmessungen wurden entsprechend den Beziehungen (5.13) und (5.14) ausgewertet und jeweils über der Transportkonzentration c_T aufgetragen. In den nachstehenden Abbildungen 5.1 bis 5.3 sind solche Auswertungen beispielhaft für die Förderung von fünf verschiedenen Feststoffen in vier verschiedenen Rohrdurchmessern dargestellt.

Die als Beispiel herausgegriffenen Meßreihen zeigen in Übereinstimmung mit den anderen der ausgewerteten, hier aber nicht dargestellten Meßreihen stets folgendes Verhalten:

a) Abgesehen von hohen Werten x* bei niedrigen Transportkonzentrationen und niedrigen Fördergeschwindigkeiten, die auf

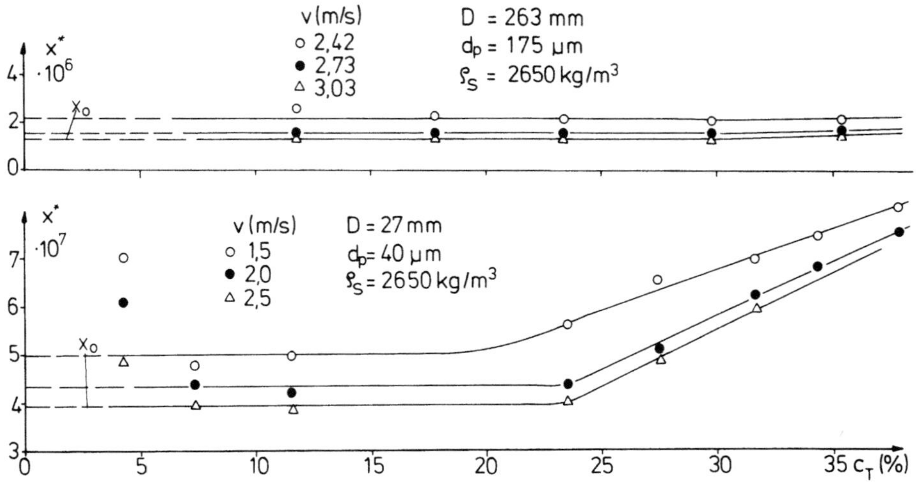

Abb. 5.1: Verlauf der Kennzahl x* über der Transportkonzentration (ρ_S = 2650 kg/m³, ρ_F = 1000 kg/m³, ν(oben) = 1,0 · 10^{-6} m²/s, ν(unten) = 0,5 · 10^{-6} m²/s, d_p und D variiert).

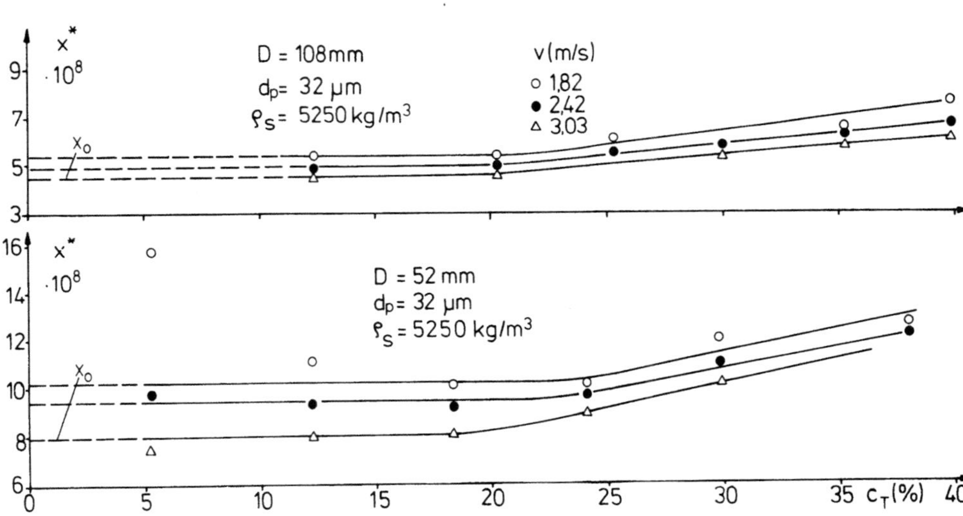

Abb. 5.2: Verlauf der Kennzahl x* über der Transportkonzentration (ρ_S = 5250 kg/m³, ρ_F = 1000 kg/m³, ν = 1,0 · 10^{-6} m²/s, d_p = const, D variiert).

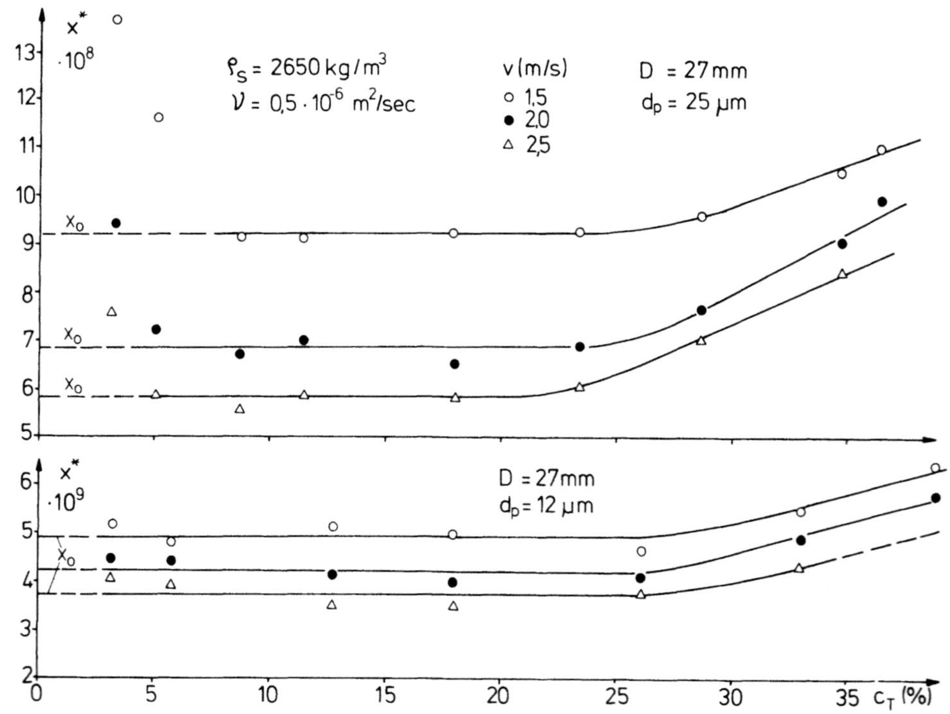

Abb. 5.3: Verlauf der Kennzahl x* über der Transportkonzentration (ρ_S = 2650 kg/m³, ρ_F = 1000 kg/m³, $\nu = 0{,}5 \cdot 10^{6}$ m²/s, D = const, d_p variiert)

beginnende Ablagerungen hinweisen, existiert innerhalb der in der Technik genutzten Bandbreite der Fördergeschwindigkeiten, d.h. innerhalb des Bereichs 1,5 m/s $\leq v \leq$ 3 m/s bei allen Messungen ein vergleichsweise breiter Bereich der Transportkonzentrationen, nämlich $0 \leq c_T \leq 0{,}25$, in dem der dimensionslose Zusatzdruckverlust x* von der Feststoffkonzentration praktisch unabhängig ist. Dieser konstante Wert von x* ist in den Abbildungen 5.1 bis 5.3 mit x_o gekennzeichnet.

b) Soweit Messungen im Konzentrationsbereich $c_T \geq 0{,}25$ vorliegen, weisen diese alle oberhalb des bei $c_T \simeq 0{,}25$ gelegenen Knickpunktes einen praktisch linearen Anstieg auf.

Diese beiden experimentellen Befunde lassen sich zu dem in Abb. 5.4 dargestellten schematischen Verlauf zusammenfassen.

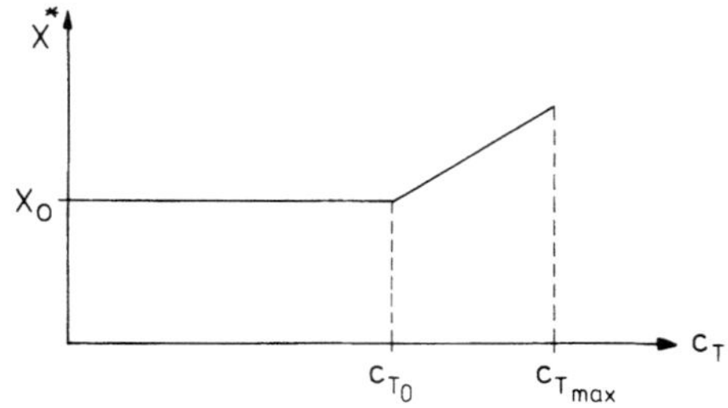

Abb. 5.4: Schematischer Verlauf der Abhängigkeit des dimensionslosen Zusatzdruckverlustes x^* von der Transportkonzentration c_T

Für eine gegebene Fluid/Feststoffkombination, gefördert in einem Rohr mit einem bestimmten Durchmesser und bei einer festen Fördergeschwindigkeit v hängt der dimensionslose Zusatzdruckverlust wie folgt von der Transportkonzentration c_T ab: Im Bereich $0 \leq c_T \leq c_{T_o}$ ist der dimensionslose Zusatzdruckverlust $x^* = x_o = \text{const}$. Oberhalb des bei c_{T_o} gelegenen Knickpunktes steigt er linear an bis zur maximal förderbaren Transportkonzentration $c_{T\,max}$. Dieser Verlauf läßt sich formelmäßig durch die Beziehung

$$x^* = \begin{cases} x_o & \text{für } 0 \leq c_T \leq c_{T_o} \\ x_o + \dfrac{dx^*}{dc_T}\,(c_T - c_{T_o}) & \text{für } c_{T_o} \leq c_T \leq c_{T\,max} \end{cases} \qquad (5.15)$$

darstellen. Entsprechend der Beziehung (5.15) ist der dimensionslose Zusatzdruckverlust x^* durch die drei Parameter x_o, c_{T_o} und $d\,x^*/d\,c_T$ festgelegt.

Wegen des bei hohen Feststoffkonzentrationen hohen Druckverlustes bzw. starken Abriebes grobkörniger Partikeln werden grobkörnige Partikeln mit Korngrößen im Millimeterbereich im allgemeinen nur bei Transportkonzentrationen $c_T \leq c_{T_o}$ gefördert, d.h. bei grobkörnigen Partikeln liegen kaum Messungen im Bereich ansteigender Werte x^* vor. Für feinkörnige Partikeln liegen unter anderem eigene Messungen für die Förderung von Suspensionen mit mittleren Korngrößen $d_p = 12$ µm, 25 µm, 40 µm, 70 µm und 120 µm im gesamten förderbaren Konzentrationsbereich vor [9]. Aus diesen Messungen ergeben sich die Zahlenwerte $c_{T_o} \approx 0{,}25$ bzw. $c_{T\,max} \approx 0{,}4$.

Der prinzipielle Verlauf des dimensionslosen Zusatzdruckverlustes gemäß Abb. 5.4 läßt sich entsprechend dem hier vorgestellten theoretischen Konzept wie folgt erklären: Im dem Bereich $x^* = x_o = const$ ist die vom Fluid pro Partikel zu erbringende Zusatzverlustleistung unabhängig von der Transportkonzentration. Erst oberhalb des bei $c_{T_o} \simeq 0{,}25$ gelegenen Knickpunktes steigt die pro Partikel zu erbringende Zusatzdruckverlustleistung linear mit der Konzentration.

Denkt man z.B. an die bei homogener Fluidisation gemessene starke Konzentrationsabhängigkeit des Widerstandsbeiwertes von Partikeln (vergl. z.B. Kapitel 2), so irritiert dieses Ergebnis zunächst. Man hat jedoch zu beachten, daß - zumindest bei turbulenter Rohrströmung - hoher Partikelwiderstand den Transport begünstigt, da die Partikeln dann leichter vom Fluid mitgeschleppt werden. Dies ist ja auch die Aussage der Definitionsgleichung (5.13) für x^*, bei der der Widerstandsbeiwert entsprechend der Herleitung der Kennzahl im Nenner steht.

Der Anstieg des dimensionslosen Druckverlustes im Bereich $c_{T_o} \leq c_T \leq c_{T\,max}$ ist daher nicht auf eine konzentrationsabhängige Veränderung des Strömungswiderstandes der Partikeln im Fluid, sondern auf die zunehmende gegenseitige Behinderung der Partikeln bei hohen Transportkonzentrationen zurückzuführen.

Will man entsprechend dem hier dargestellten Konzept das Druckverlustverhalten bei der hydraulischen Förderung allgemeingültig beschreiben, so hat man für alle möglichen Kombinationen von Fluiden, Partikeln und Rohrdurchmessern die die Beziehung (5.15) festlegenden Paramter x_o, c_{T_o} und $d\,x^*/d\,c_T$ darzustellen. Eine solche allgemein gültige Darstellung, die überdies auch eine anschauliche, physikalisch sinnvolle Interpretation der Ergebnisse ermöglicht, wird im nächsten Abschnitt für die Größe x_o vorgestellt.

6. Normierte Darstellung der Druckverluste bei der hydraulischen Förderung

Wie im voranstehenden Abschnitt an einigen Beispielen dargestellt, läßt sich für jede Meßreihe, d.h. für jedes Fördergut in einem bestimmten Rohrdurchmesser mit einem bestimmten Fluid gefördert, für eine feste Fördergeschwindigkeit v ein vergleichsweise breiter Bereich finden, in dem der dimensionslose Zusatzdruckverlust konzentrationsunabhängig ist, d.h. in dem

$$x^* = x_o = \text{const}$$

gilt. Mit dem so gefundenen Zahlenwert x_o läßt sich für jede Meßreihe gemäß der Vorschrift Gleichung (5.14) ein Partikelschlupf

$$\left(\frac{v_{rel}}{v}\right)_o = \frac{x_o}{2}\left[\sqrt{1 + 2\,\frac{2}{x_o}} - 1\right] \qquad (5.16)$$

berechnen.

Mit dem durch die Gleichung (5.16) erhaltenen Ergebnis ist aber die Anknüpfung an die in Kapitel 3 hergeleiteten, allgemein gültigen Beziehungen zur Beschreibung des Bewegungsverhaltens von Partikeln möglich.

Das Endergebnis der dort formulierten Überlegungen war die allgemein gültige und dort mit (3.29) bezeichnete Verknüpfung zwischen dimensionslose Kennzahlen, die nachstehend als Gleichung (5.17) aufgeführt ist

$$F\left[\left(\frac{v_{rel}^2}{\left(\frac{\rho_s}{\rho_F} - 1\right) d_p\, g}\,;\ \frac{w_f^{\,2}}{\left(\frac{\rho_s}{\rho_F} - 1\right) d_p\, g}\,;\ \frac{v_{rel}\, d_p}{\nu}\right);\ \frac{\rho_s}{\rho_s - \rho_F}\ \frac{v^2}{d_p g}\,;\ \frac{d_p}{D}\right] = 0. \qquad (5.17)$$

Entsprechend der in Kapitel 3 beschriebenen Herleitung darf eine der in der runden Klammer in (5.17) stehenden Kennzahlen ersatzlos gestrichen werden. Wie üblich bei dimensionslosen Kennzahlen dürfen diese untereinander beliebig multiplikativ verknüpft werden. Entsprechend diesen Spielregeln läßt sich aus (5.17) die zu (5.17) völlig äquivalente Darstellung

$$F\left[\sqrt{\frac{\rho_F}{\rho_s}}\ \frac{v_{rel}}{v}\,;\ \frac{v}{\sqrt{\left(1 - \frac{\rho_F}{\rho_s}\right) d_p\, g}}\,;\ \frac{w_f^{\,2}}{\left(\frac{\rho_s}{\rho_F} - 1\right) D\, g}\,;\ \frac{d_p}{D}\right] = 0 \qquad (5.18)$$

herleiten. Zweckmäßigerweise ist die charakteristische Länge D des Strömungsfeldes bei der Rohrströmung der Rohrdurchmesser. In der technischen Praxis sind die Partikeldurchmesser d_p in aller Regel sehr klein gegen den Rohrdurchmesser D. Dann darf aber davon ausgegangen werden, daß der Quotient d_p/D als eigene Kennzahl in aller Regel bedeutungslos ist. Man hat jedoch zu beachten, daß bei dieser Voraussetzung ein von allzu kleinen Rohrdurchmessern ausgehendes scale-up nicht zutreffend sein wird.

Unter dieser Voraussetzung ist dann aber die für die Rohrströmung zutreffende Kennzahlenkombination (5.19)

$$F\left[\sqrt{\frac{\rho_F}{\rho_s}}\,\frac{v_{rel}}{v}\,;\;\sqrt{\frac{\rho_s}{\rho_F}}\,Fr_p \equiv \sqrt{\frac{\rho_s}{\rho_F}}\,\frac{v}{\sqrt{\left(\frac{\rho_s}{\rho_F}-1\right)d_p\,g}}\,;\;Fr^{*2} \equiv \frac{w_f^{\,2}}{\left(\frac{\rho_s}{\rho_F}-1\right)D\,g}\right] = 0.$$

In konsequenter Verfolgung des in Kapitel 3 beschriebenen Konzeptes ist dann zu erwarten, daß der über x_o berechnete Partikelschlupf $(v_{rel}/v)_o$ eine eindeutige Funktion der durch Gleichung (5.19) definierten Kennzahlen ist. Sämtliche zugängliche Druckverlustmessungen wurden auf diese Art ausgewertet. In Abb. 5.5 ist das Ergebnis dieser Auswertung als $\sqrt{\frac{\rho_F}{\rho_s}}\,\frac{v_{rel}}{v}$ über $\sqrt{\frac{\rho_s}{\rho_F}}\,Fr_p$ mit Fr^* als Parameter aufgetragen.

Die eindeutige Schichtung aller Meßwerte bei Variation sämtlicher Daten zeigt die grundsätzliche Richtigkeit des gewählten Ansatzes. Es wurden über tausend Einzelmessungen an Anlagen mit

Rohrdurchmessern	$25 \le D \le 315$ mm
Partikelgrößen	$12 \le d_p \le 5200$ µm
Feststoffdichten	$1270 \le \rho_s \le 5250$ kg/m³

zur Auswertung herangezogen.

Die Froudezahl Fr^* tritt in dem Diagramm als Parameter auf. Aus der Definition dieser Kennzahl ist unmittelbar zu entnehmen, daß diese kleine Zahlenwerte annimmt für feine Partikeln, dagegen große für grobe Partikeln. Wie zu erwarten, entsprechen daher auch kleine

⟶

Abb. 5.5: Aus Meßwerten berechnete normierte Druckverluste für die hydraulische Förderung

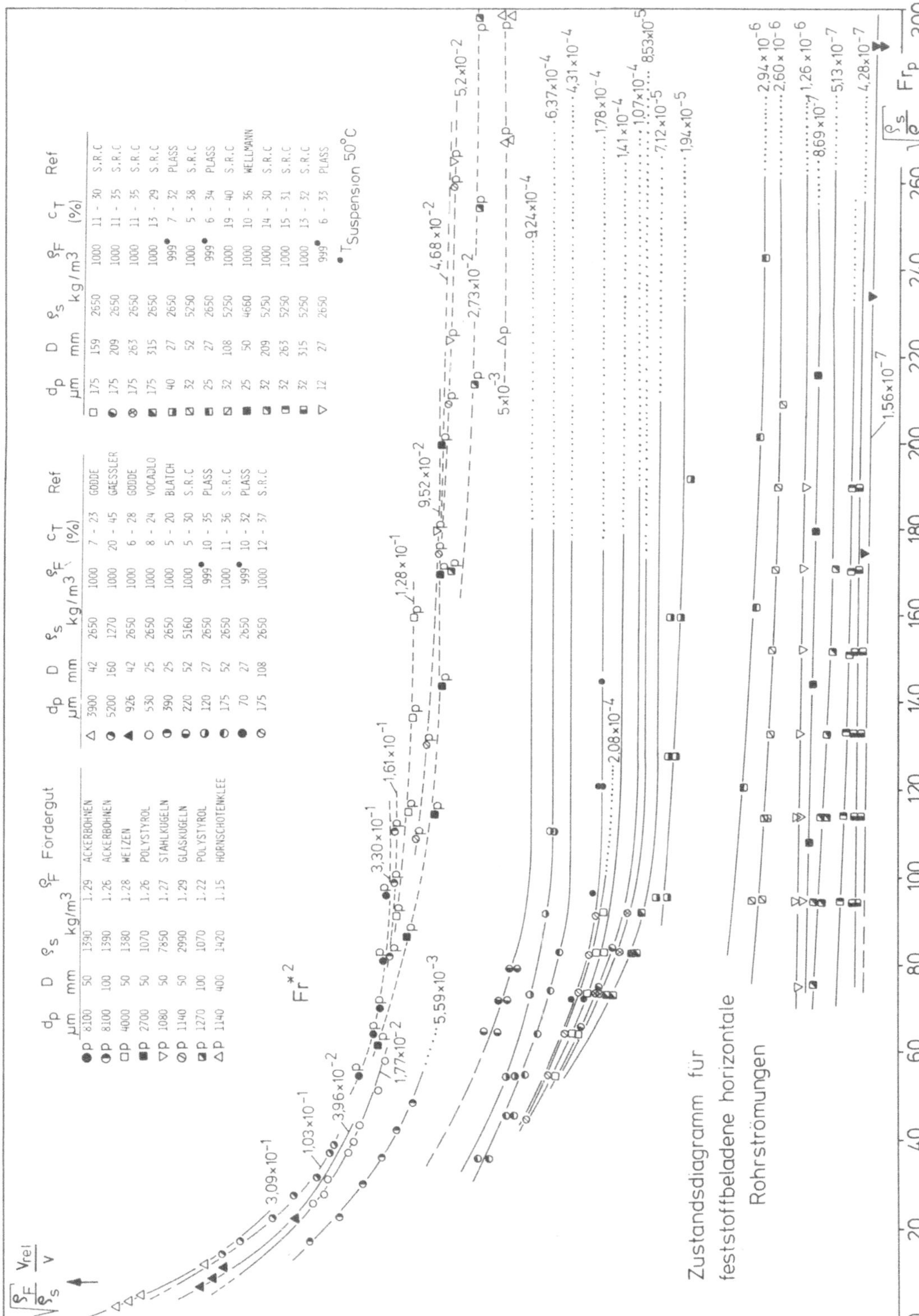
Zustandsdiagramm für
feststoffbeladene horizontale
Rohrströmungen
Fördergut
Ref
Suspension 50°C
Fr^{*2}
Fr_p
$\sqrt{\rho_s/\rho_F}$
$\sqrt{\rho_F/\rho_s}\, v_{rel}/v$

Zahlenwerte dieser Kennzahl einer sehr kleinen Schlupfgeschwindigkeit der Partikeln. Schlupfwerte $v_{rel}/v \to 1$ werden erwartungsgemäß nur für die gröbsten Partikeln erreicht.

Die modifizierte Partikel-Froudezahl $\sqrt{\frac{\rho_s}{\rho_F}}\,Fr_p$ bewertet die Transportgeschwindigkeit im Vergleich zur Sinkbewegung der Partikeln. Einen merklichen Einfluß der modifizierten Partikel-Froudezahl stellt man daher nur für kleine Zahlenwerte der modifizierten Froudezahl und bei groben Partikeln, d.h. bei den höchsten Zahlenwerten von Fr^* fest. Für entsprechend feinkörnige Partikeln und damit niedrige Zahlenwerte Fr^* ist die Suspension praktisch ein homogenes Fluid und somit die modifizierte Partikel-Froudezahl ohne Einfluß.

Spätestens jetzt ist eine Erklärung nötig für die spezielle Wahl der in dem Diagramm auftretenden dimensionslosen Kennzahlen. Diese spezielle Kombination der Einflußgrößen erfolgte deshalb, weil sie folgende sinnvolle Gruppierung der ursprünglichen Einflußgrößen liefert:

Der modifizierte rechnerische Partikelschlupf $\sqrt{\frac{\rho_F}{\rho_s}}\left(\frac{v_{rel}}{v}\right)_o$ ist letztlich nichts anderes als ein dimensionsloser Druckverlust, der aber in dieser Form eine anschauliche und physikalisch sinnvolle Deutung insbesondere der in Abb. 5.5 dargestellten Ergebnisse gestattet.

Die modifizierte Partikel-Froudezahl $\sqrt{\frac{\rho_s}{\rho_F}}\,Fr_p$ ist eine dimensionslose Darstellung einer Betriebsgröße, nämlich des Volumenstromes der Suspension.

Die Sinkgeschwindigkeits-Froudezahl Fr^* ist eine Kennzahl, welche die Stoffdaten von Feststoff und Fluid sowie die die Anlage kennzeichnende Größe, nämlich den Rohrdurchmesser enthält.

An dieser Stelle lohnt sich eine genauere Inspektion des aufgestellten Diagrammes. Die Staffelung der Meßpunkte ist eindeutig hinsichtlich sämtlicher Merkmale:

a) Partikeldurchmesser, Partikeldichte konstant, Rohrdurchmesser variiert. Vergleiche hierzu die Messungen mit Partikeldurchmesser $d_p = 175$ µm, Feststoffdichte $\rho_s = 2650$ kg/m³ in den Förderrohren mit $D = 52$, 108, 159, 209, 263 und 315 mm (Ref. S.R. C.).

b) Partikeldichte, Rohrdurchmesser konstant, Partikeldurchmesser variiert. Vergleiche hierzu die Messungen mit Rohrdurchmesser $D = 27$ mm, Feststoffdichte $\rho_s = 2650\ kg/m^3$ und den Partikeldurchmessern $d_p = 12$, 25, 40, 70 und 120 µm (Ref. Plass).

c) Partikelgröße annähernd, Rohrdurchmesser exakt konstant, Partikeldichte variiert, vergleiche Messungen

$d_p = 220\ \mu m$, $D = 52\ mm$, $\rho_s = 5160\ kg/m^3$ (Ref. S.R.C.)

mit Messungen

$d_p = 175\ \mu m$, $D = 52\ mm$, $\rho_s = 2650\ kg/m^3$ (Ref. S.R.C.)

d) Variation der Zähigkeit des Fluids. Vergleiche hierzu die am Lehrstuhl für Mechanische Verfahrenstechnik der Universität Erlangen-Nürnberg durchgeführten Messungen (Ref.Plass), die sämtlich im Zusammenhang mit Wärmeübergangsmessungen und deshalb bei erhöhten Temperaturen (50° C) durchgeführt wurden [9]. Diese lassen sich nur dann richtig einordnen, wenn die Partikelsinkgeschwindigkeit mit der bei 50° C im Vergleich zu üblichen Fördertemperaturen nur noch halb so großen kinematischen Zähigkeit berechnet wird.

Als generelles Indiz für die Brauchbarkeit des Diagramms Abb. 5.5 kann angesehen werden, daß dieses hinsichtlich der Kennzahl Fr* die große Variationsbreite

$$2 \cdot 10^{-7} \leq Fr^{2*} \leq 1$$

abdeckt.

Das im Diagramm Abb. 5.5 noch offene Gebiet bei hohen Partikel-Froudezahlen und hohen Zahlenwerten der Kennzahl Fr* entspricht der Förderung von groben Partikeln mit hohen Transportgeschwindigkeiten. Wegen hohem Druckverlust bzw. Rohrwandverschleiß oder Abrieb des geförderten Feststoffes ist dieser Bereich für die technische Praxis ohne Bedeutung. Umgekehrt entspricht der noch offene Bereich bei kleinen Partikel-Froudezahlen und kleinen Zahlenwerten der Kennzahl Fr* der Förderung feinkörniger Partikeln bei sehr niedrigen Fördergeschwindigkeiten, die wegen der niedrigen Durchsatzleistung wirtschaftlich uninteressant ist.

Die zur Beschreibung der hydraulischen Förderung abgeleitete Kennzahlenkombination (5.19) gilt für den Fall, daß die Partikeln im

Fluid suspendiert transportiert werden. Diese Voraussetzung ist bei der pneumatischen Flugförderung ebenfalls erfüllt. Der wohl zwingendste Beweis für die physikalische Richtigkeit des hier vorgelegten Konzeptes ist daher darin zu sehen, daß die in Abb. 5.5 als gestrichelte Linien mit eingezeichneten und bei den Meßwerten mit dem Sympol p gekennzeichneten von Siegel [23] berichteten Druckverlustmessungen bei pneumatischer Förderung bei gleicher Kennzahl Fr^{*2} mit den Werten für hydraulische Förderung zusammenfallen. Da die pneumatische Förderung Gegenstand des nächsten Kapitels ist, soll hier nicht weiter auf diese eingegangen werden.

7. Darstellung des Druckverlustes im gesamten Konzentrationsbereich

Mit dem Diagramm Abb. 5.5 als Kernstück läßt sich eine Methode zur Vorausberechnung des dimensionslosen Zusatzdruckverlustes x^* im gesamten förderbaren Konzentrationsbereich aufbauen. Entsprechend den für den Parameter x_0 erhaltenen Ergebnissen wird man für die übrigen in der Beziehung (5.15) auftretenden Parameter, nämlich c_{T_0} und dx^*/dc_T erwarten, daß diese ebenfalls von der modifizierten Parikel-Froudezahl und der Kennzahl Fr^* abhängen.

Wie bereits zuvor erwähnt, liegen im Bereich hoher Feststoffkonzentrationen und dann ansteigender dimensionsloser Zusatzdruckverluste x^* für grobkörnige Partikeln kaum Meßwerte vor. Die Rohrströmung feinkörniger Partikeln ist aber durch kleinere Zahlenwerte der Kennzahl Fr^* gekennzeichnet.

Wie ein Blick auf Abb. 5.5 lehrt, liegen diese kleinen Zahlenwerte in der unteren Bildhälfte des Zustandsdiagramms der hydraulischen Förderung. Dort ist aber die Abhängigkeit der modifizierten rechnerischen Relativgeschwindigkeit $\sqrt{\frac{\rho_F}{\rho_S}}\,\frac{v_{rel}}{v}$ von der modifizierten Partikel-Froudezahl wenn überhaupt, dann nur schwach ausgeprägt. Es ist aber nicht verwunderlich, daß in diesem Bereich auch die beiden anderen Parameter, c_{T_0} bzw. dx^*/dc_T nicht von der modifizierten Partikel-Froudezahl abhängen. Für c_{T_0} ergibt sich das einfache Ergebnis $c_{T_0} \approx 0{,}25$ mit schwacher Tendenz wachsender Werte c_{T_0} mit zunehmender Partikelgröße. Wie Abb. 5.6 zeigt, hängt dx^*/dc_T linear von der Fr^{*2} ab.

Der einzige vorliegende Meßwert für grobkörnige Partikeln (Förderung von Kohle) fügt sich in die Darstellung gut ein. Zur besseren Absicherung sind hier jedoch weitere Messungen erforderlich.

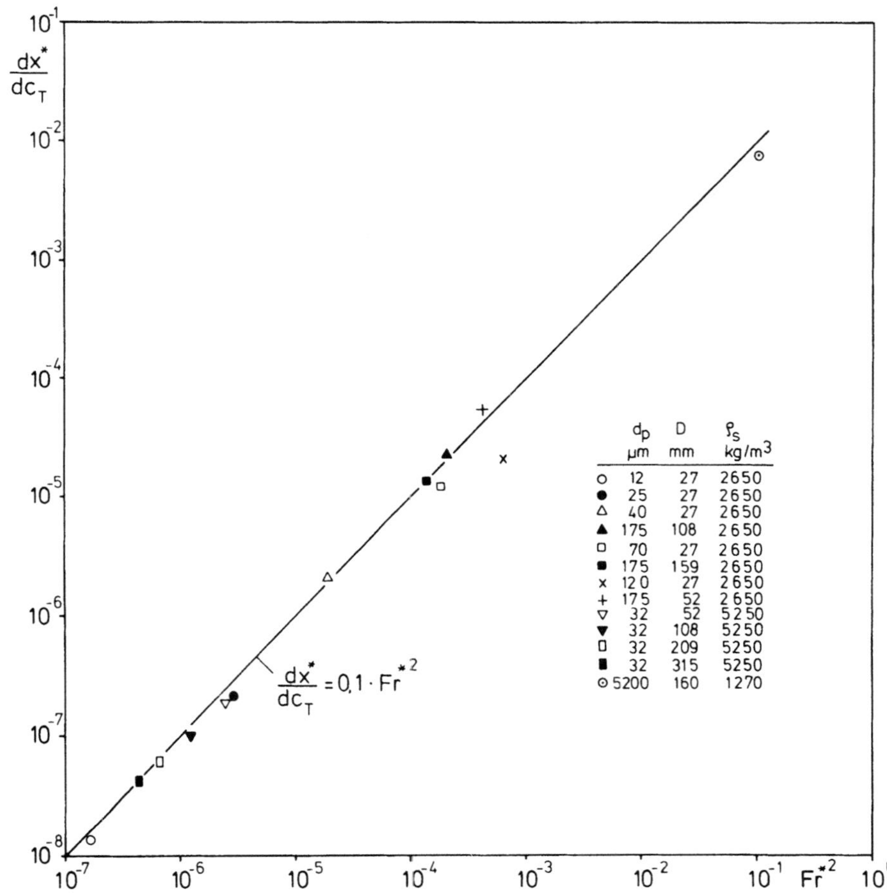

Abb. 5.6: Anstieg dx^*/dc_T des dimensionslosen Zusatzdruckverlustes als Funktion von Fr^{*2}

8. Zustandsdiagramm der hydraulischen Förderung im horizontalen Rohr

Wie in den voranstehenden Abschnitten beschrieben, hat die Überprüfung durch bei hydraulischer wie bei pneumatischer Förderung gewonnener Meßergebnisse ergeben, daß das hier vorgestellte Konzept eine Darstellung des Druckverlustverhaltens bei der hydraulischen Förderung gestattet, die konsistent ist hinsichtlich der Variation sämtlicher Parameter.

Es liegt daher nahe, durch Interpolation der in Abb. 5.5 wiedergegebenen Meßergebnisse ein Zustandsdiagramm der hydraulischen Förderung im horizontalen Rohr aufzubauen.

Ein derartiges Zustandsdiagramm ist in Abb. 5.7 wiedergegeben. Ausgezogen gezeichnet sind die Bereiche, die durch Messungen bei der hydraulischen Förderung abgedeckt sind. Gestrichelt gezeichnet sind die Bereiche, die durch Messungen bei der pneumatischen Flugförderung abgesichert sind.

Die Vorausberechnung des Druckverlustes an Hand der hier vorgestellten Darstellung läuft dann wie folgt ab: Entsprechend Gleichung (5.2) berechnet man sich mit Hilfe des Nikuradse-Diagramms oder mit bekannten Approximationsformeln den Fluidanteil ΔP_{Fluid} des Druckverlustes wie für einphasige Strömung [13]. Aus dem Zustandsdiagramm Abb. 5.7 entnimmt man den Zahlenwert $\sqrt{\frac{\rho_F}{\rho_S}}\left(\frac{v_{rel}}{v}\right)_o$ und berechnet sich entsprechend der Beziehung (5.11) einen Zahlenwert x_o. Für Tranportkonzentrationen $c_T > c_{T_o} \approx 0{,}25$ entnimmt man aus dem Diagramm Abb. 5.6 den Zahlenwert $d\,x^*/d\,c_T$. Mit Hilfe der Beziehung (5.15) läßt sich dann ein Zahlenwert x^* bestimmen und über diesen gemäß der Beziehung (5.13) der Zusatzdruckverlust ΔP_z ermitteln. Der gesamte Druckverlust ist dann $\Delta P_{Fluid} + \Delta P_z$. Als Beispiel für die Brauchbarkeit des hier vorgestellten Konzeptes sind in den Abbildungen 5.8 bis 5.12 für fünf verschiedene Fördergüter berechnete und direkt gemessene Druckverlustverläufe gegenübergestellt.

Soweit bisher experimentelle Untersuchungen zum Druckverlust bei der hydraulischen Förderung in der Literatur publiziert wurden bzw. eigene Messungen ausgewertet wurden, ist das hier vorgestellte neue theoretische Konzept ohne Ausnahme bestätigt worden. Insbesondere das in Abb. 5.5 wiedergegebene Diagramm der hydraulischen Förderung scheint eine physikalisch sinnvolle Interpretation der bisher vorliegenden Meßdaten zu liefern. Mit Hilfe des Zustandsdiagramms Abb. 5.7 und des Diagramms Abb. 5.6 ist insbesondere die zuverlässige Vorausberechnung des Druckverlustes im gesamten Konzentrationsbereich möglich.

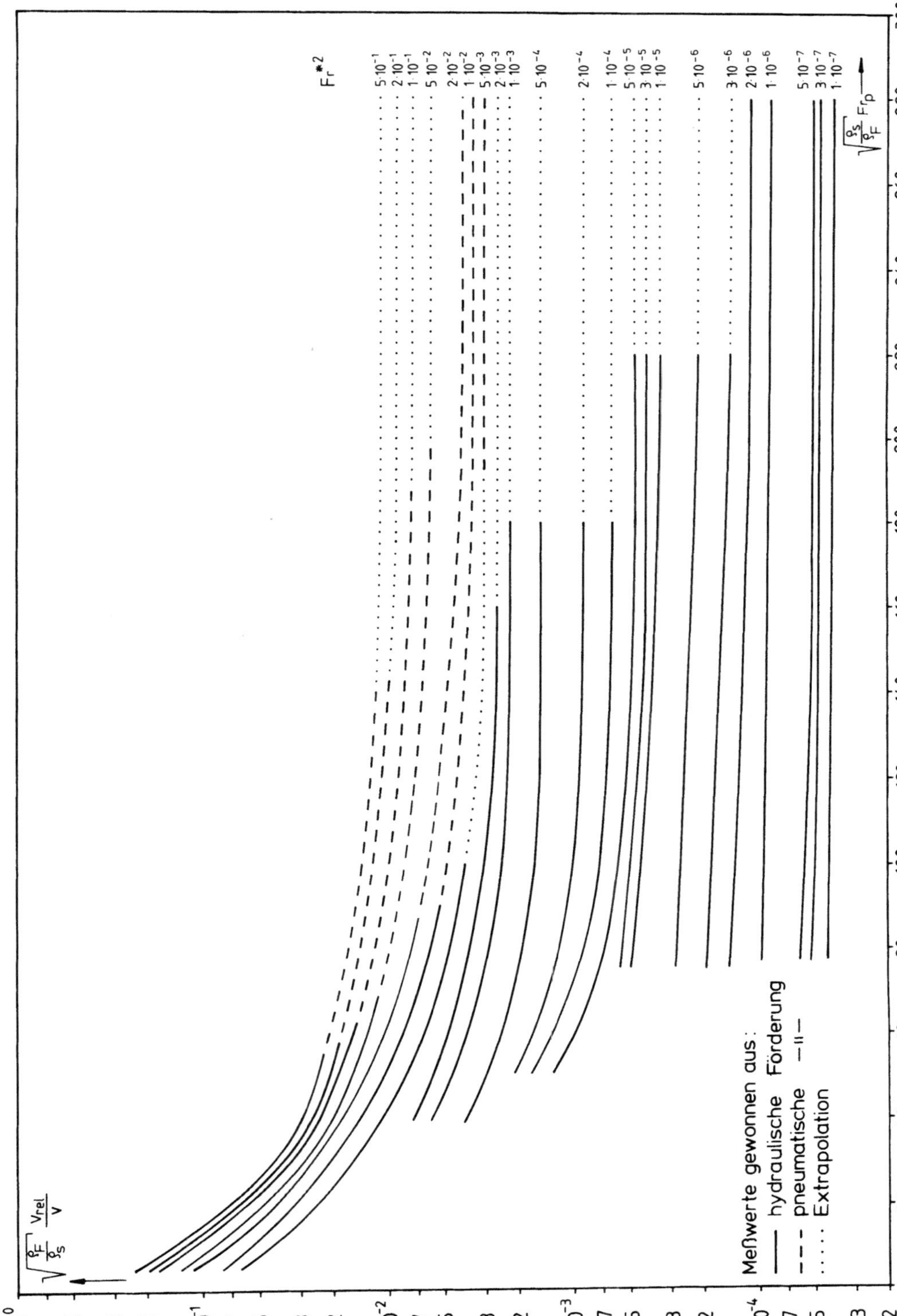

Abb. 5.7: Zustandsdiagramm der hydraulischen Förderung

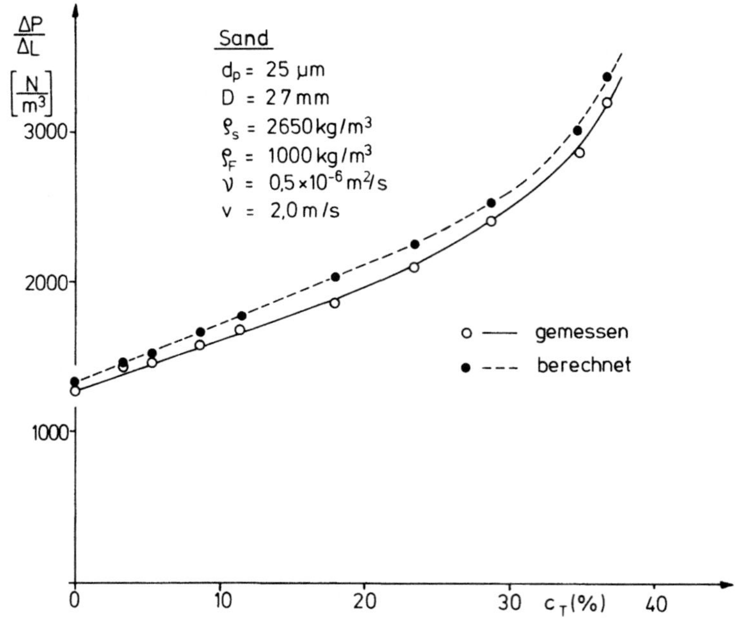

Abb. 5.8: Vergleich berechneter und gemessener Druckverlust für Sand (d_p = 25 μm) im Förderrohr mit D = 27 mm (Suspensionstemperatur 50° C).

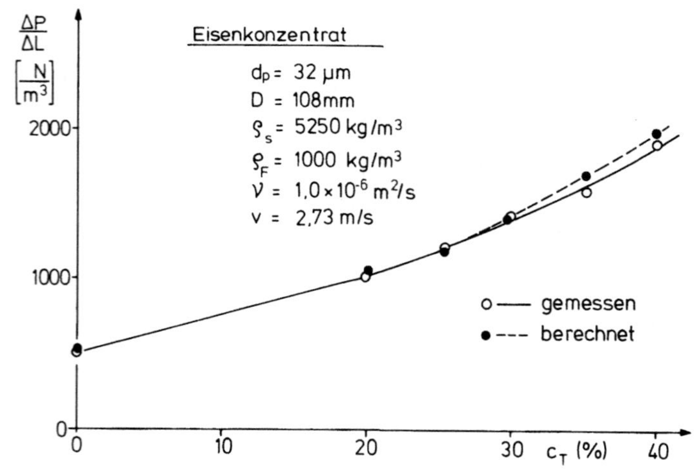

Abb. 5.9: Vergleich berechneter und gemessener Druckverlust für Eisenerzkonzentrat (d_p = 32 μm) im Förderrohr mit D = 108 mm

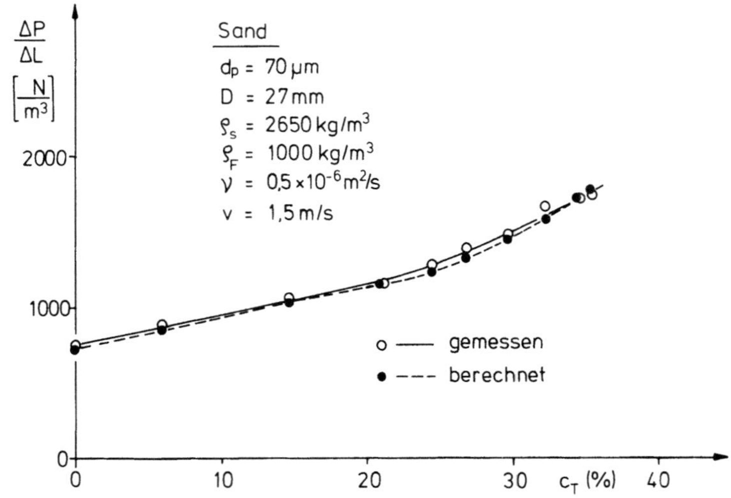

Abb. 5.10: Vergleich berechneter und gemessener Druckverlust für Sand (d_p = 70 µm) im Förderrohr mit D = 27 mm (Wasser 50° C)

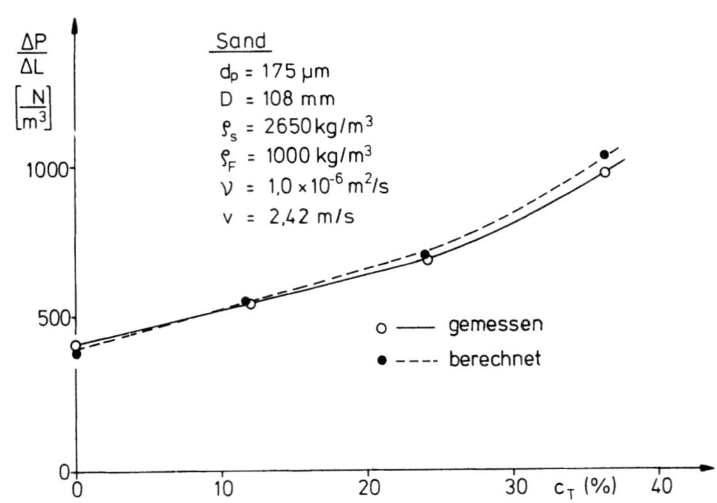

Abb. 5.11: Vergleich berechneter und gemessener Druckverlust für Sand (d_p = 175 µm) im Förderrohr mit D = 108 mm

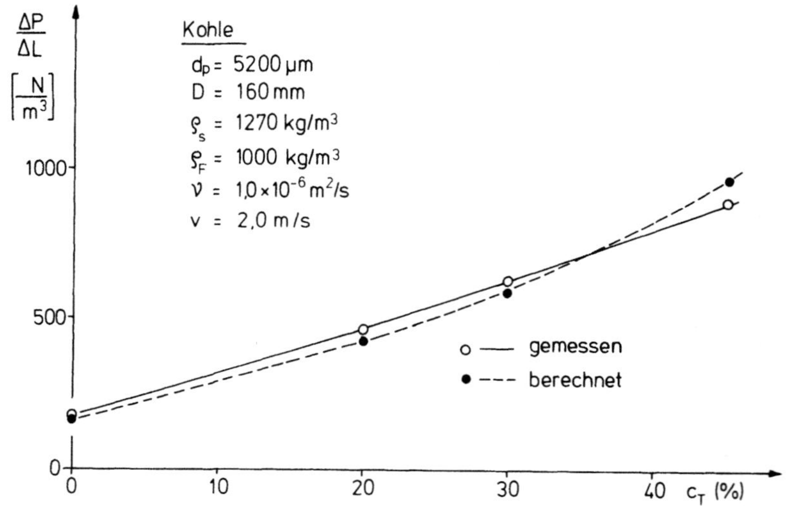

Abb. 5.12: Vergleich berechneter und gemessener Druckverlust für Kohle ($d_p = 5200$ µm) im Förderrohr mit $D = 160$ mm

9. Vorausberechnung des Druckverlustes bei der hydraulischen Förderung vertikal-aufwärts

Bei der hydraulischen Förderung vertikal-aufwärts hat man zu beachten, daß außer den bei horizontaler Förderung aufzubringenden Druckverlusten Leistung dafür aufgewendet werden muß, die Suspension gegen die Erdschwere zu heben. Die Verhältnisse sind bei der Suspensionsströmung deswegen keiner einfachen Betrachtung zugänglich, weil hierbei die Partikeln entsprechend der vom Fluid auf sie ausgeübten Widerstandskraft geschleppt werden. Die vom Fluid ausgeübte Widerstandskraft hängt aber ihrerseits von der zunächst unbekannten Volumenkonzentration c_V des Feststoffes im Förderrohr ab.

Zur Ermittlung von c_V kann man auf das in Kapitel 2 theoretisch abgeleitete und durch Wirbelschichtexperimente abgesicherte Widerstandsgesetz der Partikelumströmung zurückgreifen. Dieses in Kapitel 2 mit (2.48) bezeichnete Widerstandsgesetz lautet

$$Eu = \frac{24}{Re_p}\left\{1 + 0{,}347\left[\frac{r_o}{\delta} + \frac{1}{2}\left(\frac{r_o}{\delta}\right)\right]_{\zeta = 0{,}9}\right\} + \frac{4}{\sqrt{Re_p}} + 0{,}4 + 0{,}565\left(\frac{r_o}{\delta}\right)_{\zeta = 0{,}9} \qquad (5.20)$$

Es verknüpft die mit der Relativgeschwindigkeit zwischen Fluid und Partikel gebildete Reynoldszahl Re_p mit der gemäß Gleichung (2.7) in Kapitel 2 gültigen Beziehung für die Eulerzahl

$$Eu = \frac{4}{3} \frac{\rho_s - \rho_F}{\rho_F} \frac{d_p g}{v_{rel}^2} \quad . \tag{5.21}$$

Der Beziehung (5.21) liegt die auch bei Förderung vertikal-aufwärts gültige Vorstellung zugrunde, daß bei nicht allzu hohem Verlust infolge von Wandstößen der Partikeln die vom Fluid auf eine Partikel ausgeübte mittlere Widerstandskraft im Gleichgewicht mit deren Schwere minus Auftrieb steht.

Das in der Beziehung (5.20) auftretende, für den Strömungsraum zwischen den Partikeln charakteristische Längenverhältnis r_o/δ ist gemäß der Beziehung (2.10) in Kapitel 2 durch

$$\left(\frac{r_o}{\delta}\right)_{\zeta = 0,9} = \frac{1}{\frac{0,9}{\sqrt[3]{1 - \varepsilon}} - 1} \quad ,$$

bzw. mit der Volumenkonzentration $c_v = 1 - \varepsilon$ an Stelle der Porosität ε durch

$$\left(\frac{r_o}{\delta}\right)_{\zeta = 0,9} = \frac{1}{\frac{0,9}{\sqrt[3]{c_v}} - 1} \tag{5.22}$$

definiert. In den Beziehungen (5.20) und (5.21) wurde die mittlere Relativgeschwindigkeit v_{rel} eingeführt, die im Falle der Wirbelschicht $v_{rel} = U/\varepsilon$ ist.

Soll die Beziehung (5.20) auch zur Beschreibung der hydraulischen Förderung vertikal-aufwärts genutzt werden, so muß zunächst eine sinnvolle Definition der mittleren Relativgeschwindigkeit zwischen Fluid und Partikeln eingeführt werden.

Der holdup des Feststoffes im Rohrstück von der Länge ΔL ist gleich dem für den Feststoff zur Verfügung stehenden Volumen, dividiert durch dessen stationär vorausgesetzten Volumenstrom, d.h. es gilt

$$\Delta T_s = \frac{c_V A \Delta L}{\dot{V}_s} \quad . \tag{5.23}$$

Analog gilt für das Fluid

$$\Delta T_F = \frac{(1 - c_V) A \Delta L}{\dot{V}_F} \quad . \tag{5.24}$$

Mit der Transportkonzentration c_T folgen aber aus (5.23) bzw. (5.24) die Absolutgeschwindigkeiten der Partikeln bzw. des Fluids zu

$$v_s = \frac{\Delta L}{\Delta T_s} = \frac{c_T}{c_V} v \tag{5.25}$$

bzw.

$$v_F = \frac{\Delta L}{\Delta T_F} = \frac{1 - c_T}{1 - c_V} v \quad . \tag{5.26}$$

Entsprechend den Beziehungen (5.25) und (5.26) ist daher die mittlere Relativgeschwindigkeit zwischen Fluid und Partikeln

$$v_{rel} = v_F - v_s = \left(\frac{1 - c_T}{1 - c_V} - \frac{c_T}{c_V} \right) v \ . \tag{5.27}$$

Bei der Förderung vertikal-aufwärts kann die durch (5.27) definierte mittlere Relativgeschwindigkeit zwischen Partikeln und Fluid nur positiv sein, d.h. es gilt die Ungleichung

$$\frac{1 - c_T}{1 - c_V} > \frac{c_T}{c_V} \ ,$$

aus der durch einfache Umformungen wie zu erwarten die Ungleichung

$$c_V > c_T \tag{5.28}$$

folgt, deren Gültigkeit bei Auslegungsberechnungen zu beachten ist. Mit den zuvor abgeleiteten Beziehungen läßt sich jetzt der Druckverlust bei der hydraulischen Förderung vertikal-aufwärts wie folgt vorausberechnen:

Entsprechend der Definition (5.21) der Eulerzahl gilt für die Archimedeszahl

$$\mathrm{Ar} \equiv \frac{d_p{}^3 g}{\nu^2} \, \frac{\rho_S - \rho_F}{\rho_F} = \frac{3}{4} \, \mathrm{Eu} \, \overline{\mathrm{Re}}_p^2 \quad . \tag{5.29}$$

Da gemäß der Beziehungen (5.20) und (5.22) rechnerisch auswertbare Formeln bekannt sind, welche Eu, $\overline{\mathrm{Re}}_p$ und c_v miteinander verknüpfen, läßt sich durch Auswertung dieser Formeln bei Beachtung von (5.29) ein Zustandsdiagramm berechnen, in dem Re_p, Ar und c_v miteinander verknüpft sind.

In Abb. 5.13 ist dieses Zustandsdiagramm wiedergegeben, das letztlich nichts anderes darstellt als eine für die hydraulische Förde-

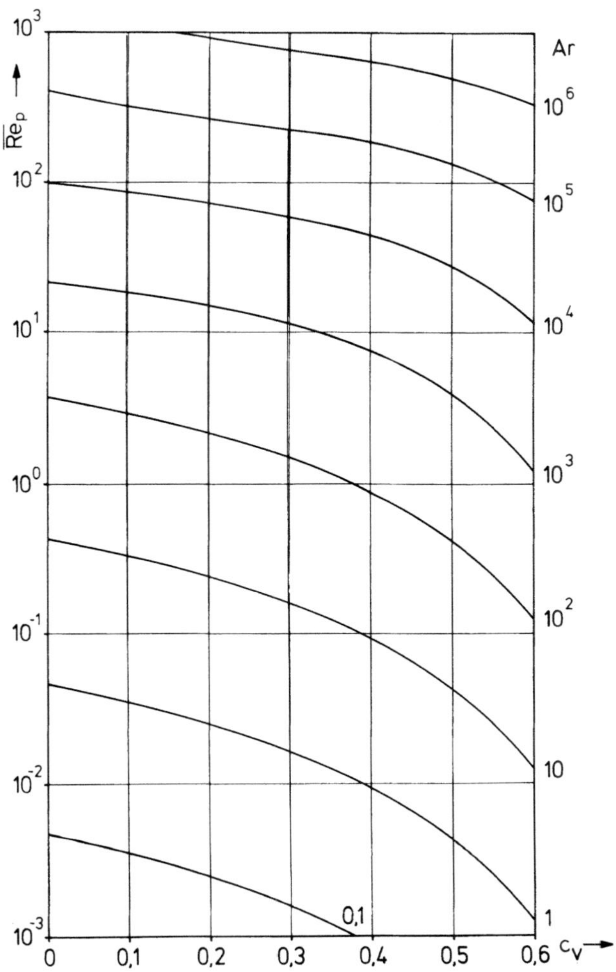

Abb. 5.13: Zusammenhang zwischen Volumenkonzentration c_v und $\overline{\mathrm{Re}}_p$, Ar als Parameter

rung vertikal-aufwärts geeignetere Variante des Zustandsdiagrammes homogener Wirbelschichten. Über der Volumenkonzentration c_v ist die Reynoldszahl $\overline{Re}_p$ aufgetragen, wobei die Archimedeszahl Ar als Parameter auftritt.

Eine konkrete Aufgabenstellung läßt sich jetzt wie folgt lösen: Die Kombination von Fluid und Feststoff ist vorgegeben und damit die Archimedeszahl gemäß Gleichung (5.29). Weiterhin ist die Transportkonzentration c_T vorgegeben. Man muß zunächst die Volumenkonzentration c_v evtl. iterativ bestimmen. Durch Auflösung von (5.27) erhält man die streng gültige Beziehung

$$c_v - c_T = (1 - c_v)\, c_v \frac{\overline{Re}_p}{Re_{p_o}} \quad . \tag{5.30}$$

In (5.30) ist die Reynoldszahl Re_{p_o} mit der Suspensionsgeschwindigkeit v und dem Partikeldurchmesser d_p gebildet, d.h. es sind die Reynoldszahlen in (5.30) durch

$$\overline{Re}_p \equiv \frac{v_{rel}\, d_p}{\nu} \tag{5.31}$$

bzw.

$$Re_{p_o} \equiv \frac{v\, d_p}{\nu} \tag{5.32}$$

definiert. Man erhält eine erste Näherung c_v^* der gesuchten Volumenkonzentration c_v, wenn man auf der rechten Seite von (5.30) die unbekannte Volumenkonzentration c_v durch die bekannte Transportkonzentration c_T ersetzt, d.h. wenn man an Stelle von (5.30) die Beziehung

$$c_v^* - c_T = (1 - c_T)\, c_T \frac{\overline{Re}_p^*}{Re_{p_o}} \tag{5.33}$$

betrachtet. Die Beziehung (5.33) ist folgendermaßen zu interpretieren: Aus dem Diagramm Abb. 5.13 entnimmt man zu einem Wert $c_v \approx c_T$ für Ar = const einen Zahlenwert $\overline{Re}_p^*$. Mit diesem berechnet man einen Näherungswert c_v^*. Zu diesem Wert c_v^* läßt sich aus dem Diagramm Abb. 5.13 ein neuer Näherungswert $\overline{Re}_p$ entnehmen. Falls erforderlich, läßt sich durch Einsetzen von c_v^* und $\overline{Re}_p$ in die rechte Seite von (5.30) eine verbesserte Näherung c_v ermitteln. Wegen der mit zunehmenden Zahlenwerten c_v gemäß Abb. 5.13 für Ar = const monoton abnehmenden Zahlenwerte $\overline{Re}_p$ konvergiert dieses Näherungsverfahren, d.h. durch fortgesetzte Iteration läßt sich c_v beliebig genau berechnen. Man entnimmt aus Gleichung (5.33), daß für $\overline{Re}_p \ll Re_{p_o}$, d.h. für genügend hohe Suspensionsgeschwindigkeiten, im Vergleich etwa zur Sinkgeschwindigkeit w_f der Partikeln die Volumenkonzentration c_V praktisch gleich der Transportkonzentration c_T ist. Insbesondere beim hydraulischen Transport feinkörniger Partikeln kann ohne großen Fehler die Transportkonzentration an Stelle der Volumenkonzentration benutzt werden. Es ist darauf zu achten, daß die so berechnete Volumenkonzentration $c_V \leq 0{,}55$ bleibt, damit die Stopfgrenze nicht erreicht wird.

Der Druckabfall bei der hydraulischen Förderung vertikal-aufwärts wird durch Überlagerung dreier Anteile zu

$$\frac{\Delta P}{\Delta L} = \frac{\lambda_R (Re_R)}{D} \frac{\rho_F}{2} v^2 + \left[c_V \rho_S + (1 - c_V) \rho_F \right] g + \frac{\Delta P_z}{\Delta L} \qquad (5.34)$$

berechnet.

In (5.34) bezeichnet der erste Term auf der rechten Seite wie bei der horizontalen hydraulischen Förderung den "Fluid"-Druckverlustanteil, berechnet wie für einphasige Fluidströmung mit der Suspensionsgeschwindigkeit v. Der zweite Term bringt zum Ausdruck, daß bei Strömung gegen die Schwererichtung ein Druckabfallanteil auftritt, der die Gewichtskraft der Suspensionssäule im Förderrohr ausgleicht. Der dritte Term auf der rechten Seite von (5.34) schließlich ist der Zusatzdruckverlustanteil berechnet nach den für die horizontale Förderrichtung zuvor abgeleiteten Vorschriften. Die Beziehung (5.34) ist zweifelsohne eine Näherung insofern, als insbesondere die beiden letzten Terme auf der rechten Seite von (5.34) in Wirklichkeit in Wechselwirkung stehen. Diese Näherung findet aber ihre Rechtfertigung darin, daß sich c_V nur dann wesentlich von c_T unterscheidet, wenn die Suspensionsgeschwindigkeit v vergleichsweise niedrig und damit der Anteil $\Delta P_z / \Delta L$ praktisch bedeutungslos ist. Umgekehrt gilt gemäß der Beziehung (5.30) bei hohen Suspensionsgeschwindigkeiten $c_V \approx c_T$. Dann ist aber zu erwarten, daß sich der Strömungszustand und damit der Druckverlustanteil $\Delta P_z / \Delta L$ wenig von dem bei horizontaler Förderung unterscheiden. Der in den Abbildungen 5.14 und 5.15 dargestellte Vergleich zwischen gemessenen [24] und gemäß der Beziehung (5.34) berechneten Druckverlusten für die Förderung zweier verschiedener Feststoffe in zwei verschiedenen Rohrdurchmessern bestätigt die Brauchbarkeit des hier dargestellten Konzeptes.

Wegen $\overline{Re}_p << Re_{p_0}$ wurden die in Abb. 5.14 bzw. Abb. 5.15 dargestellten berechneten Druckverlustverläufe mit $c_V \simeq c_T$, d.h. ohne Korrektur der Feststoffkonzentration berechnet.

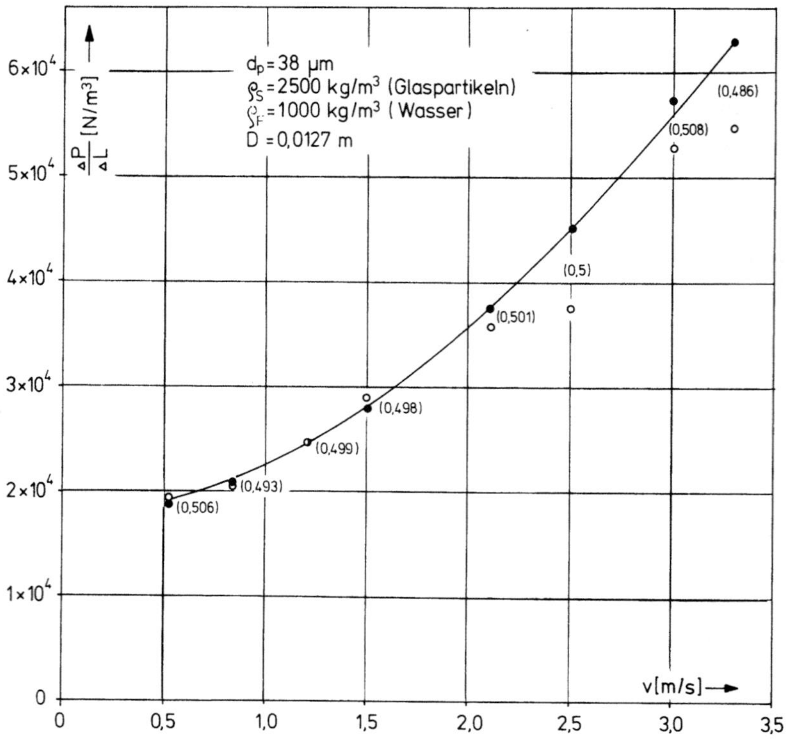

Abb. 5.14: Vergleich zwischen gemessenen [24] und nach Gleichung (5.34) berechneten Druckabfällen bei der hydraulischen Förderung vertikal-aufwärts. Ziffern bei den Meßwerten bezeichnen Zahlenwerte der Transportkonzentration c_T, offene Kreise: Meßwerte, volle Kreise: berechnet nach Gleichung (5.34)

Durch Messung der Wandschubspannungen konnte Bahke [25] den Strömungsdruckverlustanteil

$$\frac{\lambda_R\,(Re_R)}{D}\,\frac{\rho_F}{2}\,v^2 + \frac{\Delta P_z}{\Delta L}$$

bei der hydraulischen Förderung vertikal-aufwärts getrennt erfassen. Der in Abb. 5.16 dargestellte Vergleich der von Bahke mitgeteilten Meßwerte mit den nach dem Nikuradse-Diagramm bzw. dem Zustandsdiagramm der hydraulischen Förderung Abb. 5.7 berechneten Druckverluste bestätigt die Brauchbarkeit des hier dargestellten Konzeptes auch für den Fall

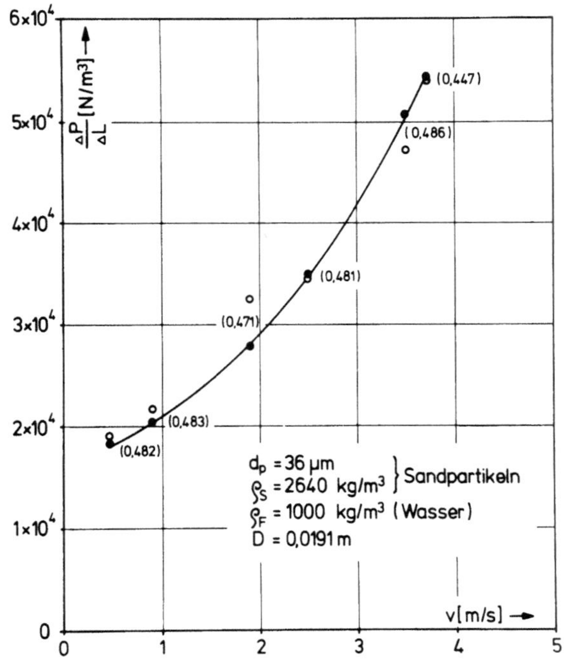

Abb. 5.15: Vergleich zwischen gemessenen [24] und nach Gleichung (5.34) berechneten Druckabfällen bei der hydraulischen Förderung vertikal-aufwärts. Ziffern bei den Meßpunkten bezeichnen Zahlenwerte der Transportkonzentration c_T, offene Kreise: Meßwerte, volle Kreise berechnet nach Gleichung (5.34)

größerer Rohrdurchmesser, gröberer Partikeln und niedrigerer Feststoffkonzentrationen und bei anderer Fluiddichte bzw. Fluidzähigkeit. Mit Hilfe der von Bahke mitgeteilten Messungen läßt sich auch die Grenze der Anwendbarkeit des für die horizontale Förderung abgeleiteten Zustandsdiagramms Abb. 5.7 zur Vorausberechnung des Strömungsdruckverlustanteils bei der hydraulischen Förderung vertikal-aufwärts erkennen. Die Auswertung der von Bahke mitgeteilten Versuchsergebnisse für mittlere Partikeldurchmesser $d_p = 6{,}5$ mm in Abb. 5.17 zeigt, daß für diese vergleichsweise grobkörnigen Partikeln die berechneten Druckverluste erheblich oberhalb der gemessenen Werte liegen.

Im Zustandsdiagramm der hydraulischen Förderung Abb. 5.7 liegen diese Werte im Bereich stark anwachsender Schlupfgeschwindigkeiten bei niedrigen Zahlenwerten der Kennzahl Fr_p und hohen Werten für Fr_p^{*2}. Diese linke, obere Ecke des Zustandsdiagramms Abb. 5.7 ist durch zunehmende Entmischung der horizontalen Suspensionsströmung gekennzeichnet. Dieser Effekt tritt bei der Strömung vertikal-aufwärts nicht auf, weswegen dort der Strömungsverlustanteil vergleichsweise gering ist. Umgekehrt ist bei hohem Schlupf der Strömungsanteil des Druckverlustes im Vergleich zum Schwereanteil gering, der evtl. über die hier vorgeschlagene Iteration für c_V zu ermitteln ist.

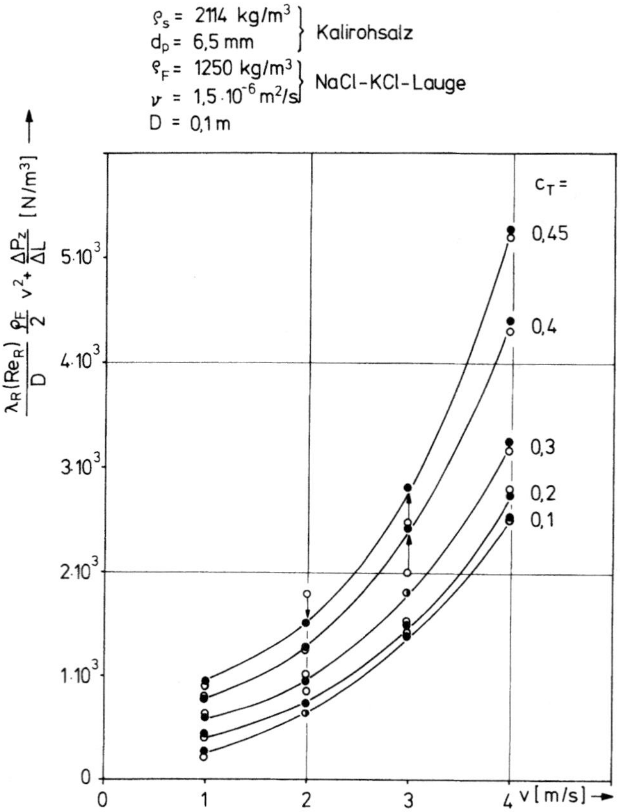

Abb. 5.16: Vergleich zwischen gemessenen [25] und berechneten Strömungsdruckverlustanteilen bei der hydraulischen Förderung vertikal-aufwärts, offene Kreise: Meßwerte, volle Kreise: berechnet.

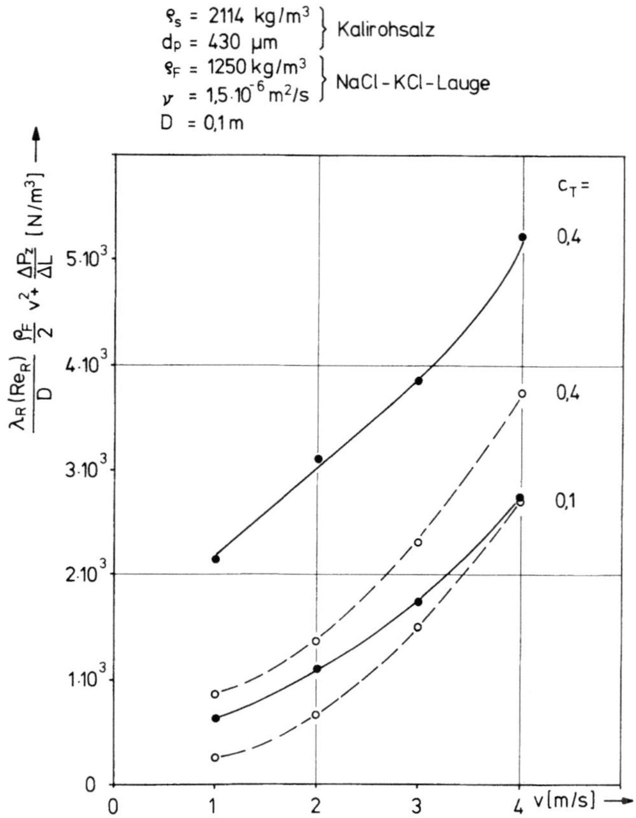

Abb. 5.17: Vergleich zwischen gemessenen [25] und berechneten Strömungsdruckverlustanteilen bei der hydraulischen Förderung vertikal-aufwärts, offene Kreise: Meßwerte, volle Kreise: berechnet

Nomenklatur zu Kapitel 5

A	Leere Querschnittsfläche des Förderrohres	m^2
Ar	Archimedeszahl, definiert durch Gleichung (5.29)	-
c_T	Transportkonzentration	-
c_{T_o}	Grenzkonzentration	-
$c_{T\,max}$	maximale förderbare Konzentration	-
c_v	Volumenkonzentration	-
c_v^*	Näherungswert der Volumenkonzentration, definiert durch Gleichung (5.33)	-
c_w	Widerstandsbeiwert	-
d_p	Partikeldurchmesser	m

dx^*/dc_T	Anstieg der Zusatzdruckverlustkennzahl	-
D	Rohrdurchmesser	m
Eu	Eulerzahl, definiert durch Gleichung (5.20)	-
$\overline{F}_1$	mittlere Schleppkraft des Fluids	N
Fr_p	Partikel-Froudezahl, definiert durch Gleichung (5.19)	-
Fr^*	Sinkgeschwindigkeits-Froudezahl, definiert durch Gleichung (5.19)	-
g	Erdbeschleunigung	$m\,s^{-2}$
$M_{Suspension}$	aufgefangene Masse der Suspension	kg
$\overline{P}_1$	mittlere zusätzliche Verlustleistung	$N\,m\,s^{-1}$
r_o/δ	charakteristisches Längenverhältnis, definiert durch Gleichung (5.23)	-
$\overline{Re}_p$	mit der mittleren Relativgeschwindigkeit gebildete Partikel-Reynoldszahl	-
Re_{p_o}	Reynoldszahl, definiert durch Gleichung (5.32)	-
Re_R	Reynoldszahl (Rohr)	-
Re_{w_f}	mit der Sinkgeschwindigkeit der Partikeln gebildete Reynoldszahl	-
v	mittlere Strömungsgeschwindigkeit der Suspension	$m\,s^{-1}$
v_F	absolute Fluidgeschwindigkeit	$m\,s^{-1}$
v_{rel}	Schlupfgeschwindigkeit	$m\,s^{-1}$
v_s	absolute Partikelgeschwindigkeit	$m\,s^{-1}$
$(v_{rel}/v)_o$	rechnerischer Partikelschlupf, definiert durch Gleichung (5.16)	-
$(v_{rel}/v)_r$	rechnerischer Partikelschlupf, definiert durch Gleichung (5.14)	-
$\dot{V}_F$	Volumenstrom Fluid	$m^3 s^{-1}$
V_s	aufgefangenes Volumen des Feststoffes	m^3
$\dot{V}_s$	Feststoffvolumenstrom	$m^3 s^{-1}$
$V_{Suspension}$	aufgefangenes Volumen der Suspension	m^3
$\dot{V}_{Suspension}$	Volumenstrom der Suspension	$m^3 s^{-1}$
w_f	Sinkgeschwindigkeit	$m\,s^{-1}$
x	dimensionslose Kennzahl des Zusatzdruckverlustes, definiert durch Gleichung (5.8)	-
x_o	Zahlenwert	-
x^*	modifizierte Zusatzdruckverlustkennzahl, definiert durch Gleichung (5.13)	-
z	Partikelzahl	-
ΔL	Rohrlänge	m
ΔP	Druckabfall	$N\,m^{-2}$
ΔP_{Fluid}	Druckabfallanteil, definiert durch Gleichung (5.1)	$N\,m^{-2}$

ΔP_z	Druckabfallanteil, definiert durch Gleichung (5.1)	$N\,m^{-2}$
ΔT	Zeitspanne	s
ΔT_F	holdup des Fluids im Rohrstück von der Länge ΔL	s
ΔT_S	holdup des Feststoffes im Rohrstück von der Länge ΔL	s
η_F	dynamische Zähigkeit des Fluids	$kg\,m^{-1}s^{-1}$
λ_R	Widerstandsbeiwert der einphasigen Rohrströmung	-
ν	kinematische Zähigkeit des Fluids	m^2s^{-1}
ρ_F	Dichte des Fluids	$kg\,m^{-3}$
ρ_S	Dichte des Feststoffes	$kg\,m^{-3}$
$\rho_{Suspension}$	Dichte der Suspension	$kg\,m^{-3}$

Literaturverzeichnis zu Kapitel 5

1 Weber, M.: Strömungsfördertechnik, Krausskopf-Verlag (1973)

2 Wasp, E.J.: Slurry Pipeline Economics and Applications, Hydrotransport 1, First International Conference on the Hydraulic Transport of Solids in Pipes (1970) Paper K 3, S. 39-62

3 Bielfeldt,W. und Arnswald, W.: Aluminium 43 (1967) 6, S. 335

4 Hoffmann, E.J.: Coal Conversion, The Energon Company Laramie, Wyoming 1978

5 Durand, R.: Basic Relationships of the Transportation of Solids in Pipes - Experimental Research, Proc. Minnesota Int. Hydraulic Conv. (1953) S. 89

6 Newitt, D.M., Richardson, J.F., Abott, M. und Turtle, R.B.: Trans. Instn. Chem. Engrs. 33 (1955) 2, S. 93

7 Charles, M.E.: Transport of Solids by Pipeline, Hydrotransport 1, First International Conference on the Hydraulic Transport of Solids in Pipes (1970) Paper A 3, S. 25-36

8 Zisselmar, R.: Experimentelle Untersuchungen zum Turbulenzverhalten der Suspensionsrohrströmung, Dissertation Universität Erlangen-Nürnberg (1978)

9 Plass, L.: Wärmeübergang und Druckverlust bei Feststoff/Flüssig-Suspensionen feiner Teilchen im gesamten pumpfähigen Konzentrationsbereich, Dissertation Universität Erlangen-Nürnberg (1972)

10 Zierep, J.: Ähnlichkeitsgesetze und Modellregeln der Strömungslehre, Braun, Karlsruhe 1972

11 Kriegel, E. und Brauer, H.: Hydraulischer Transport körniger Feststoffe durch waagrechte Rohrleitungen, VDI-Forschungsheft 515, Düsseldorf 1967

12 Coulson, J.M. und Richardson, J.F.: Chemical Engineering Vol. 2, S. 249, Pergamon Press, Second Edition 1968

13 Schlichting, H.: Grenzschicht-Theorie, Braun, Karlsruhe 1965

14 Goldsmith, H.L. und Mason, S.G.: The Microrheology of Dispersions in Rheology-Theory and Applications, Eirich F.R. ed. New York and London, Academic Press 1967, S. 210, 230

15 Maude, A.D. und Yearn, J.A.: J. Fluid Mech. (1967), 30, part 3, S. 601-621

16 Karnis, A. und Goldsmith, H.L: Can. J. Chem. Engng. 44, S. 181-193, (1966)

17 Wellmann, P.: Ein neues Konzept für die Vorausberechnung des Druckverlustes bei der hydraulischen Förderung im horizontalen Rohr, Dissertation Universität Erlangen-Nürnberg (1980)

18 Gödde, E.: Untersuchungen zur kritischen Geschwindigkeit heterogener hydraulischer Feststofförderung in horizontalen Rohren, Dissertation Universität Karlsruhe (1977)

19 Gaessler, H.: Experimentelle und theoretische Untersuchungen über die Strömungsvorgänge beim Transport von Feststoffen in Flüssigkeiten durch horizontale Rohrleitungen, Dissertation Universität Karlsruhe (1966)

20 Vocadlo, J.J.: Prediction of pressure gradient for the horizontal turbulent flow of slurries, Second International Conference of the Hydraulic Transport of Solids in Pipes, Paper C 1, S. 1-12

21 Schriek, W., Smith, L.G., Haas, D.B. und Husband, W.H.W.: Experimental Studies on the Transport of Two Different Sands in Water in 2, 4, 6, 8, 10 and 12 inch Pipelines, Report VII, Saskatchewan Research Council, S.R.C. (1973)

22 Schriek, W., Smith, L.G., Haas, D.B. und Husband, W.H.W.: Experimental Studies on The Hydraulic Transport of Iron Ore, Report III, Saskatchewan Research Council, S.R.C. (1973)

23 Siegel, W.: Experimentelle Untersuchungen zur pneumatischen Förderung körniger Stoffe in waagrechten Rohren und Überprüfung der Ähnlichkeitsgesetze, VDI-Forschungsheft 538 (1970)

24 Cloete, F.L.D, Miller, A.I. und Streat, M.: Trans. Instn. Chem. Engrs. Vol. 45, 1967, S. T 392-T 400

25 Bahke, T.: Hydraulische Förderung von Kalirohsalz durch vertikale Rohrleitungen, Dissertation Universität Hannover (1978)

Kapitel 6
Vorausberechnung des Druckverlustes bei stationären Förderzuständen der pneumatischen Förderung

1. Problemstellung

Gegenstand dieses Kapitels ist die Vorausberechnung des Druckverlustes bei der pneumatischen Förderung im horizontalen und im vertikalen Rohr. Der für die Auslegung von Förderanlagen wichtige, für die Feststoffförderung aufzubringende Druckverlust wird üblicherweise in Form dimensionsloser Kennzahlen als $\lambda_z = \lambda_z(Fr)$ dargestellt [1]. Hierbei ist die Kennzahl λ_z in Analogie zur Kennzahl λ der einphasigen turbulenten Rohrströmung gebildet.

Wie der Verfasser bereits in einer früheren Arbeit [2] dargelegt hat, weist dieses Konzept jedoch einige Unzuträglichkeiten auf. So läßt sich z.B. durch Auswertung der umfangreichen, von Siegel [3] mitgeteilten Messungen zeigen, daß selbst für ein einziges Fördergut und nur bei Variation des Rohrdurchmessers die Darstellung $\lambda_z = \lambda_z(Fr)$ nicht eindeutig ist. Dann ist aber mit einer Darstellung $\lambda_z(Fr)$ im Grunde genommen noch nicht einmal das scale-up Problem gelöst, nämlich die Vorhersage des Druckverlustes für ein gegebenes Fördergut, wenn die an einer Versuchsanlage gewonnenen Meßdaten hochgerechnet werden sollen. Zielvorstellung ist daher die Vorausberechnung des Druckverlustes aus gegebenen Daten ohne Versuche an einer Förderstrecke.

2. Förderzustände, Definition des Zusatzdruckverlustes

In der horizontalen Förderleitung stellen sich je nach Feststoffdurchsatz und Fördergasgeschwindigkeit unterschiedliche Förderzustände ein. Wie in der vorliegenden Literatur vielfach beschrieben (siehe z.B. [1]), lassen sich bei Absenken der Fördergasgeschwindigkeit folgende Förderzustände beobachten (vergl. Abb. 6.1):

a) Flugförderung: Bei hohen Fördergasgeschwindigkeiten bewegen sich die Partikeln mehr oder weniger gleichförmig über den Rohrquerschnitt verteilt fliegend und gelegentlich andere Partikeln bzw. die Rohrwand treffend durch das Förderrohr.

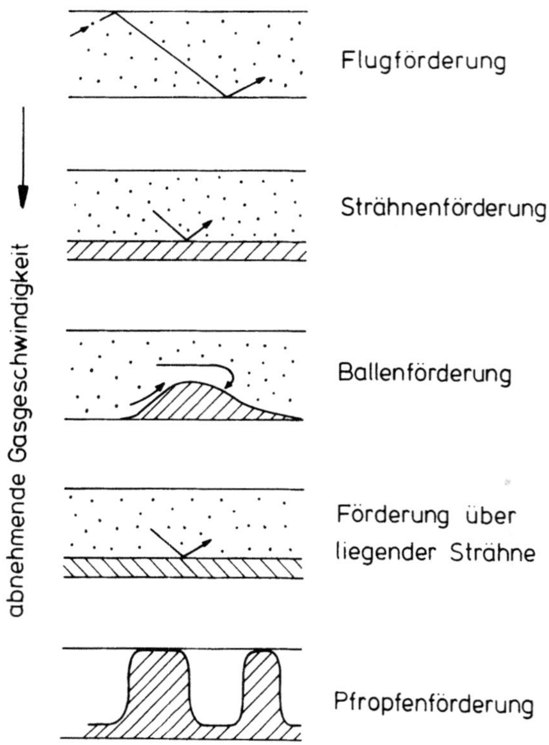

Abb. 6.1: Förderzustände der horizontalen pneumatischen Förderung

b) Strähnenförderung: Bei Verringerung der Fördergasgeschwindigkeit setzt zunehmend Entmischung der Zweiphasenströmung derart ein, daß ein Teil des Feststoffes als Strähne am Rohrboden gleitet, während nur noch ein Teil des Feststoffes fliegend über der Strähne gefördert wird.

c) Ballenförderung: Bei weiterer Absenkung der Fördergasgeschwindigkeit bilden sich bei bestimmten Feststoffbeladungen Ballen aus, die langsam durch die Rohrleitung transportiert werden.

d) Förderung über ruhender Ablagerung: Bei nochmaliger Absenkung der Fördergasgeschwindigkeit bilden sich ruhende Ablagerungen am Rohrboden aus, so daß nur noch ein Bruchteil des Rohrquerschnittes tatsächlich zur Förderung genutzt wird.

e) Pfropfenförderung: Schließlich kann bei ganz niedrigen Fördergasgeschwindigkeiten, aber hohem Druckverlust unter Umständen ein Förderzustand erreicht werden, bei dem einzelne, den gesamten Rohrquerschnitt ausfüllende Feststoffpfropfen gefördert werden.

Die Förderzustände c, d und e, d.h. Ballenförderung, Förderung über ruhender Ablagerung und Pfropfenförderung sind nicht Gegenstand der vorliegenden Untersuchung. Ballenförderung und Pfropfenförderung sind instationäre Förderzustände, die allein von daher eine andere Betrachtungsweise erfordern als die hier allein betrachteten stationären Förderzustände. Die Förderung über einer ruhenden Ablagerung schließlich wird man in aller Regel zu vermeiden suchen. Gegenstand der nachstehenden Erörterungen ist daher die Bestimmung des dann selbst stationären Druckverlustes bei den stationären Förderzuständen Strähnenförderung und Flugförderung.

Bei der Beschreibung des Druckverlustes der pneumatischen Förderung geht man von der Vorstellung aus, daß sich der Gesamtdruckverlust ΔP additiv aus dem Druckverlust ΔP_G, berechnet nach bekannten Vorschriften [4] wie für die reine Gasströmung und dem Zusatzdruckverlust ΔP_z zusammensetzt, der für den Feststofftransport aufzubringen ist (Abb. 6.2). Im folgenden werden Diagramme zur rechnerischen Ermittlung des Zusatzdruckverlustes ΔP_z für die Bereiche Strähnenförderung und Flugförderung dargestellt.

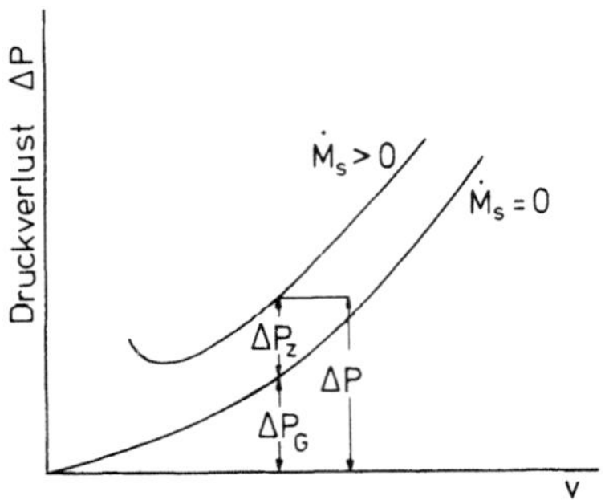

Abb. 6.2: Gas- und Zusatzdruckverlust bei pneumatischer Förderung

3. Das Zustandsdiagramm der Strähnenförderung

Nach Wirth [5] läßt sich ein Zustandsdiagramm der Strähnenförderung wie folgt erstellen:

Will man eine Förderanlage im Bereich der wünschenswerten stationären Förderzustände, d.h. im Bereich der Flugförderung bzw. im Bereich der Strähnenförderung betreiben, so hat man zunächst diese Förderzustände gegen die übrigen Zustände abzugrenzen. Der Übergang zwischen Flugförderung und Strähnenförderung selbst erfolgt kontinuierlich, indem bei abnehmendem Fördergasdurchsatz von Null beginnend stetig mehr und mehr Gut in Form einer Strähne transportiert wird. Strähnenförderung und Flugförderung lassen sich daher nicht scharf von einander abgrenzen. Dies ist nicht weiter tragisch, weil beide Zustände erwünschte, stationäre Förderzustände darstellen. Auf der anderen Seite folgt aber daraus, daß bei der für die Praxis wichtigen Vorausberechnung des Zusatzdruckverlustes beide Förderzustände nicht völlig getrennt betrachtet werden können.

Erreicht das Verhältnis von Feststoffmassenstrom zu Gasmassenstrom, die sogenannte Beladung, bei einer festen Gasgeschwindigkeit einen bestimmten Grenzwert, so tritt bei einer Erhöhung des Feststoffmassenstromes bei sonst gleichen Bedingungen eine Entmischung der Zweiphasenströmung ein, der Zustand der Strähnenförderung wird erreicht. Ein Teil des Feststoffes $\dot{M}_{s\,St}$ wird in Form einer Strähne am Rohrboden gefördert, der andere Teil $\dot{M}_{s\,G}$ wird in Form der Flugförderung über die Strähne transportiert (Abb. 6.3).

Der gesamte Feststoffmassenstrom $\dot{M}_s$ wird damit wie folgt errechenbar:

$$\dot{M}_s = \dot{M}_{s\,G} + \dot{M}_{s\,St}. \tag{6.1}$$

Die am Rohrboden gleitende Strähne mit der Breite s erfüllt den Rohrquerschnitt $F = (1 - \phi)\, F_0$. Die Strähne wird durch die zwischen Rohrwand und Strähne wirkende Reibkraft R gebremst. Der Antrieb der Strähne erfolgt durch die Kraft des Druckgradienten und durch die an der Strähnenoberfläche angreifende Schubkraft S (Abb. 6.3). Die Schubkraft S wird dabei im wesentlichen von den auf die Strähne treffenden Partikeln erzeugt [6], [7].

Die Porosität ε der Strähne soll gleich der Schüttungsporosität des

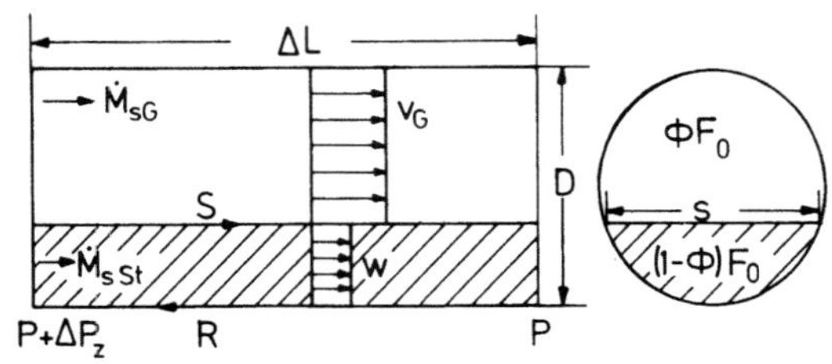

Abb. 6.3: Strähne in der Förderleitung

Fördermaterials sein. Wie einfache Abschätzungen zeigen, kann die Relativgeschwindigkeit des sich im Strähnenhohlraum befindlichen Gases gegenüber der Strähnengeschwindigkeit bei dem während der Förderung vorliegenden Druckgradienten vernachlässigt werden.

Bei den meisten in der Praxis vorkommenden Fördergütern ist deren innerer Reibungswinkel größer als der Wandreibungswinkel [8]. Für das Modell kann deshalb die Strähne als kompakter Körper angesehen werden, der in der Form einer Kolbenströmung mit der Geschwindigkeit w durch die Rohrleitung bewegt wird. Die Partikeln in der Strähne ändern danach während der Förderung ihre relative Lage nicht. Dies hat zur Folge, daß sie sich an der Rohrwand nur gleitend und nicht rollend bewegen. Die Gasströmung über der Strähne hat die Geschwindigkeit v_G (Abb. 6.3). Für die Rechnung wird das Gas näherungsweise als abschnittsweise inkompressibel angesehen, was nach Weber [1] für Druckänderungen, bei denen die relative Dichteänderung des Gases weniger als 1 % beträgt, zulässig ist.

Für die Zusatzdruckverlustberechnung werden Kräfte- und Massenbilanzen erstellt. Dazu wird ein Rohrelement der Länge ΔL betrachtet, das in zwei Bilanzräume aufgeteilt wird. Der Bilanzraum I umfaßt die über der Strähne befindliche Strömung, in welcher der Massenstrom $\dot{M}_{s\,G}$ fliegend gefördert wird. Der Bilanzraum II umschließt die Strähne (Abb. 6.4).

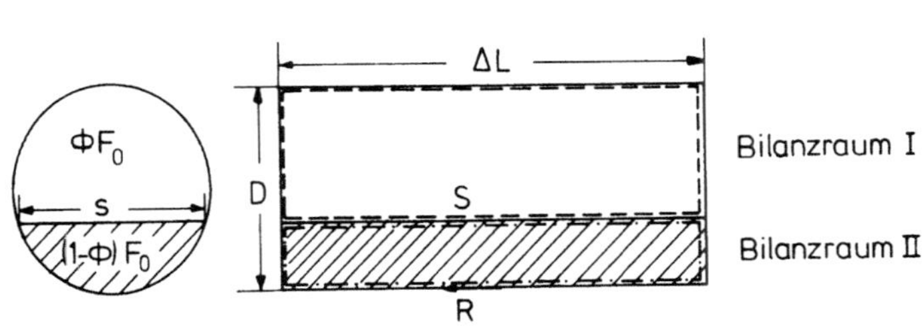

Abb. 6.4: Bilanzräume in einem Rohrelement der Länge ΔL

Kräftegleichgewicht am Bilanzraum 1 ist dann gegeben, wenn die Kraft des Zusatzdruckgradienten gleich der Strähnenantriebskraft ist

$$\Delta P_z \, \phi \, F_o = S \, . \qquad (6.2)$$

Der durch Partikel-Partikel- und Partikel-Wand-Stöße verursachte Zusatzdruckverlust der über die Strähne fliegenden Partikeln wird bei der Berechnung des Zusatzdruckverlustes der Strähnenförderung vernachlässigt.

Für den Bilanzraum II liegt Kräftegleichgewicht vor, wenn die Summe aus der Kraft des Zusatzdruckgradienten und der Strähnenantriebskraft gleich der Reibkraft R zwischen Strähne und Rohrwand ist:

$$\Delta P_z \, (1 - \phi) \, F_o + S = R \, . \qquad (6.3)$$

Die Reibkraft ist gleich dem Produkt aus dem Gewicht der Strähne - vermindert um deren Auftrieb - und dem Gleitreibungswert f_r:

$$R = f_r \, (\rho_s - \rho_f) \, V_s \, g \, . \qquad (6.4)$$

Mit dem Feststoffvolumen in der Strähne

$$V_s = (1 - \varepsilon) \, (1 - \phi) \, F_o \, \Delta L \qquad (6.5)$$

erhält man durch Einsetzen von Gleichung (6.2) und Gleichung (6.4) in Gleichung (6.3):

$$\Delta P_z \, F_o = f_r (\rho_s - \rho_f) (1 - \varepsilon) (1 - \phi) \, F_o \, \Delta L \, g \, . \qquad (6.6)$$

Der dimensionslose Zusatzdruckverlust der Strähnenförderung ergibt sich damit zu

$$\frac{\Delta P_z}{\rho_s (1 - \frac{\rho_f}{\rho_s}) (1 - \varepsilon) \, g \, f_r \Delta \, L} = (1 - \phi) \, . \qquad (6.7)$$

Die Verknüpfung von Gleichung (6.2) und Gleichung (6.3) über den Zusatzdruckverlust gibt den Einfluß von Schubkraft und Reibungskraft auf die relative Rohrquerschnittsbedeckung der Strähne $(1-\phi)$ wieder:

$$S \frac{1}{\phi} = R \ . \tag{6.8}$$

Mit τ als der an der Strähnenoberfläche angreifenden Schubspannung folgt für die Strähnenantriebskraft

$$S = \tau \, s \, \Delta L \ . \tag{6.9}$$

Die an der Strähnenoberfläche wirkende Schubspannung τ wird durch die auf die Strähne treffenden Partikeln erzeugt [6], [7]. Die Partikeln, die homogen über den strähnenfreien Rohrquerschnitt verteilt sind, fliegen mit der Geschwindigkeit v_G über die Strähne. Der Schlupf zwischen der Gasströmung und den fliegenden Partikeln wird vernachlässigt. Durch den Stoß mit der Strähne wird die stoßende Partikel auf die Strähnengeschwindigkeit w abgebremst und in der Strähne weitertransportiert. Bei jedem Partikel-Strähne-Stoß wird im stationären Gleichgewichtszustand für diese Partikel eine andere Partikel mit der Geschwindigkeit w aus der Strähnenoberfläche herausgeschlagen und von der Gasströmung auf die Geschwindigkeit v_G beschleunigt.

Die Schubspannung τ ist somit proportional der Impulsabgabe ΔJ einer einzelnen Partikel beim Stoß auf die Strähne und dem auf die Strähnenoberfläche auftreffenden Partikelanzahlstrom pro Flächeneinheit $\dot{n}$:

$$\tau = \dot{n} \, \Delta J \ . \tag{6.10}$$

Die Impulsabgabe einer Partikel beim Stoß mit der Strähne ist

$$\Delta J = m \, (v_G - w) \ . \tag{6.11}$$

Der Partikelanzahlstrom $\dot{n}$, der pro Flächeneinheit auf die Strähne auftrifft, ist

$$\dot{n} = \frac{\dot{M}_{s\,G}}{m \, \phi \, F_o} \ . \tag{6.12}$$

Für die Schubspannung τ ergibt sich mit den Gleichungen (6.10), (6.11) und (6.12):

$$\tau = K \frac{\dot{M}_{s\,G}}{m\,\phi\,F_o}\, m\,(v_G - w)\,, \tag{6.13}$$

wobei K ein empirisch zu bestimmender Faktor ist.

Für die Berechnung der Strähnenantriebskraft ist, neben der Schubspannungsgleichung (6.13), eine Beziehung für die Strähnenbreite s als Funktion der relativen Rohrquerschnittsbedeckung der Strähne $(1 - \phi)$ und des Rohrdurchmessers D notwendig. Für die Strähnenbreite s gilt (Abb. 6.5):

$$s = 2\sqrt{h\,D - h^2} \tag{6.14}$$

Für die Strähnenquerschnittsfläche gilt:

$$(1 - \phi)\,F_o = \frac{1}{2}\left[1\,\frac{D}{2} - s\left(\frac{D}{2} - h\right)\right]\,, \tag{6.15}$$

für die Bodenlänge 1:

$$1 = \frac{\alpha}{360^o}\,\pi\,D\,, \tag{6.16}$$

und für den Winkel α (Abb. 6.5):

$$\alpha = \begin{cases} 2\,\arcsin\frac{s}{D}\,, & \text{für } (1 - \phi) \le 0{,}5\,, \quad (6.17) \\ 180^o + 2\,\arcsin\frac{s}{D}\,, & \text{für } (1 - \phi) > 0{,}5\,. \end{cases}$$

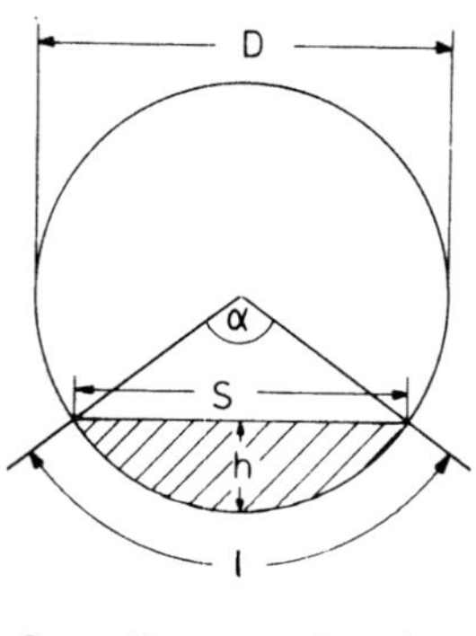

Abb. 6.5: Zur Geometrie der Strähne

Mit den Gleichungen (6.14) mit (6.18) kann somit die bezogene Strähnenbreite s/D als Funktion der relativen Rohrquerschnittsbedeckung $(1 - \phi)$ dargestellt werden. Die strenge Lösung für diese Abhängigkeit ist rechnerisch äußerst unhandlich. Eine den wahren Zusammenhang gut wiedergegebene Näherungslösung läßt sich dagegen mit folgender Gleichung finden (Abb. 6.6):

$$\frac{s}{D} = \left[4\,\phi\,(1 - \phi)\right]^{1/3} . \qquad (6.19)$$

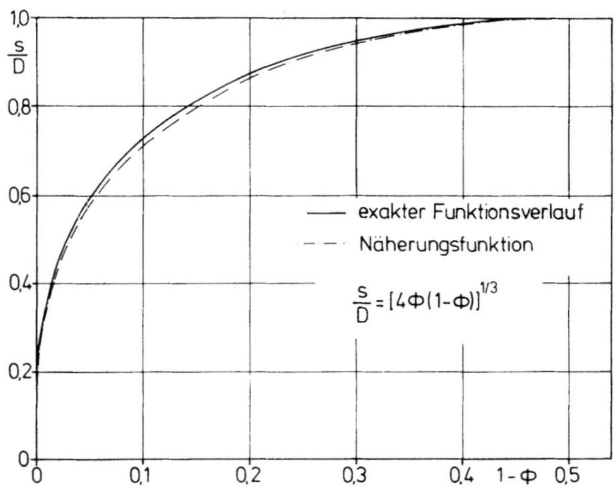

Abb. 6.6: Exakte Lösung und Näherungslösung für die bezogene Strähnenbreite s/D als Funktion der relativen Rohrquerschnittsbedekkung $(1 - \phi)$

Mit dem Ansatz für die Schubspannung τ (6.13) und der Näherungslösung für die Strähnenbreite s (6.19) erhält man aus Gleichung (6.9) für die Schubkraft:

$$S = K \frac{\dot{M}_{s\,G}}{m\,\phi\,F_o}\, m\,(v_G - w)\left[4\,\phi\,(1 - \phi)\right]^{1/3} D\,\Delta\,L . \qquad (6.20)$$

Für die Ableitung der Zusatzdruckverlustgleichung bei Strähnenförderung aus den Kräftebilanzen (6.2) und (6.3) müssen neben den Gleichungen für Schubkraft (6.20) und Reibkraft (6.4) auch die Massenbilanzen berücksichtigt werden.

Der durch das Förderrohr strömende Gasmassenstrom ist

$$\dot{M}_f = \rho_f\, v\, F_o . \qquad (6.21)$$

Dieser Gasmassenstrom setzt sich zusammen aus dem Anteil, der über der Strähne strömt $\dot{M}_{f\,G}$ und dem, der in der Strähne ohne Schlupf mit transportiert wird $\dot{M}_{f\,St}$:

$$\dot{M}_f = \dot{M}_{f\,G} + \dot{M}_{f\,St} \, . \tag{6.22}$$

Da das von den über die Strähne fliegenden Partikeln eingenommene Rohrvolumen gegenüber dem von der Strähne nicht ausgefüllten Rohrvolumen klein ist, folgt aus der Gasmassenbilanz (6.22):

$$\rho_f \, F_o \, v = \rho_f \, F_o \, \phi \, v_G + \rho_f \, (1 - \phi) \, F_o \, \varepsilon \, w \, . \tag{6.23}$$

Andererseits gilt für den Feststoffmassenstrom in der Strähne:

$$\dot{M}_{s\,St} = \rho_s \, (1 - \phi) \, F_o \, (1 - \varepsilon) \, w \, . \tag{6.24}$$

Aus Gleichung (6.24) mit Gleichung (6.23) ergibt sich der Zusammenhang zwischen der Gasgeschwindigkeit über der Strähne v_G und der Leerrohrgeschwindigkeit v:

$$v_G = \frac{v}{\phi} \left(1 - \frac{\rho_f}{\rho_s \, (1 - \varepsilon)} \, \mu_{St} \, \varepsilon \right) , \tag{6.25}$$

wobei die Beladung μ_{St} aus der Division der Feststoffbilanzgleichung (6.1) durch den Gasmassenstrom $\dot{M}_f$ erhalten wird

$$\mu = \mu_G + \mu_{St} \, . \tag{6.26}$$

Unter Berücksichtigung der Definition für die Beladung μ_G (6.26) folgt schließlich durch Einsetzen der Beziehungen (6.25) und (6.21) in Gleichung (6.20) für die Schubkraft:

$$S = K \, \mu_G \, \rho_f \, v^2 \, D \, \Delta L \left(1 - \frac{w}{v_G} \right) \frac{\left[4 \, \phi \, (1 - \phi) \right]^{1/3}}{\phi^2} \left(1 - \frac{\rho_f}{\rho_s \, (1 - \varepsilon)} \, \mu_{St} \, \varepsilon \right) . \tag{6.27}$$

Faßt man das Produkt $K \, \mu_G$ in Gleichung (6.27) zu einem konstanten Strähnenantriebskoeffizienten λ zusammen, der in erster Näherung für alle Fördergüter gleich sein soll, also

$$\lambda = K\,\mu_G \quad ,$$

so erhält man aus Gleichung (6.8) mit Gleichung (6.4), (6.5), (6.27) und der Gleichung für die Rohrquerschnittsfläche $F_o = \frac{D^2\pi}{4}$ die Schlupfgleichung der Strähnenförderung: (6.28)

$$\frac{v^2}{\frac{\rho_s}{\rho_f}\left(1-\frac{\rho_f}{\rho_s}\right)(1-\varepsilon)\,D\,g\,f_r} = \frac{1}{\lambda}\,\frac{\pi}{4}\,\frac{\phi^3\,(1-\phi)}{\left[4\,\phi\,(1-\phi)\right]^{1/3}}\,\frac{1}{\left(1-\frac{w}{v_G}\right)}\,\frac{1}{\left(1-\frac{\rho_f}{\rho_s\,(1-\varepsilon)}\,\mu_{St}\,\varepsilon\right)} \; .$$

Damit ist die Reibungskennzahl der Strähnenförderung definiert durch

$$Fri^2 \equiv \frac{v^2}{\frac{\rho_s}{\rho_f}\left(1-\frac{\rho_f}{\rho_s}\right)(1-\varepsilon)\,D\,g\,f_r} \; . \qquad (6.29)$$

Der Zusammenhang zwischen der relativen Rohrquerschnittsbedeckung der Strähne $(1-\phi)$ und dem Geschwindigkeitsverhältnis $\frac{w}{v_G}$ erhält man mit Hilfe der Division der Gasmassenbilanz (6.23) durch die Feststoffmassenbilanz der Strähne (6.24) unter Berücksichtigung der Definition für die Strähnenbeladung μ_{St} in (6.26) zu

$$(1-\phi) = \frac{1}{1+\left[\frac{\rho_s\,(1-\varepsilon)}{\rho_f\,\mu_{St}}-\varepsilon\right]\frac{w}{v_G}} \; . \qquad (6.30)$$

Das Volumenstromverhältnis $\frac{\rho_f}{\rho_s\,(1-\varepsilon)}\,\mu_{St}$ ist dabei das Verhältnis des Volumenstromes der Strähne zum auf das leere Rohr bezogenen Gasvolumenstrom.

Für den Bereich der Strähnenförderung kann angenommen werden, daß der als Strähne geförderte Feststoffmassenstrom $\dot{M}_{s\,St}$ sehr viel größer ist, als der über die Strähne in Form der Flugförderung transportierte Feststoffmassenstrom $\dot{M}_{s\,G}$. Der gesamte geförderte Feststoffmassenstrom $\dot{M}_s$ ist damit praktisch gleich mit dem in der Strähne geförderten Feststoffmassenstrom

$$\dot{M}_s \simeq \dot{M}_{s\,St} \; .$$

Die Strähnenbeladung μ_{St} ist deshalb praktisch gleich der gesamten Feststoffbeladung

$$\mu \simeq \mu_{St} .$$

Unter Berücksichtigung dieser Vereinfachung erhält man schließlich mit den Gleichungen (6.7), (6.28) und (6.30) das Gleichungssystem für den Zusatzdruckverlust der Strähnenförderung:

$$\frac{\Delta P_z}{\rho_s \left(1 - \frac{\rho_f}{\rho_s}\right)(1-\varepsilon)\, g\, f_r\, \Delta L} = (1-\phi) , \qquad (6.31)$$

$$\frac{v^2}{\frac{\rho_s}{\rho_f}\left(1 - \frac{\rho_f}{\rho_s}\right)(1-\varepsilon)\, D\, g\, f_r} \equiv Fri^2 = \frac{1}{\lambda}\,\frac{\pi}{4}\,\frac{\phi^3\,(1-\phi)}{\left[4\,\phi\,(1-\phi)\right]^{1/3}}\,\frac{1}{\left(1 - \frac{w}{v_G}\right)}\,\frac{1}{\left(1 - \frac{\rho_f}{\rho_s\,(1-\varepsilon)}\mu\varepsilon\right)} \qquad (6.32)$$

und

$$(1-\phi) = \frac{1}{1 + \left[\frac{\rho_s\,(1-\varepsilon)}{\rho_f\,\mu} - \varepsilon\right]\frac{w}{v_G}} . \qquad (6.33)$$

Wie aus dem Gleichungssystem (6.31) bis (6.33) folgt, werden für die Zusatzdruckverlustberechnung sechs dimensionslose Kennzahlen miteinander verknüpft:

$$f\left[Fri,\ \frac{\rho_f}{\rho_s\,(1-\varepsilon)}\mu,\ \varepsilon,\ \frac{\Delta P_z}{\rho_s\left(1 - \frac{\rho_f}{\rho_s}\right)(1-\varepsilon)\, g\, f_r\, \Delta L},\ (1-\phi),\ \frac{w}{v_G}\right] = 0 .$$

Die Reibungskennzahl, das Volumenstromverhältnis und die Porosität sind meist durch die Förderaufgabe vorgegeben. Der dimensionslose Zusatzdruckverlust, die relative Rohrquerschnittsbedeckung der Strähne und das Geschwindigkeitsverhältnis stellen sich dann als Systemantwort ein. Zur Bestimmung dieser drei unbekannten Kennzahlen stehen drei Gleichungen zur Verfügung.

Für die Dimensionierung einer Strähnenförderanlage ist häufig nur der

Zusatzdruckverlust von Bedeutung. Es ist deshalb letztlich eine Darstellung des Zusatzdruckverlustes in der Form

$$\frac{\Delta P_z}{\rho_s \left(1 - \frac{\rho_f}{\rho_s}\right) (1 - \varepsilon)\, g\, f_r\, \Delta L} = f\left(\mathrm{Fri},\ \frac{\rho_f}{\rho_s\,(1 - \varepsilon)}\,\mu,\ \varepsilon\right)$$

gesucht. Das Geschwindigkeitsverhältnis und die relative Rohrquerschnittsbedeckung der Strähne liefern jedoch zusätzliche Informationen über die Strähnenförderung. Damit diese Informationen nicht verlorengehen, muß bei der Berechnung des Zusatzdruckverlustdiagramms eine bestimmte Strategie eingehalten werden.:

Aus der Massenbilanz (6.33) wird für konstante Volumenstromverhältnisse $\frac{\rho_f}{\rho_s\,(1-\varepsilon)}\,\mu$ bei konstanter Strähnenporosität ε mit dem Geschwindigkeitsverhältnis $\frac{w}{v_G}$ als Laufvariablen die relative Rohrquerschnittsbedeckung der Strähne $(1 - \phi)$ berechnet. Mit den entsprechenden Werten erhält man dann aus der Druckverlustgleichung (6.31) den dimensionslosen Zusatzdruckverlust und aus der Schlupfgleichung (6.32) die Reibungskennzahl. Wie später (Abschnitt 5) gezeigt wird, liegt der Berechnung ein aus Versuchen ermittelter Strähnenantriebskoeffizient von $\lambda = 0{,}0826$ zugrunde.

In Abb. 6.7 sind die berechneten Zusatzdruckverlustkurven der Strähnenförderung dargestellt. Der dimensionslose Zusatzdruckverlust

$$\frac{\Delta P_z}{\rho_s \left(1 - \frac{\rho_f}{\rho_s}\right) (1 - \varepsilon)\, g\, f_r\, \Delta L}$$

ist über der Reibungskennzahl mit dem Volumenstromverhältnis $\frac{\rho_f}{\rho_s\,(1-\varepsilon)}\,\mu$

als Paramter aufgetragen, wobei die Strähnenporosität ε konstant gehalten wurde. Für ε wurde der Wert 0,4 eingesetzt. Der Einfluß der Strähnenporosität auf den Verlauf der Zusatzdruckverlustkurven ist jedoch gering. An den zusätzlich eingezeichneten Kurven für konstante Geschwindigkeitsverhältnisse kann der sich bei der Strähnenförderung einstellende Strömungszustand abgelesen werden. Da die relative Rohrquerschnittsbedeckung der Strähne gleich dem dimensionslosen Zusatzdruckverlust ist, kann diese ebenfalls auf der Ordinate abgelesen werden.

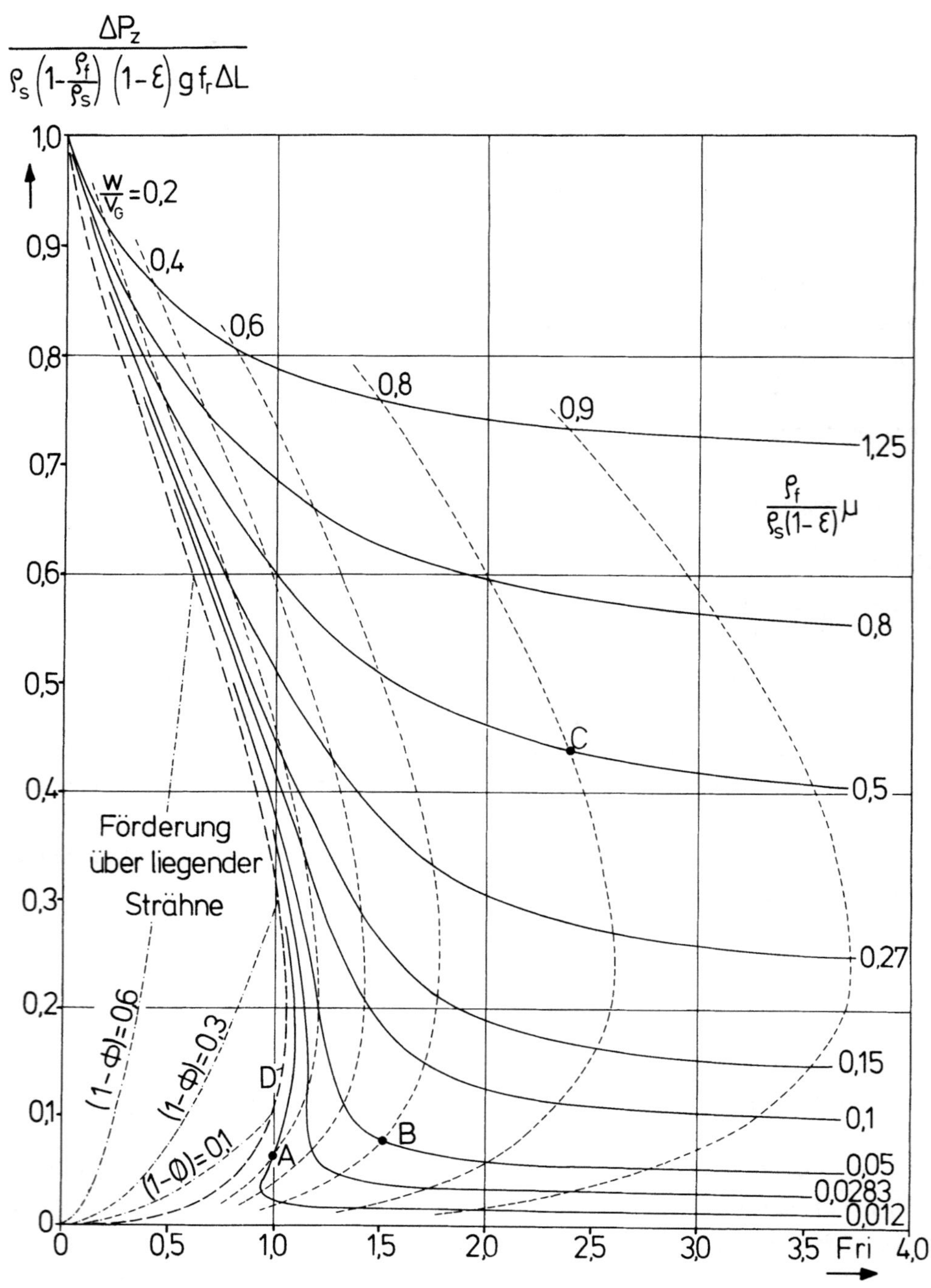

Abb. 6.7: Zusatzdruckverlustdiagramm für die Strähnenförderung und für Förderung über einer liegenden Strähne (Strähnenporosität $\varepsilon = 0{,}4$)

Die bisherigen Gleichungen wurden unter der Voraussetzung abgeleitet, daß eine Strähne am Rohrboden gleitet. Im folgenden soll der Druckverlust berechnet werden, der sich einstellt, wenn die Strähne in Ruhe bleibt und der Feststofftransport nur fliegend über der Strähne erfolgt.

Als Bedingung für Liegenbleiben der Strähne folgt aus der Gesamtbilanz für das Rohrelement der Länge ΔL durch Einsetzen von Gleichung (6.2) in Gleichung (6.3):

$$\Delta P_z F_o \le R \ .$$

Mit den Gleichungen (6.4) und (6.5) folgt damit für den dimensionslosen Zusatzdruckverlust die Bedingung:

$$\frac{\Delta P_z}{\rho_s \left(1 - \frac{\rho_f}{\rho_s}\right) (1-\varepsilon)\, g\, f_r\, \Delta L} \le (1-\phi) \ . \qquad (6.34)$$

Andererseits folgt aus Gleichung (6.8), daß der Antrieb der Strähne $S\frac{1}{\phi}$ kleiner als die Reibkraft R sein muß:

$$S\frac{1}{\phi} \le R \ . \qquad (6.35)$$

Da die Strähne sich nicht bewegen soll, muß für die Strähnengeschwindigkeit gelten:

$$w = 0 \ . \qquad (6.36)$$

Bei ruhender Strähne wird kein Feststoff in Form einer Strähne durch die Förderleitung transportiert:

$$\mu_{St} = 0 \ . \qquad (6.37)$$

Für die Beladung folgt damit aus Gleichung (6.26)

$$\mu = \mu_G \ . \qquad (6.38)$$

Mit den Bedingungen (6.36) und (6.37) ergibt sich aus Gleichung (6.27) für die an der liegenden Strähne angreifende Schubkraft:

$$S = K\, \mu_G\, \rho_f\, v^2\, D\, \Delta L\, \frac{\left[4\,\phi\,(1-\phi)\right]^{1/3}}{\phi^2} \ . \qquad (6.39)$$

Das Einsetzen der Gleichungen (6.4), (6.5) und (6.39) in die Ungleichung (6.35) liefert schließlich mit dem konstanten Strähnenantriebskoeffizienten $\lambda = K\,\mu_G$ die Bedingung für die Reibungskennzahl, wenn die Strähne in Ruhe bleiben soll:

$$\frac{v^2}{(1-\varepsilon)\frac{\rho_s}{\rho_f}\left(1-\frac{\rho_f}{\rho_s}\right) D\,g\,f_r} \equiv Fri^2 \leq \frac{1}{\lambda}\,\frac{\pi}{4}\,\frac{(1-\phi)\,\phi^3}{\left[4\,\phi\,(1-\phi)\right]^{1/3}} . \tag{6.40}$$

Mit den Beziehungen (6.34) und (6.40) wird im Druckverlustdiagramm der Bereich der liegenden Strähne vom Bereich der Strähnenförderung abgegrenzt, wobei vorausgesetzt wird, daß der Gleitreibungsbeiwert gleich dem Haftreibungsbeiwert ist. In Abb. 6.7 ist diese Grenzkurve als Kurve D eingezeichnet, für deren Berechnung, wie bei der Strähnenförderung, wieder $\lambda = 0{,}0826$ eingesetzt wurde. Im Bereich zwischen Ordinate und Kurve D liegt somit eine ruhende Strähne vor, über die fliegend Feststoff transportiert wird. Zwischen Kurve D und der Abszisse wird der Feststoff in Form der Strähnenförderung transportiert. Der Zusatzdruckverlust, der sich bei der Förderung über einer liegenden Strähne mit der Rohrquerschnittsbedeckung $(1-\phi)$ einstellt, folgt aus Gleichung (6.2) durch Einsetzen von Gleichung (6.39) bei Berücksichtigung der dimensionslosen Kennzahlen

$$Fri \quad \text{und} \quad \frac{\Delta P_z}{\rho_s\left(1-\frac{\rho_f}{\rho_s}\right)(1-\varepsilon)\,g\,f_r\,\Delta L}$$

zu

$$\frac{\Delta P_z}{\rho_s\left(1-\frac{\rho_f}{\rho_s}\right)(1-\varepsilon)\,g\,f_r\,\Delta L} = \lambda\,\frac{4}{\pi}\,\frac{\left[4\,\phi\,(1-\phi)\right]^{1/3}}{\phi^3}\,Fri^2 . \tag{6.41}$$

In Abb. 6.7 sind im Bereich der Förderung über einer liegenden Strähne zwischen der Ordinate und der Kurve D für verschiedene Rohrquerschnittsbedeckungen der liegenden Strähne die Zusatzdruckverlustkurven eingezeichnet. Für die Strähnenporosität wurde bei der Berechnung der Kurven wieder der Wert $\varepsilon = 0{,}4$ und für den Strähnenantriebskoeffizienten der Wert $\lambda = 0{,}0826$ eingesetzt.

Das Gleichungssystem (6.31) bis (6.33) für den Zusatzdruckverlust bei Strähnenförderung wurde für Gleichgewichtszustände am Rohrelement bei stationärem Förderzustand abgeleitet. Berechnete stationäre Bewegungszustände sind jedoch nur dann physikalisch realisierbar, wenn sie stabil gegen Störungen sind. Inwieweit die stationären Gleichgewichtszustände gegenüber Störungen stabil sind, kann deren Herleitung selbst nicht liefern. Es ist deshalb eine separate Stabilitätsbetrachtung der mit dem Gleichungssystem berechneten stationären Betriebspunkte durchzuführen, damit die Grenzen des Gültigkeitsbereichs dieses Gleichungssystems bestimmt werden können.

Die durch irgendwelche Ursachen bewirkten Betriebsstörungen haben eine Verringerung der Strähnengeschwindigkeit w und damit des Geschwindigkeitsverhältnisses $\frac{w}{v_G}$ zur Folge. Somit kann für jeden Betriebspunkt der Strähnenförderung dessen Stabilität anhand einer gedachten Verringerung des Geschwindigkeitsverhältnisses überprüft werden.

Bei kleineren Betriebsstörungen und im Idealfall harter Gebläsekennlinie (Drehkolbenkompressor) ist der erzeugte Luftvolumenstrom und damit bei vorgegebener Förderaufgabe auch die Reibungskennzahl konstant. Es wird deshalb die Auswirkung der Störung auf den durchgesetzten Feststoffmassenstrom im Vergleich zum permanent eingespeisten untersucht.

Ein mit dem Gleichungssystem (6.31) mit (6.33) berechneter Gleichgewichtszustand ist nur dann stabil, wenn bei konstanter Reibungskennzahl die Betriebsstörung momentan einen größeren stationären Feststoffmassenstrom als den eingespeisten zur Folge hat.

Für die Stabilitätsdiskussion lassen sich nach Abb. 6.7 drei charakteristische Kategorien möglicher Betriebspunkte unterscheiden:

Kategorie 1:

Dies sind Betriebspunkte, in denen die Kurve für $\frac{\rho_f}{\rho_s\,(1-\varepsilon)}\,\mu = \text{const}$ (Förderkennlinie) und jene für $\frac{w}{v_G} = \text{const}$ (Kennlinie des Strömungszustandes) eine positive Steigung im Druckverlustdiagramm besitzen (z.B. Punkt A in Abb. 6.7). Der für diese Art von Betriebspunkten charakteristische Verlauf der Förderkennlinie und der Kennlinie des Strömungszustandes ist in Abb. 6.8 für einen Betriebspunkt A schematisch dargestellt. Wird durch irgendeine Störung der Strähnenförderung das Geschwindigkeitsverhältnis $\left(\frac{w}{v_G}\right)_A$ des Betriebspunktes A bei konstanter Reibungskennzahl auf $\left(\frac{w}{v_G}\right)_{A1}$ verringert, so müßte sich der Betriebspunkt A1 einstellen. Da jedoch dieser Betriebszustand nur bei einem kleineren Volumenstromverhältnis $\left(\frac{\rho_f}{\rho_s\,(1-\varepsilon)}\,\mu\right)_{A1}$ als dem eingestellten $\left(\frac{\rho_f}{\rho_s\,(1-\varepsilon)}\,\mu\right)_A$ möglich wäre, würde weniger Feststoff als aufgegeben in der Förderleitung transportiert werden. Die Rohrleitung würde verstopfen. Betriebspunkte mit einem solchen Verhalten sind daher instabil. Eine Strähnenförderung ist in diesen Betriebspunkten nicht zu realisieren.

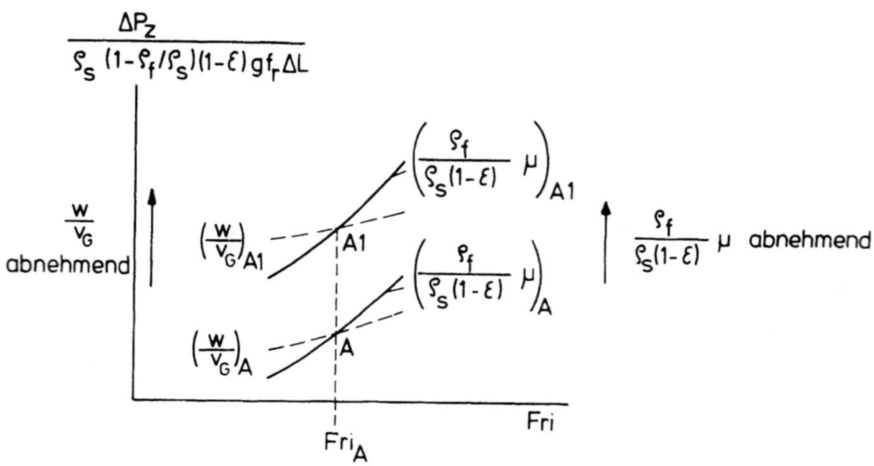

Abb. 6.8: Schematische Darstellung eines Betriebspunktes der Kategorie 1 im Zusatzdruckverlustdiagramm

Kategorie 2:

Dies sind Betriebspunkte, in denen die Förderkennlinie eine negative Steigung und die Kennlinie des Strömungszustandes eine positive Steigung im Zusatzdruckverlustdiagramm haben (z. B. Punkt B in Abb. 6.7). Als Beispiel für Betriebspunkte dieser Art sind in Abb. 6.9 für einen Betriebspunkt B die Kennlinien schematisch im Zusatzdruckverlustdiagramm dargestellt. Eine Störung im Betriebspunkt B (Fri_B = const, $\left(\frac{\rho_f}{\rho_s\,(1-\varepsilon)}\,\mu\right)_B$ = const) würde mit einer Verringerung des Geschwindigkeitsverhältnisses von $\left(\frac{w}{v_G}\right)_B$ nach $\left(\frac{w}{v_G}\right)_{B1}$ einhergehen. Da Fri_B konstant gehalten wird, müßte sich der Betriebspunkt B1 einstellen. Der Betriebspunkt B1 ist jedoch nur dann möglich, wenn momentan ein größeres Volumenstromverhältnis $\left(\frac{\rho_f}{\rho_s\,(1-\varepsilon)}\,\mu\right)_{B1}$ als im ursprünglichen Zustand gefördert würde. Dies hätte zur Folge, daß mehr Feststoff durch die Rohrleitung transportiert würde, als aufgegeben worden ist. Es würde sich somit wieder der Betriebspunkt B einstellen. Betriebspunkte mit dieser Charakteristik sind stabil und in einer Förderanlage einstellbar.

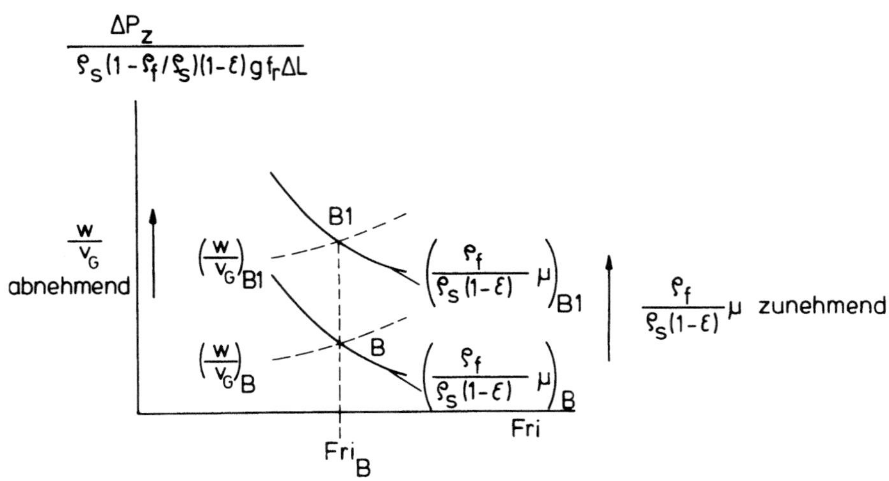

Abb. 6.9: Schematische Darstellung eines Betriebspunktes der Kategorie 2 im Zusatzdruckverlustdiagramm

Kategorie 3:

Dies sind Betriebspunkte, in denen die Förderkennlinie wie die Kennlinie des Strömungszustandes eine negative Steigung im Druckverlustdiagramm haben (z.B. Punkt C in Abb. 6.7). Für einen Betriebspunkt C ist dies in Abb. 6.10 schematisch dargestellt. Wenn die durch eine Betriebsstörung bewirkte Verkleinerung des Geschwindigkeitsverhältnisses von $\left(\frac{w}{v_G}\right)_C$ auf $\left(\frac{w}{v_G}\right)_{C1}$ - bei $Fri_C = \text{const}$ - einträte, hätte dies den Betriebspunkt C1 zur Folge. Das Volumenstromverhältnis würde somit von $\left(\frac{\rho_f}{\rho_s\,(1-\varepsilon)}\mu\right)_C$ auf $\left(\frac{\rho_f}{\rho_s\,(1-\varepsilon)}\,\mu\right)_{C1}$ abfallen. Das hätte - wie für Betriebspunkte der Kategorie 1 - zur Folge, daß momentan weniger Feststoff durch die Förderleitung transportiert würde, als permanent eingespeist wird. Die Förderung würde deshalb bei der geringsten Störung instabil. Betriebspunkte dieser Art sind für eine pneumatische Strähnenförderung also nicht einstellbar.

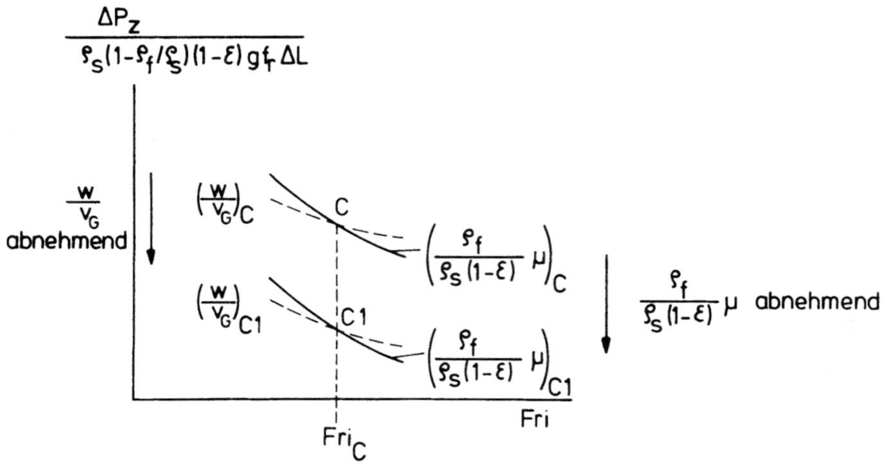

Abb. 6.10: Schematische Darstellung eines Betriebspunktes der Kategorie 3 im Zusatzdruckverlustdiagramm

Die Stabilitätsdiskussion für die einzelnen Kategorien von Betriebspunkten zeigt eindeutig, daß eine stabile pneumatische Strähnenförderung nur bei Betriebseinstellungen durchzuführen ist, bei denen die Förderkennlinie, d.h. die Kurve für $\left(\frac{\rho_f}{\rho_s\,(1-\varepsilon)}\right)\mu$ = const eine negative Steigung und die Kennlinie für den Strömungszustand, d.h. die Kurve für $\frac{w}{v_G}$ = const, eine positive Steigung haben. Dies ist für die Betriebspunkte der Kategorie 2 der Fall.

Im Druckverlustdiagramm kann deshalb die stabile Strähnenförderung durch zwei Grenzkurven begrenzt werden:

a) Für die Grenzkurve 1, die die Betriebspunkte der Kategorie 1 von denen der Kategorie 2 trennt, muß gelten:

$$\left[\frac{\partial \dfrac{\Delta P_z}{\rho_s\left(1-\dfrac{\rho_f}{\rho_s}\right)(1-\varepsilon)\, g\, fr\, \Delta L}}{\partial\, Fri}\right]_{\frac{\rho_f}{\rho_s\,(1-\varepsilon)}\mu} \overset{!}{=} \infty\,. \qquad (6.42)$$

b) Die Grenzkurve 2, die die Betriebspunkte der Kategorie 2 von denen der Kategorie 3 trennt, ist durch die Differentialgleichung

$$\left[\frac{\partial \dfrac{\Delta P_z}{\rho_s\left(1-\dfrac{\rho_f}{\rho_s}\right)(1-\varepsilon)\, g\, f_r\, \Delta L}}{\partial\, \mathrm{Fri}}\right]_{\frac{w}{v_G}} \overset{!}{=} \infty \tag{6.43}$$

charakterisiert.

Die Berechnung der beiden Grenzkurven aus den Forderungen (6.42) bzw. (6.43) erfolgt letzten Endes mit dem Zusatzdruckverlustgleichungssystem (6.31) mit (6.33) der Strähnenförderung. Aus Gleichung (6.42) erhält man somit für die Grenzkurve 1 die Bedingung:

$$\frac{w}{v_G} = \frac{1}{2}\,\frac{\dfrac{2}{5}\left[\dfrac{\rho_s\,(1-\varepsilon)}{\rho_f\,\mu}-\varepsilon\right]+1}{\dfrac{\rho_s(1-\varepsilon)}{\rho_f\,\mu}-\varepsilon}\left\{1 \pm \sqrt{1-\frac{32}{5}\,\frac{\dfrac{\rho_s\,(1-\varepsilon)}{\rho_f\,\mu}-\varepsilon}{\left\{\dfrac{2}{5}\left[\dfrac{\rho_s\,(1-\varepsilon)}{\rho_f\,\mu}-\varepsilon+1\right]\right\}^2}}\right\}. \tag{6.44}$$

Da der Ausdruck unter der Wurzel in Gleichung (6.44) nicht negativ werden darf, gilt für die Grenzkurve 1 die Zusatzbedingung:

$$\frac{\rho_f}{\rho_s\,(1-\varepsilon)}\,\mu \leq \frac{1}{2}\,\frac{140+8\,\varepsilon}{4\,\varepsilon^2+25+140\,\varepsilon}\left\{1 \overset{(+)}{-} \sqrt{1-16\,\frac{4\,\varepsilon^2+25+140\,\varepsilon}{(140+8\,\varepsilon)^2}}\right\}. \tag{6.45}$$

Die Grenzkurve 1 existiert somit nur für Volumenstromverhältnisse, welche die Ungleichung (6.45) erfüllen. Die Berechnung erfolgt nach folgendem Schema:

Bei konstanter Strähnenporosität ε errechnet man aus Gleichung (6.44) für ein die Ungleichung (6.45) erfüllendes Volumenstromverhältnis $\frac{\rho_f}{\rho_s\,(1-\varepsilon)}\mu$ das Geschwindigkeitsverhältnis $\frac{w}{v_G}$. Mit diesem $\frac{\rho_f}{\rho_s\,(1-\varepsilon)}\mu$, $\frac{w}{v_G}$-- Wertepaar berechnet man dann bei derselben Strähnenporosität aus den Gleichungen (6.31) mit (6.33) den dimensionslosen Zusatzdruckverlust und die Reibungskennzahl. In Abb. 6.11 ist die Grenzkurve 1 als Kurve E eingezeichnet. Aus Gleichung (6.43) erhält man mit dem Zusatzdruckverlustgleichungssystem (6.31), (6.32) und (6.33) für die Grenzkurve 2 die Bedingung:

$$\frac{w}{v_G} = \frac{8 - \varepsilon \dfrac{\rho_f}{\rho_s (1-\varepsilon)} \mu}{\left[3 \varepsilon \dfrac{\rho_f}{\rho_s (1-\varepsilon)} \mu + 2\right] \left[\dfrac{\rho_s (1-\varepsilon)}{\rho_f \mu} - \varepsilon\right]} . \qquad (6.46)$$

Da das Geschwindigkeitsverhältnis $\frac{w}{v_G}$ bei der Strähnenförderung maximal 1 werden kann, folgt aus Gleichung (6.46) die Zusatzbedingung für die Grenzkurve 2:

$$\frac{\rho_f \mu}{\rho_s (1-\varepsilon)} \leq \frac{\varepsilon - 8}{6 \varepsilon (1-\varepsilon)} \left\{ \pm \sqrt{1 - \frac{8 (1-\varepsilon)}{(\varepsilon - 8)^2} 3} - 1 \right\} . \qquad (6.47)$$

Bei Berücksichtigung des Gleichheitszeichens kann aus Gleichung (6.47) für die jeweilige Strähnenporosität das maximale Volumenstromverhältnis errechnet werden, das stabil als Strähne durch die Rohrleitung gefördert werden kann. Für $\varepsilon = 0{,}4$ ergibt sich:

$$\left(\frac{\rho_f}{\rho_s (1-\varepsilon)} \mu\right)_{max} = 0{,}27 .$$

Die Grenzkurve 2 ist damit folgendermaßen berechenbar: Für Volumenstromverhältnisse, die die Ungleichung (6.47) erfüllen, berechnet man aus Gleichung (6.46) bei konstanter Strähnenporosität die jeweiligen Geschwindigkeitsverhältnisse. Aus den Gleichungen (6.31), (6.32) und (6.33) erhält man dann für die $\frac{\rho_f}{\rho_s (1-\varepsilon)} \mu$, $\frac{w}{v_G}$ - Wertepaare den Zusammenhang zwischen dem dimensionslosen Zusatzdruckverlust und der Reibungskennzahl.

Diese Grenzkurve ist in Abb. 6.11 als Kurve F eingezeichnet.

Mit den Grenzkurven Typ 1 gemäß der Forderung (6.42) und Typ 2 gemäß der Forderung (6.43), die den Bereich der stabilen Strähnenförderung abgrenzen, der Kurve D [Ungleichungen (6.34) und (6.40)], die den Bereich der Förderung über einer liegenden Strähne begrenzt, dem Glei-

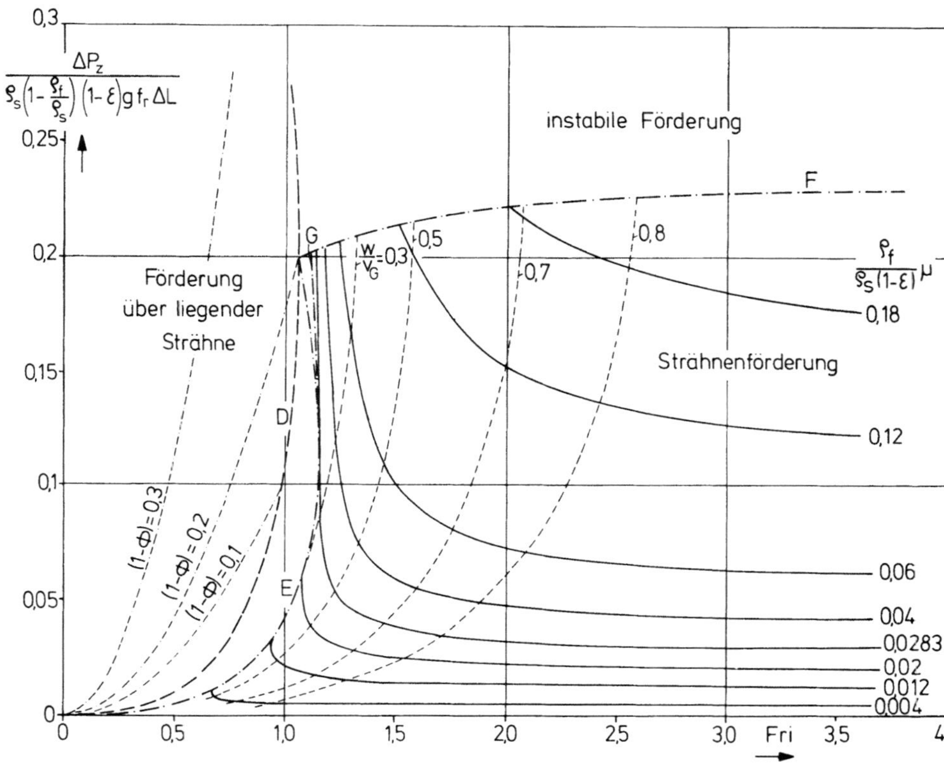

Abb. 6.11: Zustands- und Zusatzdruckverlustdiagramm der stabilen Strähnenförderung (Strähnenporosität $\varepsilon = 0,4$)

chungssystem für den Zusatzdruckverlust der Strähnenförderung (6.31), (6.32), (6.33) und der Zusatzdruckverlustgleichung für die Förderung über einer liegenden Strähne (6.41), ergibt sich insgesamt das Zustands- und Zusatzdruckverlustdiagramm der Strähnenförderung (Abb. 6.11).

Verfolgt man den Kurvenverlauf für ein kleines Volumenstromverhältnis z.B. $\frac{\rho_f}{\rho_s\,(1-\varepsilon)}\,\mu = 0,012$ von einer großen Reibungskennzahl zu einer kleinen, so wird bei Fri = 0,95 die Kurve E erreicht. Für diese kritische Reibungskennzahl sind dann zwei verschiedene Förderzustände möglich:

Förderzustand 1:

Es kann sich ein Betriebspunkt auf der Kurve E einstellen, bei dem in der Förderleitung Strähnenförderung vorliegt.

Förderzustand 2:

Es kann ein Betriebspunkt erhalten werden, der auf der Kurve D liegt, bei dem also Förderung über einer liegenden Strähne stattfindet.

Bei einer weiteren Verkleinerung der Reibungskennzahl ist nur noch eine Förderung über einer liegenden Strähne möglich. Beim Übergang der Strähnenförderung zur Förderung über einer liegenden Strähne findet somit ein durch die Kurven D und E begrenzter, plötzlicher Druckanstieg statt.

Bis zu welcher Rohrquerschnittsbedeckung der liegenden Strähne die Förderung über einer liegenden Strähne stabil bleibt, kann aus der vorgestellten Theorie nicht abgeleitet werden. Dieses Problem ist jedoch auch nicht mehr Ziel der vorliegenden Arbeit. Es ist aber anzunehmen, daß der Betrieb einer solchen Förderung sehr empfindlich gegenüber Störungen (z.B. durch ungleichmäßige Gutaufgabe) ist. Eine pneumatische Förderung im Bereich zwischen Ordinate und Kurve D ist deshalb nur begrenzt möglich und führt leicht zur Pfropfenförderung oder zur Verstopfung der Anlage. Die maximale Reibungskennzahl, bei der noch eine Förderung über einer liegenden Strähne möglich ist, erhält man aus den Beziehungen (6.40) und (6.34) zu $Fri = 1{,}06$. Damit ergibt sich aus Abb. 6.11, daß nur für Volumenstromverhältnisse $\frac{\rho_f}{\rho_s\,(1-\varepsilon)}\,\mu \le 0{,}019$ ein Übergang von der stabilen Strähnenförderung zur Förderung über einer liegenden Strähne möglich wird.

Bei Verkleinerung der Reibungskennzahl, bei konstantem Volumenstromverhältnis, unter die von der Kurve E vorgegebene kritische Reibungskennzahl, wird für Volumenstromverhältnisse

$$0{,}019 < \frac{\rho_f}{\rho_s\,(1-\varepsilon)}\,\mu \le 0{,}025$$

die Strähnenförderung instabil.

Für Volumenstromverhältnisse $0{,}025 < \frac{\rho_f}{\rho_s\,(1-\varepsilon)}\,\mu < 0{,}0283$ sind bei der durch die Kurve E festgelegten kritischen Reibungskennzahl wieder zwei stabile Förderzustände möglich. Einerseits kann eine stabile Strähnenförderung bei kleiner Rohrquerschnittsbedeckung der Strähne und einem Zusatzdruckverlust, der durch die Kurve E bestimmt ist, erfolgen. Andererseits ist eine stabile Strähnenförderung bei einer größeren Rohrquerschnittsbedeckung der Strähne und einem Zusatzdruckverlust entsprechend der Kurve G möglich (Abb. 6.11).

Der durch die Kurven E, F und G begrenzte kleine Förderbereich (Abb. 6.11) wird nur mit einer bestimmten Anfahrweise erreicht. Ein Betriebspunkt in diesem Förderbereich ist nicht durch Verringern der Reibungskennzahl bei gleichzeitigem Konstanthalten des Volumenstromverhältnisses anzufahren. Die einzige Möglichkeit, einen solchen Betriebspunkt zu erreichen, besteht darin, daß von einem großen Volumenstromverhältnis und einer großen Reibungskennzahl ausgehend bei konstantem Zusatzdruckverlust Reibungskennzahl und Volumenstromverhältnis simultan verringert werden. Diese Betriebspunkte sind energetisch jedoch äußerst ungünstig und für die Praxis somit uninteressant. Hinzu kommt, daß eine kleine Änderung der Reibungskennzahl diese Betriebspunkte bereits instabil werden läßt.

Wird für eine pneumatische Strähnenförderung ein Betriebspunkt bei einem großen Volumenstromverhältnis, z.B. $\frac{\rho_f}{\rho_s\,(1-\varepsilon)}\,\mu = 0{,}18$, und einer großen Reibungskennzahl, z.B. Fri = 3,0, gewählt, so erkennt man, daß beim Verringern der Reibungskennzahl bei gleichzeitigem Konstanthalten des Volumenstromverhältnisses der Betriebspunkt auf der Kurve $\frac{\rho_f}{\rho_s\,(1-\varepsilon)}\,\mu = 0{,}18$ nach links verschoben wird (Abb. 6.11). Bei Fri = 2,0 wird bei diesem Volumenstromverhältnis die Grenzkurve F erreicht und die stabile Strähnenförderung wird bei weiterer Verringerung der Reibungskennzahl instabil. Im Bereich der instabilen Förderung ist jedoch durchaus noch eine Förderung mit einem instationären Förderzustand (z.B. Pfropfenförderung) möglich.

Damit folgt insgesamt, daß für Volumenstromverhältnisse

$$\frac{\rho_f}{\rho_s\,(1-\varepsilon)}\,\mu > 0{,}019$$

bei Unterschreiten der ermittelten Grenzwerte die stabile Strähnenförderung stets instabil wird.

Das Geschwindigkeitsverhältnis $\frac{w}{v_G}$ in der Nähe der Grenzkurve E bewegt sich zwischen $\frac{w}{v_G} = 0{,}4$ und $\frac{w}{v_G} = 0{,}3$.

Eine stabile Strähnenförderung ist nur bis zu einer relativen Rohrquerschnittsbedeckung der Strähne von maximal 20 % möglich. Dies ist, wie aus der Berechnung der Grenzkurve für die liegende Strähne folgt, auf das Zusammenwirken der Schubspannung τ, der Strähnenbreite s und der relativen Rohrquerschnittsbedeckung der Strähne $(1 - \phi)$ zurückzuführen. Danach wird bei konstanter Reibungskennzahl und kleinen Werten von $(1 - \phi)$ mit zunehmender Rohrquerschnittsbedeckung der Strähne der Strähnenantrieb von der Vergrößerung der Strähnenbreite s bestimmt. Bei größeren $(1 - \phi)$-Werten wird dagegen der Antrieb von der Geschwindigkeitserhöhung aufgrund der Zunahme der Rohrquerschnittsbedeckung der Strähne bestimmt. Bei einer Rohrquerschnittsbedeckung von 20 % ist das Zusammenwirken von Schubspannung und Strähnenbreite am ungünstigsten.

4. Die Stopfgrenze der pneumatischen Förderung

Anhand von Abb. 6.11 kann die Stopfgrenze der pneumatischen Förderung definiert werden: als Stopfgrenze werden alle Betriebspunkte bezeichnet, bei denen die Strähnenförderung bei einer Verkleinerung der Reibungskennzahl bei konstantem Volumenstromverhältnis instabil wird oder in die Förderung über einer liegenden Strähne übergeht. Dies ist für all jene Betriebspunkte, die für Volumenstromverhältnisse

$$0 \leq \frac{\rho_f}{\rho_s\,(1-\varepsilon)}\,\mu \leq 0{,}025$$

auf der Kurve E und für Volumenstromverhältnisse

$$\frac{\rho_f}{\rho_s\,(1-\varepsilon)}\,\mu > 0{,}025$$

auf der Kurve F liegen, der Fall. Trägt man für diese Punkte das Volumenstromverhältnis über der Reibungskennzahl auf, so erhält man das Diagramm für die Stopfgrenze der pneumatischen Förderung (Abb. 6.12). Neben der Stopfgrenze für eine locker geschüttete Strähne ($\varepsilon = 0{,}8$) ist in Abb. 6.12 die Stopfgrenze für eine hohlraumfreie Strähne ($\varepsilon = 0$), in der keine Luft mittransportiert wird, eingezeichnet. Die beiden Kurvenverläufe unterscheiden sich trotz des großen Porositätsunterschiedes nur unwesentlich. Im Diagramm Abb. 6.12 ist nur der Bereich bis $Fri \leq 1{,}25$ wiedergegeben.

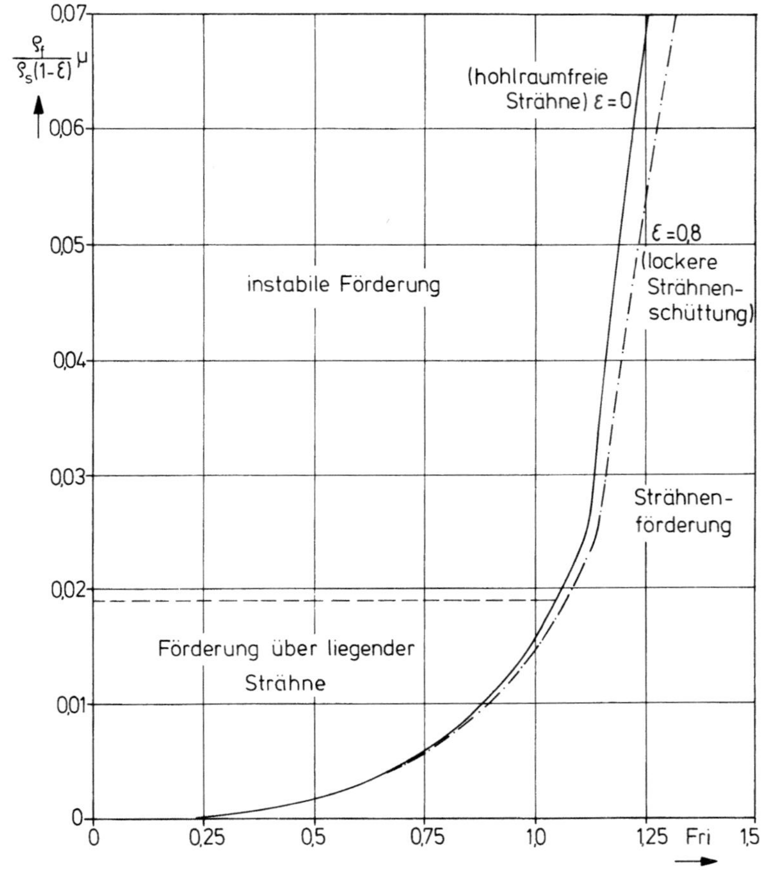

Abb. 6.12: Stopfgrenze der pneumatischen Förderung bei kleinen Reibungskennzahlen

Die stabilen Betriebspunkte der pneumatischen Strähnenförderung liegen im Bereich zwischen Stopfgrenze und Abszisse.

In einer Förderanlage, deren Betriebspunkt im Bereich zwischen Ordinate und der Stopfgrenze liegt, findet für Volumenstromverhältnisse

$$\frac{\rho_f}{\rho_s\,(1-\varepsilon)}\,\mu \le 0{,}019$$

eine Förderung über liegender Strähne, für Volumenverhältnisse

$$\frac{\rho_f}{\rho_s\,(1-\varepsilon)}\,\mu > 0{,}019$$

eine instabile Förderung statt.

Im Bereich der instabilen Förderung ist jedoch noch durchaus eine pneumatische Förderung bei einem instationären Förderzustand möglich. Eine Abhängigkeit der aus dem Zusatzdruckverlustgleichungssystem (6.31) mit (6.33) abgeleiteten Stopfgrenze von der Partikelgröße oder der Partikelsinkgeschwindigkeit ist, ebenso wie beim Zusatzdruckverlust der Strähnenförderung, nicht gegeben.

Aus der doppeltlogarithmischen Auftragung der Stopfgrenze (Abb. 6.13) erhält man eine gute Näherungsgleichung für die Stopfgrenze:

$$\frac{\rho_f}{\rho_s\,(1-\varepsilon)}\,\mu = 0{,}018\ Fri^4 .$$

Für große Reibungskennzahlen strebt die Stopfgrenze zum maximalen als Strähne transportierbaren Volumenstromverhältnis. Dieses maximale Volumenstromverhältnis ist nach Gleichung (6.46) für $\varepsilon = 0{,}4$:

$$\left(\frac{\rho_f}{\rho_s\,(1-\varepsilon)}\,\mu\right)_{max} = 0{,}27 .$$

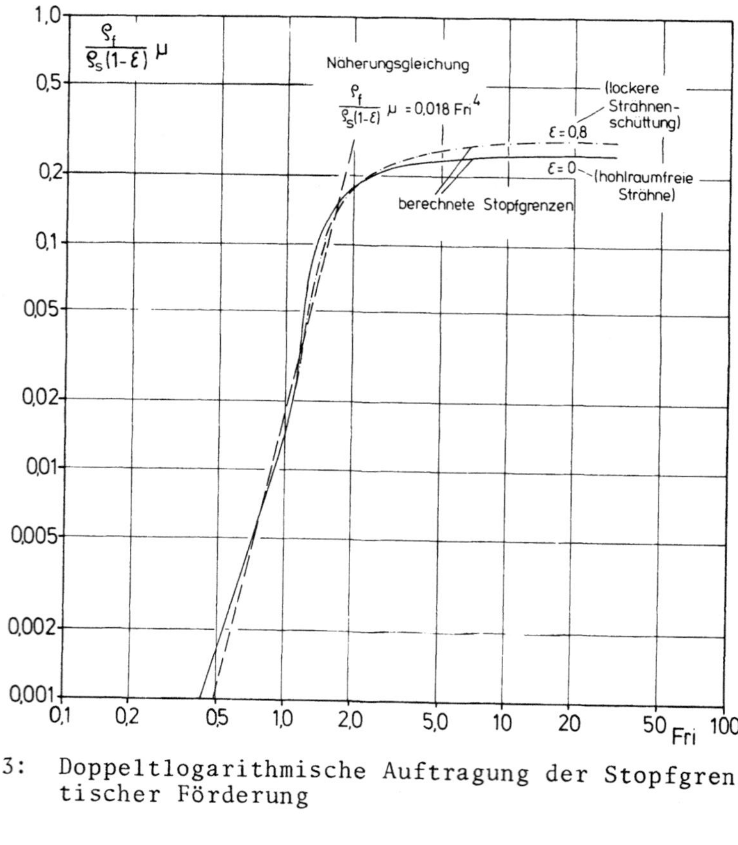

Abb. 6.13: Doppeltlogarithmische Auftragung der Stopfgrenze bei pneumatischer Förderung

Die Grenzkurven, aus denen sich die Stopfgrenze ableitet, wurden durch Stabilitätsbetrachtungen bei kleinen Betriebsstörungen gewonnen. Grössere Störungen können auftreten, wenn der Haftreibungswert merklich größer als der Gleitreibungswert ist, und sich dadurch Feststoff am Rohrboden absetzen kann. Dieses Absetzen kann nur im Bereich der Strähnenförderung für Volumenstromverhältnisse

$$\frac{\rho_f}{\rho_s\,(1-\varepsilon)}\,\mu \leq 0{,}019$$

stattfinden, da für diese Volumenstromverhältnisse die Strähnenförderung in die Förderung über einer liegenden Strähne übergeht. Lagert sich nun in diesem Bereich der Strähnenförderung zufällig Feststoff ab, so ist, bei sonst gleichen Bedingungen, in die Reibungskennzahl der größere Haftreibungsbeiwert einzusetzen. Liegt der neue Betriebspunkt links von der für kleine Betriebsstörungen abgeleiteten Stopfgrenze (Abb. 6.11), so bleibt eine Strähne am Rohrboden liegen.
Ist z.B. der Haftreibungsbeiwert doppelt so groß wie der Gleitreibungsbeiwert, so wird die für kleine Betriebsstörungen abgeleitete Stopfgrenze für Volumenstromverhältnisse

$$\frac{\rho_f}{\rho_s\,(1-\varepsilon)}\,\mu \leq 0{,}019$$

zu um 40 % größere Reibungskennzahlen verschoben (Abb. 6.14).

Dies hat zur Folge, daß bei unterschiedlichen Haft- und Gleitreibungsbeiwerten für Volumenstromverhältnisse

$$\frac{\rho_f}{\rho_s\,(1-\varepsilon)}\,\mu \leq 0{,}019$$

der Einfluß der Haftreibung auf die Stopfgrenze zu berücksichtigen ist.

Bei konstanter Strähnenporosität bestimmen allein das Volumenstromverhältnis und die Reibungskennzahl die Stopfgrenze. Damit kann der für das Stopfen kritische Punkt in der Förderleitung aufgespürt werden.

In einer Förderleitung wird bei konstanter Betriebseinstellung generell ein konstanter Gas- und Feststoffmassenstrom transportiert. Damit ergibt sich bei konstantem Rohrdurchmesser aus dem Volumenstromverhältnis:

$$\frac{\rho_f}{\rho_s\,(1-\varepsilon)}\,\mu = K_1\,\rho_f$$

und aus der Reibungskennzahl

$$Fri = K_2\frac{1}{\sqrt{\rho_f}}\ .$$

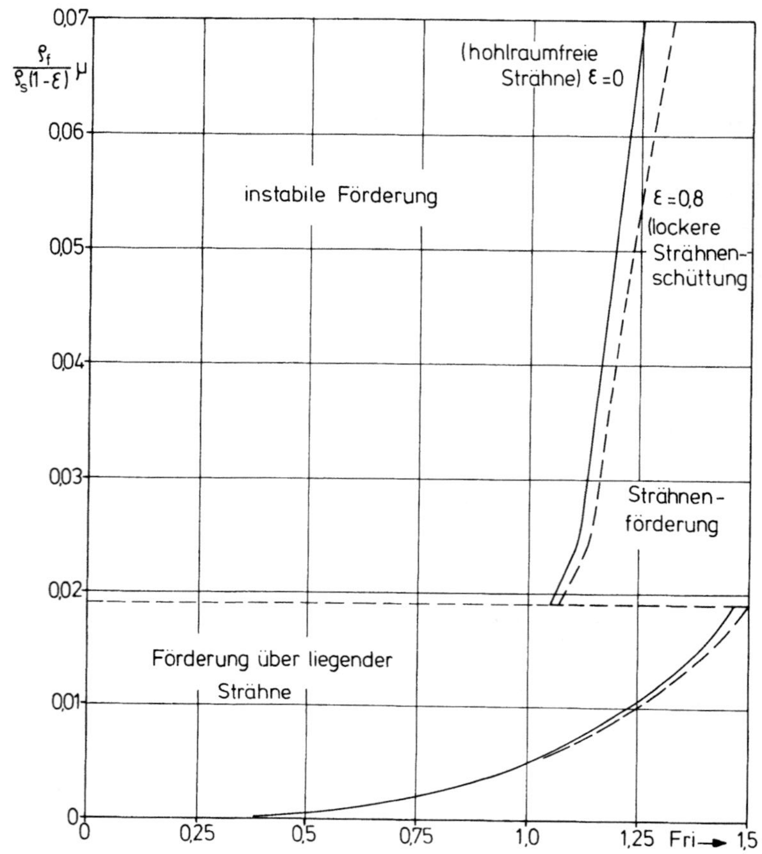

Abb. 6.14: Stopfgrenze der pneumatischen Förderung unter Berücksichtigung des Haftreibungseinflusses

Die die Stopfgrenze bestimmenden Größen sind somit nur von der Gasdichte abhängig. In einer Förderanlage ist unmittelbar nach der Guteinspeisung der größte Absolutdruck und damit die größte Gasdichte vorhanden. An dieser Stelle liegen somit bei einer horizontalen Förderstrecke das größte Volumenstromverhältnis und die kleinste Reibungskennzahl vor. Unmittelbar nach der Guteinspeisung wird deshalb jede pneumatische Förderung z u e r s t instabil werden. An dieser Stelle muß somit bezüglich der Stopfgrenze eine horizontale Förderstrecke ausgelegt werden. Da die Messungen für die Bestimmung der Stopfgrenze immer erst einige Meter nach der Guteinspeisung vorgenommen werden, kann die Stopfgrenze auf diese Weise experimentell nicht genau bestimmt werden.

5. Vergleich zwischen gemessenen/berechneten Zusatzdruckverlusten und zwischen gemessener/berechneter Stopfgrenze

Um das Zustands- und Zusatzdruckverlustdiagramm der Strähnenförderung berechnen zu können, benötigt man den Strähnenantriebskoeffizienten λ, der, wie aus Abschnitt 3 ersichtlich, nur experimentell bestimmt werden kann.

Die Definition der theoretischen und experimentell bestimmten Stopfgrenze ist gleich, somit kann durch deren Vergleich der Strähnenantriebskoeffizient ermittelt werden. Da er für alle Feststoffe gleich sein soll, kann er aus der Stopfgrenze eines Versuchsgutes bestimmt werden. Die größte Variation des Volumenstromverhältnisses wurde bei den eigenen Messungen für Polystyrol bei 0,2 bar Überdruck in der Förderleitung durchgeführt, und die Stopfgrenze dieses Fördergutes deshalb für die λ-Bestimmung herangezogen. In Abb. 6.15 ist, da Haft- und Gleitreibungsbeiwert für Polystyrol gleichgroß sind, die für kleine Betriebsstörungen abgeleitete theoretische Stopfgrenze als dicke Kurve für $\varepsilon =$ $= 0,4$ eingezeichnet.

Die gemessene Stopfgrenze wird durch die berechnete optimal wiedergegeben, wenn $\lambda = 0,0826$ gesetzt wird. Dieser so ermittelte Strähnenantriebskoeffizient wurde bei allen Berechnungen, insbesondere bei der Aufstellung des Diagramms Abb. 6.11 verwendet.

Die gemessenen Zusatzdruckverluste werden im folgenden mit den theoretischen, mit den Gleichungen (6.31), (6.32) und (6.33) berechneten Zusatzdruckverlusten verglichen. Für den Vergleich wird dabei nur jener Teil der gemessenen Zusatzdruckverlustkurven herangezogen, bei dem Strähnen- und Flugförderung vorlag.

Da an der eigenen Förderanlage zweckmäßigerweise lediglich der Feststoffmassenstrom bei Variation der Förderluftgeschwindigkeit konstant gehalten wurde, nicht jedoch das Volumenstromverhältnis, werden die gemessenen und berechneten Zusatzdruckverluste bei konstanten Feststoffmassenströmen verglichen.

Der Haftreibungsbeiwert bei Weizen ist um 70 % größer als der Gleitreibungsbeiwert. Der Einfluß der Haftreibung auf die Stopfgrenze muß deshalb für Volumenstromverhältnisse

$$\frac{\rho_f}{\rho_s\,(1-\varepsilon)}\,\mu \leq 0{,}019$$

berücksichtigt werden (siehe Abschnitt 3). Dadurch verschiebt sich für diese Volumenstromverhältnisse die für kleine Betriebsstörungen abgeleitete Stopfgrenze zu um 30 % größeren Reibungskennzahlen. In Abb. 6.16 begrenzt die gestrichelte Kurve das Gebiet der stabilen Strähnenförderung.

Die gemessenen Zusatzdruckverluste für Weizen stimmen vor allem in unmittelbarer Nähe der Stopfgrenze gut mit den berechneten überein. Bei größeren Reibungskennzahlen liegen die gemessenen Zusatzdruckverluste im Vergleich zu den dick eingezeichneten berechneten Zusatzdruckverlusten bei zu großen Werten. Dies ist auf den Einfluß der Partikel-Partikel- und Partikel-Wand-Stöße der über die Strähne fliegenden Partikel zurückzuführen. Er wird bei der Berechnung des Zusatzdruckverlustes der Strähnenförderung außer acht gelassen.

Die gemessenen und berechneten Zusatzdruckverluste für Polystyrol bei 1 bar Überdruck in der Förderleitung stimmen gut überein (Abb. 6.16). Da für Polystyrol Haft- und Gleitreibungsbeiwert gleichgroß sind, ist die für kleine Betriebsstörungen abgeleitete Stopfgrenze gestrichelt in das Zusatzdruckverlustdiagramm eingezeichnet.

Für Volumenstromverhältnisse

$$\frac{\rho_f}{\rho_s\,(1-\varepsilon)}\,\mu \leq 0{,}019$$

konnte generell für alle untersuchten Fördergüter ein sprunghaftes

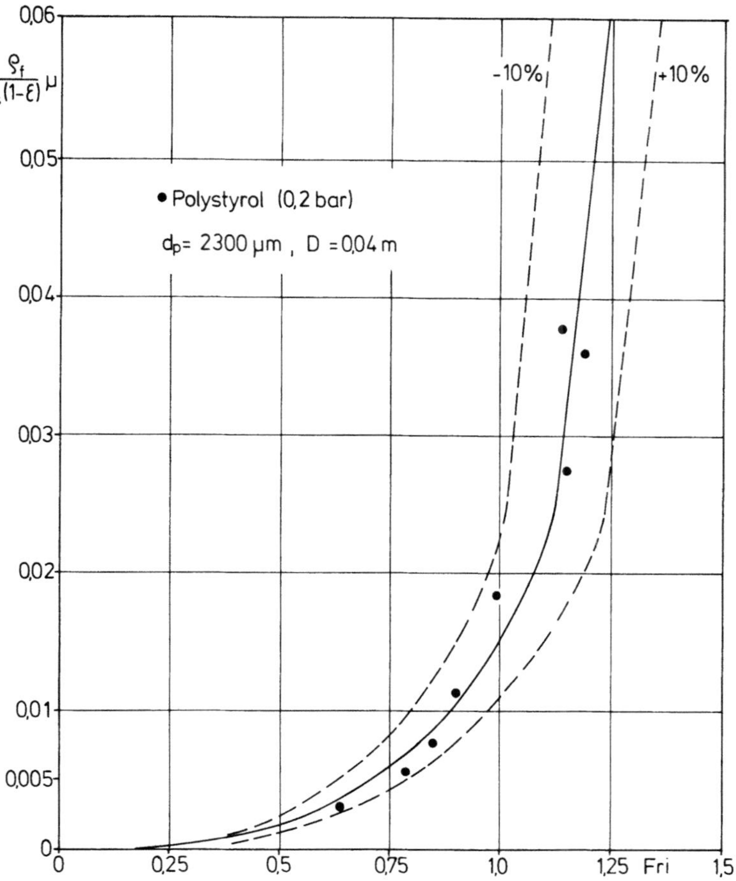

Abb. 6.15: Bestimmung des Strähnenantriebskoeffizienten aus dem Vergleich der gemessenen und berechneten Stopfgrenze für Polystyrol bei 0,2 bar Überdruck in der Glasrohrleitung

Ansteigen des Zusatzdruckverlustes beim Übergang von der stabilen Strähnenförderung zur Förderung über einer liegenden Strähne gemessen werden. Diese Meßergebnisse stehen im Einklang mit den theoretischen Betrachtungen in Abschnitt 3.

In Abschnitt 3 wurde gezeigt, daß der Einfluß der Porosität auf den Verlauf der Stopfgrenze gering ist. Die Stopfgrenze wird deshalb mit einer mittleren Porosität von $\varepsilon = 0{,}4$ berechnet.

Beim Weizen ist der Haftreibungsbeiwert größer als der Gleitreibungsbeiwert. Deshalb muß für dieses Versuchsgut der Einfluß der Haftreibung auf die Stopfgrenze berücksichtigt werden. Da der Haftreibungs-

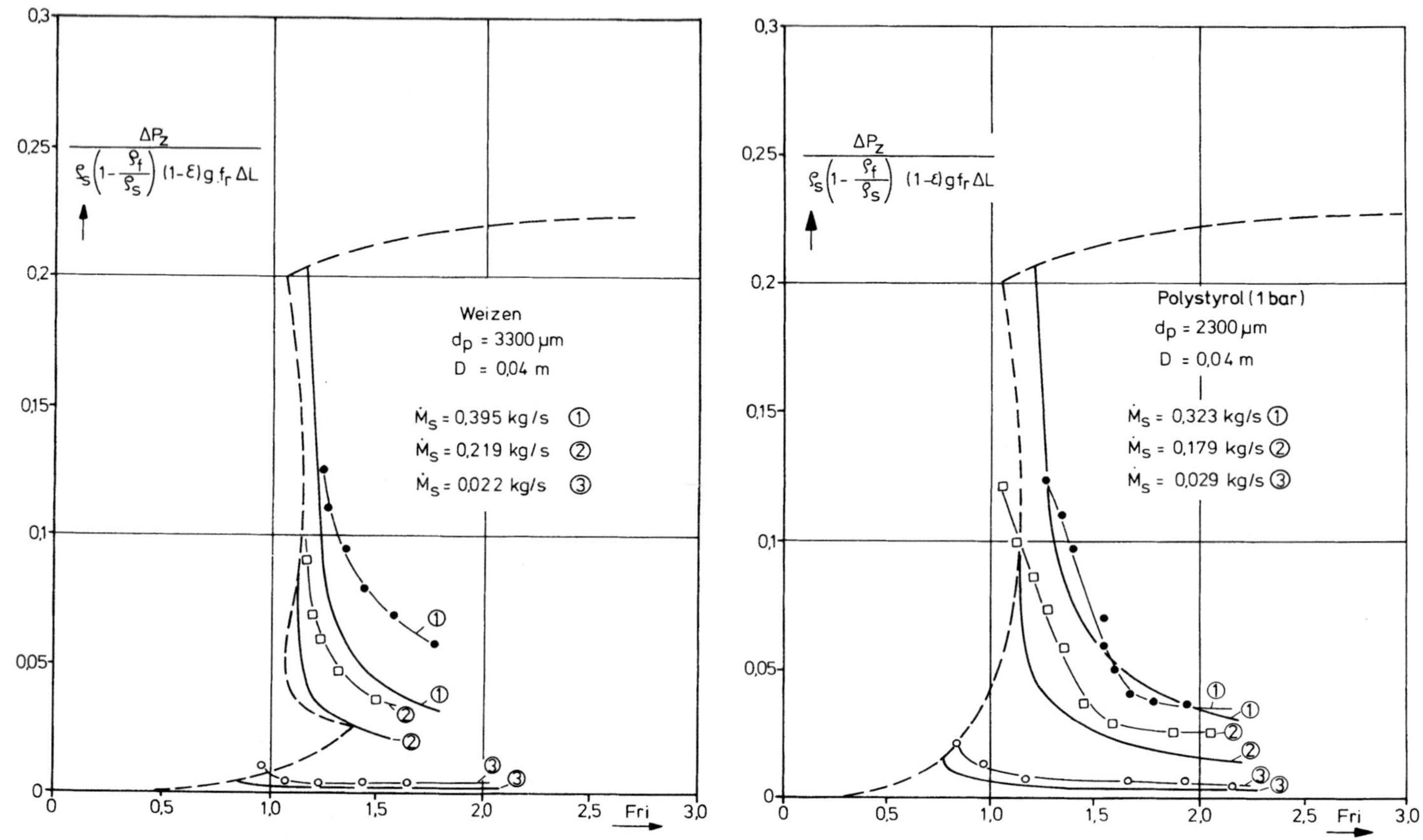

Abb. 6.16: Gemessener und berechneter Zusatzdruckverlust für Weizen und Polystyrol im Glasrohr mit D = 0,04. (Bei Polystyrol 1 bar Überdruck in der Förderleitung)

beiwert für Weizen um 70 % größer als der Gleitreibungsbeiwert ist, wird die für kleine Betriebsstörungen abgeleitete Stopfgrenze für Volumenstromverhältnisse

$$\frac{\rho_f}{\rho_s\,(1-\varepsilon)}\ \mu \le 0{,}019$$

zu um 30 % größeren Reibungskennzahlen verschoben. In Abb. 6.17 ist diese theoretisch bestimmte Stopfgrenze als dicke Kurve eingezeichnet.

Bei allen anderen verwendeten Versuchsgütern waren der Haft- und Gleitreibungsbeiwert gleich groß. In Abb. 6.18 sind für diese Fördergüter

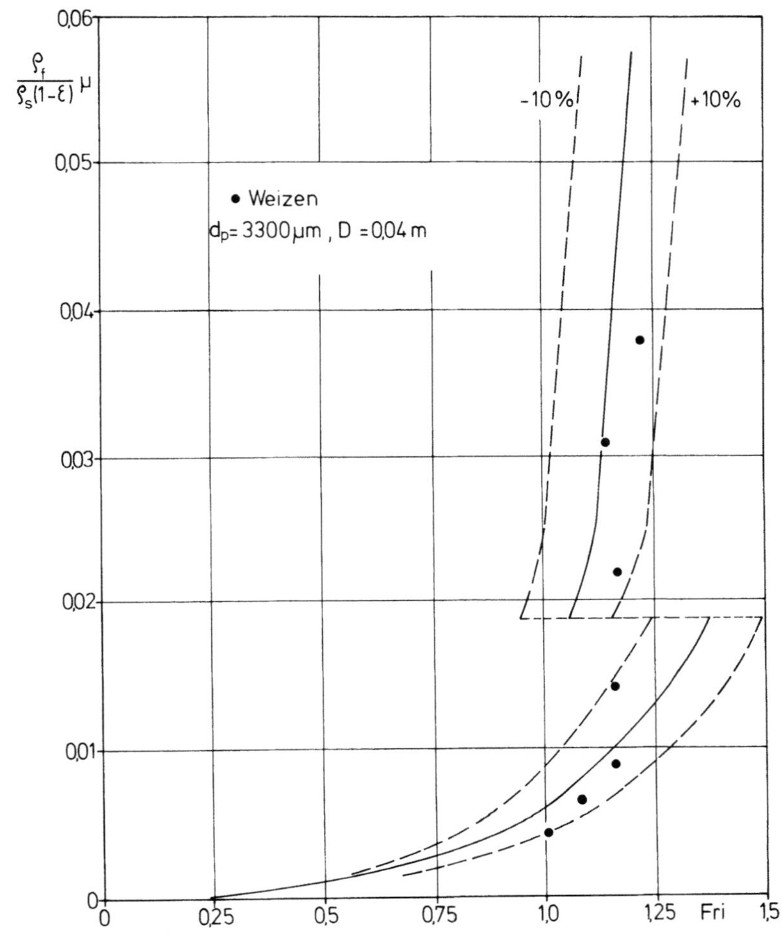

Abb. 6.17: Gemessene Stopfgrenze für Weizen im Vergleich zur berechneten, bei Berücksichtigung des Haftreibungseinflusses

- mit Ausnahme der Messungen für Polystyrol bei 0,2 bar Überdruck in der Förderleitung, aus denen der λ-Wert bestimmt wurde - deshalb die gemessenen Stopfgrenzpunkte mit der für kleine Betriebsstörungen abgeleiteten dick eingezeichneten Stopfgrenze verglichen. Da die Bestimmung der Gleitreibungsbeiwerte mit einem Fehler von ± 10 % behaftet ist, kann von einer guten Übereinstimmung zwischen der gemessenen Stopfgrenze, bei der der Partikeldurchmesser um den Faktor 36, die Feststoffdichte um den Faktor 2,6, die Fluiddichte um den Faktor 1,67 und der Rohrdurchmesser um den Faktor 4 geändert wurden, und der berechneten Stopfgrenze gesprochen werden.

Die in der Literatur wiedergegebenen Stopfgrenzen sind häufig ungenau definiert. Zudem fehlt vielfach eine Angabe über den Gleitreibungsbeiwert. Es können deshalb nur die Messungen von Ochi/Ikemori [9] und Welschof [10] mit der berechneten Stopfgrenze verglichen werden. Während sich die Stopfgrenzdefinition dieser Arbeit mit der von Ochi/Ikemori verwendeten deckt, kann aus den Druckverlustmessungen von Welschof an Weizen die Stopfgrenze entnommen werden.

Die Messungen von Ochi/Ikemori an einer Förderleitung mit $D = 0{,}05$ m und jene von Welschof an einer Förderleitung mit $D = 0{,}06$ m werden, wie Abb. 6.19 zeigt, von der für kleine Betriebsstörungen theoretisch abgeleiteten und mit $\varepsilon = 0{,}4$ berechneten dick eingezeichneten Stopfgrenze gut wiedergegeben.

Da keine Angaben über Haftreibungsbeiwerte vorliegen, kann in Abb. 6.19 der Einfluß der Haftreibung auf die berechnete Stopfgrenze für Volumenstromverhältnisse $\frac{\rho_f}{\rho_s\,(1-\varepsilon)}\,\mu \leq 0{,}019$ quantitativ nicht berücksichtigt werden.

Neben den Stopfversuchen bei der pneumatischen Förderung wurden in einer hydraulischen Förderanlage [11] mit einem Förderrohrdurchmesser von $D = 0{,}05$ m Stopfversuche mit Quarzsand $d_p = 2{,}3$ mm durchgeführt.

Da grober Quarzsand verwendet wurde, ist auch hier die Modellvoraussetzung erfüllt, daß der Feststoffmassenstrom über der gleitenden Strähne im Vergleich zum Feststoffmassenstrom in der Strähne vernachlässigt werden kann.

Der Gleitreibungsbeiwert wurde wie bei der pneumatischen Förderung be-

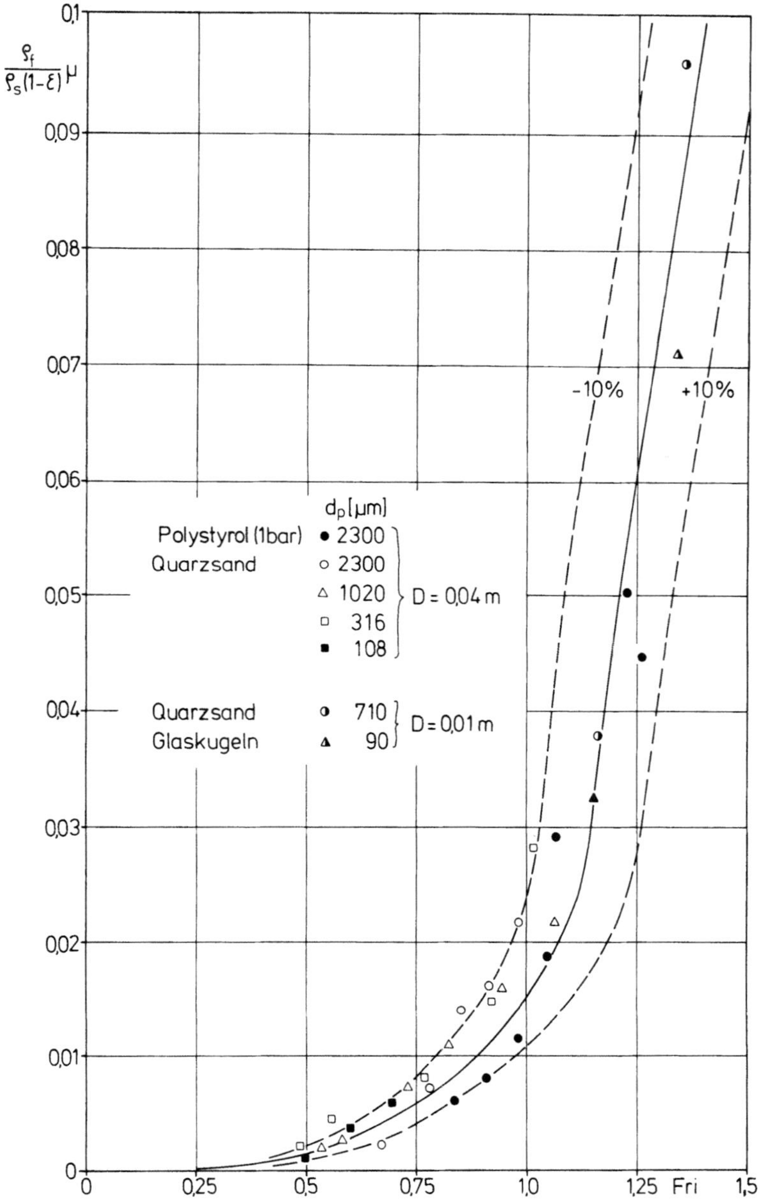

Abb. 6.18: Gemessene Stopfgrenze im Vergleich zur berechneten. (Bei Polystyrol 1 bar Überdruck in der Förderleitung)

stimmt, wobei das mit Quarzsand beklebte Messingrohr auf einem dünnen Wasserfilm glitt. Es ergab sich ein Gleitreibungsbeiwert von $f_r = 0{,}65$. Der Haftreibungsbeiwert war nur geringfügig größer.

Die Stopfgrenze wurde visuell über das Auftreten von Ablagerungen und Ballen bestimmt. Trotz dieser ungenauen Stopfgrenzbestimmung kann von

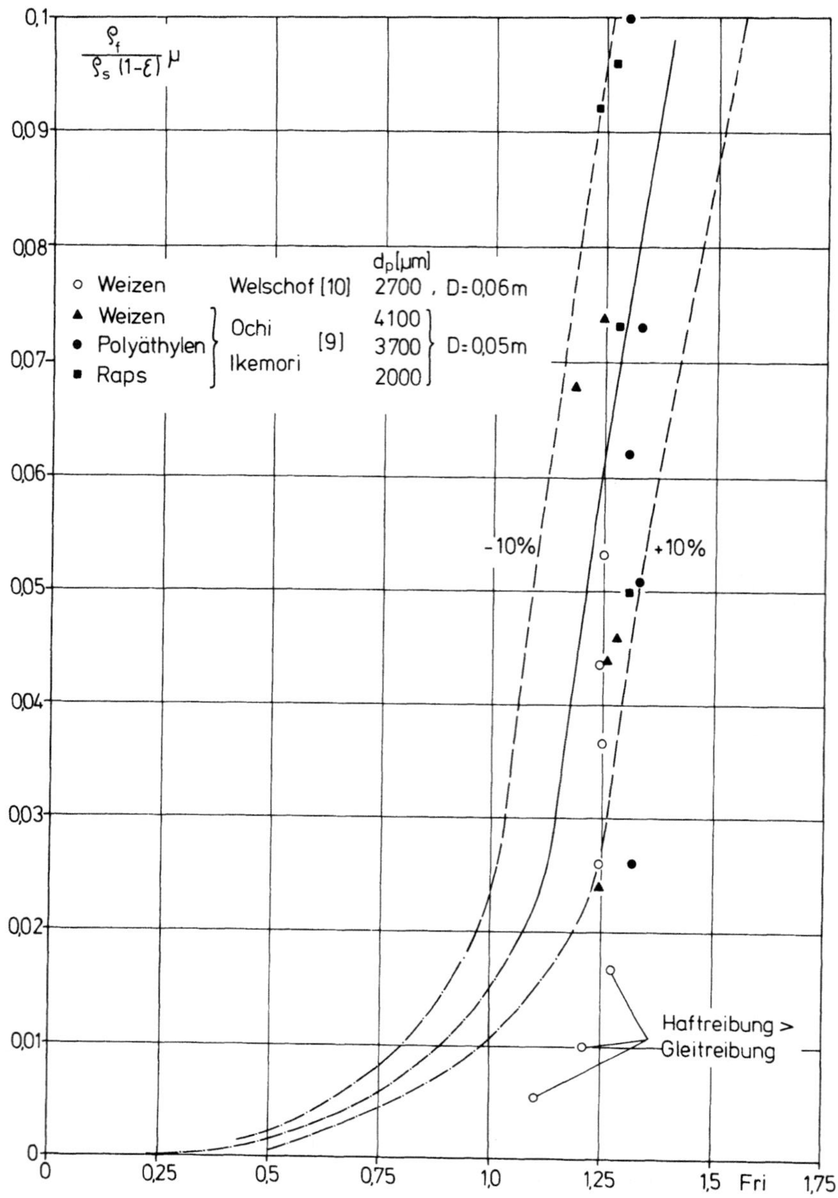

Abb. 6.19: Vergleich: berechnete Stopfgrenze - Literaturwerte

einer guten Übereinstimmung zwischen der gemessenen und der mit $\varepsilon = 0,4$ berechneten Stopfgrenze gesprochen werden (Abb. 6.20).

Aus dem Vergleich zwischen Theorie und eigenen wie fremden Messungen lassen sich folgende Aussagen gewinnen:

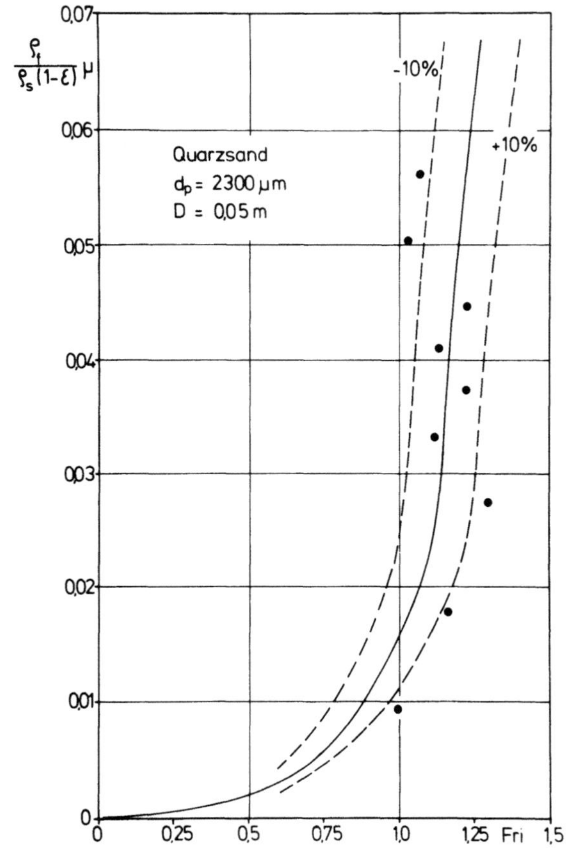

Abb. 6.20: Vergleich zwischen berechneter und gemessener Stopfgrenze bei der hydraulischen Förderung von Quarzsand d_p = 2300 µm.

Die aus den Stabilitätsbetrachtungen abgeleitete Stopfgrenze gibt den Übergang zwischen stabiler und instabiler Strähnenförderung wieder. Aus einem Vergleich der gemessenen und berechneten Stopfgrenze für Polystyrol konnte der Strähnenantriebskoeffizient allgemein gültig bestimmt werden. Die gemessenen Stopfgrenzen, bei denen die Fluiddichte um den Faktor 1000, die Feststoffdichte um den Faktor 2,6, der Rohrdurchmesser um den Faktor 5 und der Partikeldurchmesser um den Faktor 36 geändert wurden, werden durch die berechnete Stopfgrenze gut wiedergegeben. Die berücksichtigten Literaturwerte bestätigen weitgehend die eigenen Messungen. Unterscheiden sich Gleit- und Haftreibungsbeiwert um mehr als 10 %, muß bei kleinen Volumenstromverhältnissen der Einfluß der Haftreibung auf die Stopfgrenze berücksichtigt werden.

6. Druckverlustvorausberechnung im Bereich der Flugförderung

Im voranstehenden Abschnitt sind in Abb. 6.16 für den Bereich der Strähnenförderung für die Fördergüter Weizen bzw. Polystyrolzylinder theoretisch vorhergesagte und gemessene Verläufe des Zusatzdruckverlustes für drei verschiedene Feststoffmassenströme $\dot{M}_S$ miteinander verglichen. Die mit abnehmender Fördergasgeschwindigkeit steil ansteigenden Druckverlustverläufe werden recht gut wiedergegeben. Ebenso stimmen die am weitesten links gelegenen Meßpunkte, die jeweils die gemessene Mindestgeschwindigkeit der stabilen Strähnenförderung festlegen, recht gut mit den theoretisch vorhergesagten Grenzwerten überein.

Zu höheren Fördergasgeschwindigkeiten hin ist die Vorhersage des Zusatzdruckverlustes mehr oder weniger zuverlässig bis zu Zahlenwerten der Reibungskennzahl $Fri \simeq 2$. Für Werte $Fri \geq 2$ nimmt der durch Flugförderung bedingte Anteil des Druckverlustes wesentlich zu, der in dem Strähnendruckverlust nicht enthalten ist.

Wegen der unterschiedlichen physikalischen Struktur beider Förderzustände ist der Versuch, das Zustandsdiagramm Abb. 6.7 in Richtung Flugförderung einfach durch Messungen empirisch zu ergänzen, von vorneherein zum Scheitern verurteilt. Strebt man eine nicht nur empirische Beschreibung der pneumatischen Flugförderung an, so muß eine von der Strähnenförderung völlig verschiedene Darstellung gefunden werden.

Der Zustand der pneumatischen Flugförderung ist dadurch gekennzeichnet, daß die Partikeln außer gelegentlichen Kollisionen untereinander bzw. mit der Rohrwand frei fliegend gefördert werden, d.h. die Partikeln werden im wesentlichen im Trägergas suspendiert gefördert. Es liegt daher nahe, auf die bei der Beschreibung der hydraulischen Förderung in Kapitel 5 hergeleiteten und dort bewährten Ansätze zurückzugreifen, zumal sich gezeigt hat (vergl. Abb. 5.5, Kapitel 5), daß sich die dort mit eingezeichneten, für die pneumatische Förderung gültigen Versuchsergebnisse zwanglos in die Darstellung der hydraulischen Förderung einfügen.

Als geeignet zur Darstellung des Zusatzdruckverlustes bei der hydraulischen Förderung wurde in Kapitel 5 die dort durch Gleichung (6.13) definierte Kennzahl

$$x^* = \frac{\Delta P_z}{c_T\,(\rho_s - \rho_f)\,\Delta L\, g}\left(\frac{w_f}{v}\right)^2 \tag{6.48}$$

hergeleitet. Bei der pneumatischen Förderung wird üblicherweise an Stelle der Transportkonzentration c_T die Beladung μ benutzt, die mit c_T über

$$c_T = \frac{1}{1 + \frac{\rho_s}{\rho_f\,\mu}} \tag{6.49}$$

verknüpft ist. Nun ist aber auch bei pneumatischer Flugförderung unter erhöhtem Druck das Volumenstromverhältnis Fördergas/Feststoff, d.h. der Ausdruck $\rho_s/(\rho_f\,\mu)$ groß gegen Eins. Dann darf aber an Stelle der exakten Beziehung (6.49) die Näherung

$$c_T \simeq \frac{\rho_f}{\rho_s}\,\mu$$

benutzt werden, mit der aus (6.48) wegen $\rho_f << \rho_s$ als für die dimensionslose Darstellung des Druckverlustes geeignet die Näherung

$$x^* \simeq \frac{\Delta P_z}{\mu\,\rho_f\, g\,\Delta L}\left(\frac{w_f}{v}\right)^2 \tag{6.50}$$

folgt. Zur Vermeidung von Mißverständnissen sei hier angefügt, daß für extrem hohe Drucke bis etwa 100 bar, wie sie bei der pneumatischen Einspeisung von Kohle in Druckvergasungsanlagen auftreten können, die Näherung (6.50) nicht mehr zulässig ist. In diesem Fall hat man die strenge Definition (6.48) zu benutzen. Entsprechend der in Kapitel 5 beschriebenen Vorgehensweise läßt sich über den durch (6.48) bzw. (6.50) definierten dimensionslosen Druckverlust ein rechnerischer Partikelschlupf gemäß der in Kapitel 5 mit (5.14) bezeichneten Beziehung zu

$$\frac{v_{rel}}{v} = \frac{x^*}{2}\left[\sqrt{1 + 2\,\frac{2}{x^*}} - 1\right] \tag{6.51}$$

ermitteln.

Umgekehrt folgt dann aus (6.51) bei bekanntem (v_{rel}/v) der dimensionslose Druckverlust zu

$$x^* = \frac{\left(\frac{v_{rel}}{v}\right)^2}{1 - \frac{v_{rel}}{v}}\quad . \tag{6.52}$$

Die charakteristische Geschwindigkeit v wurde bei der Behandlung der hydraulischen Förderung in Kapitel 5 mit dem Volumenstrom der Suspension gebildet, da dieser bei Flüssigkeits/Feststoff-Systemen einfach meßbar ist. Bei den i.a. geringen Feststoffbeladungen der pneumatischen Flugförderung gilt aber näherungsweise

$$v = \frac{\dot{V}_{Suspension}}{\frac{\pi D^2}{4}} = \frac{\dot{V}_G}{\frac{\pi D^2}{4}} \left(1 + \frac{\rho_f}{\rho_s} \mu\right) \approx \frac{\dot{V}_G}{\frac{\pi D^2}{4}} ,$$

d.h. bei der pneumatischen Flugförderung darf als charakteristische Geschwindigkeit die dort leichter meßbare Leerrohrgeschwindigkeit des Fördergases gewählt werden. Im Gegensatz zur hydraulischen Förderung ist der bei pneumatischer Förderung sich einstellende Partikelschlupf wesentlich größer und damit leichter meßbar.

Wie der in Abb. 6.21 wiedergegebene Vergleich von in der Literatur mitgeteilten direkt gemessenen Schlupfgeschwindigkeiten [12] und gemäß den Beziehungen (6.50) und (6.51) aus gemessenen Druckverlusten [3] berechneten Schlupfgeschwindigkeiten zeigt, sind die über die Beziehung (6.51) ermittelten Schlupfgeschwindigkeiten auch zahlenmäßig zuverlässig.

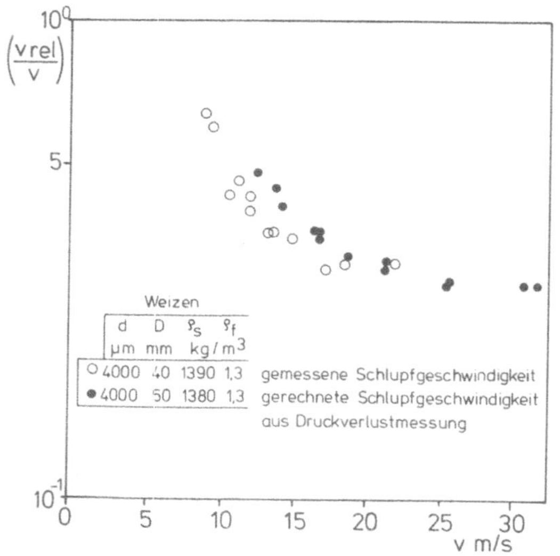

Abb. 6.21: Vergleich direkt gemessener [12] und nach Gleichung (6.51) aus Druckverlustmessungen berechneter [3] Schlupfgeschwindigkeiten

Als charakteristische Kennzahlenkombination zur Beschreibung des Bewegungszustandes der Partikeln bei der Rohrströmung wurde in Kapitel 5 die dort mit (5.19) bezeichnete Beziehung

$$F\left[\sqrt{\frac{\rho_f}{\rho_s}}\,\frac{v_{rel}}{v}\,;\,\sqrt{\frac{\rho_s}{\rho_f}}\,Fr_p \equiv \sqrt{\frac{\rho_s}{\rho_f}}\,\frac{v}{\sqrt{\left(\frac{\rho_s}{\rho_f}-1\right)d_p\,g}}\,;\,Fr^{*2} \equiv \frac{w_f^2}{\left(\frac{\rho_s}{\rho_f}-1\right)D\,g}\right] = 0 \quad (6.53)$$

abgeleitet. Wie im einzelnen in Kapitel 5 nachzulesen ist, war diese Beziehung unter der Voraussetzung abgeleitet worden, daß das Längenverhältnis d_p/D keine wesentliche Einflußgröße darstellt, weil zumindest in der technischen Praxis in aller Regel $d_p/D \ll 1$ gilt. Die Auswertung eigener und in der Literatur [13] mitgeteilter Messungen zeigt z.B., daß in einem Rohr mit $D = 8$ mm bzw. $D = 10$ mm Innendurchmesser bei der pneumatischen Förderung gemessene Druckverlustverläufe in keiner Weise zur Übertragung auf größere Rohrdurchmesser geeignet sind. Dies bedeutet, daß ein brauchbares scale up von nicht allzu kleinen Rohrdurchmessern auszugehen hat.

Zum Verständnis der nachstehenden Überlegungen ist aber nicht nur ein Rückgriff auf Kapitel 5, sondern auch auf Kapitel 3 notwendig, in dem die zur Beschreibung der Partikelbewegung zweckmäßigen Kennzahlen abgeleitet wurden. Die hier mit (6.53) bezeichnete Kennzahlenkombination wurde aus der in Kapitel 3 mit (3.28) bezeichneten allgemein gültigen Kennzahlenkombination (6.54)

$$F\left[\left(\frac{v_{rel}^2}{\left(\frac{\rho_s}{\rho_f}-1\right)d_p\,g}\,;\,\frac{w_f^2}{\left(\frac{\rho_s}{\rho_f}-1\right)d_p\,g}\,;\,\frac{v_{rel}\,d_p}{\nu}\right);\,\frac{\rho_s}{\rho_s-\rho_f}\,\frac{v^2}{Dg}\,;\,\frac{\rho_s}{\rho_f}\left(\frac{d_p\,v}{D\,v_{rel}}\right)^2\right] = 0$$

hergeleitet. Wie in Kapitel 3 im einzelnen nachzulesen, darf eine der in der runden Klammer stehenden Kennzahlen ersatzlos gestrichen werden, und gemäß ihrer Herleitung beschreibt die an letzter Stelle in (6.54) stehende Kennzahl ohne jede vorangegangene rechnerische Verknüpfung mit den in (6.54) voranstehenden Kennzahlen den Einfluß der Partikelrotation auf die Schwerpunktsbewegung der Partikeln.

Bei der pneumatischen Flugförderung wurden als Folge der Wandstöße Winkelgeschwindigkeiten der Partikelrotation von bis zu $\omega \approx 6000\ s^{-1}$

beobachtet [14]. Eine wirklich angemessene Beschreibung der Flugförderung hat daher den Einfluß der Partikelrotation zu berücksichtigen. Durch Auswertung der Beziehungen (6.50), (6.52) und (6.54) läßt sich zeigen, daß die klassische Darstellung des Zusatzdruckverlustes bei der pneumatischen Förderung in Form der Beziehung $\lambda_Z = \lambda_Z(Fr)$ wie zu erwarten nichts anderes darstellt als eine Betrachtungsweise, bei der die Partikeln als Massenpunkte angesehen werden.

Aus der Herleitung der Kennzahlenkombination (6.54) folgt, daß der in (6.54) an letzter Stelle stehende Term den Einfluß der Partikelrotation auf die Schwerpunktsbewegung der Partikeln beschreibt. Durch ersatzloses Streichen dieses Terms erhält man die für als Punktmassen angesehene Partikeln gültige Darstellung

$$F^{\{1\}}_{P.M.}\left[\frac{\rho_s}{\rho_s-\rho_f}\,\frac{v^2}{Dg}\,;\,\frac{v^2_{rel}}{\left(\frac{\rho_s}{\rho_f}-1\right)d_p\,g}\,;\,\frac{{w_f}^2}{\left(\frac{\rho_s}{\rho_f}-1\right)d_p\,g}\right]=0\,. \tag{6.55}$$

Unter der zusätzlichen Voraussetzung $v_{rel}/v \ll 1$ folgt aus (6.50) bei Beachtung von (6.52) die Näherung

$$\frac{\Delta P_z}{\mu\,\rho_f\,g\,\Delta L}\simeq\left(\frac{v_{rel}}{w_f}\right)^2 . \tag{6.56}$$

Im Falle der pneumatischen Förderung, d.h. bei $\rho_f \ll \rho_s$ folgt aus (6.55) durch einfache und zulässige multiplikative Verknüpfung der in (6.55) enthaltenen Kennzahlen

$$F^{\{2\}}_{P.M.}\left[\left(\frac{v_{rel}}{w_f}\right)^2\,;\,\frac{v^2}{Dg}\,;\,\frac{{w_f}^2}{\left(\frac{\rho_s}{\rho_f}-1\right)d_p\,g}\right]=0\,. \tag{6.57}$$

Einsetzen von (6.56) in (6.57) und wiederum zulässige multiplikative Verknüpfung der Kennzahlen liefert aus (6.57) schließlich

$$F^{\{3\}}_{P.M.}\left[\lambda_Z\equiv\frac{2\,\Delta P_z\,D}{\mu\,\rho_f\,v^2\Delta L}\,;\,Fr\equiv\frac{v}{\sqrt{Dg}}\,;\,\frac{{w_f}^2}{\left(\frac{\rho_s}{\rho_f}-1\right)d_p\,g}\right]=0\,. \tag{6.58}$$

Mit Hilfe der Beziehung (6.58) ist eine einfache Überprüfung des klassischen Konzeptes möglich.

Für ungeänderte Feststoffpartikeln und ungeändertes Fördergas, d.h. nur bei Variation des Rohrdurchmessers D gilt

$$\frac{w_f^2}{\left(\frac{\rho_s}{\rho_f} - 1\right) d_p\, g} = \text{const.}$$

Mithin sollte sich bei alleiniger Variation des Rohrdurchmessers ein einziger Kurvenzug $\lambda_Z = \lambda_Z(Fr)$ aus Messungen bei Flugförderung ergeben. Wie die Auswertung der von Siegel [3] berichteten umfangreichen Messungen in allen untersuchten Fällen ergibt und wie beispielsweise für das vielfach untersuchte Fördergut Weizen bzw. für die Förderung von Polystyrolzylindern in Abb. 6.22 dargestellt, trifft diese Vorhersage der klassischen Theorie nicht zu. Vielmehr ergeben sich bei hohen Froudezahlen, d.h. im Bereich der Flugförderung deutlich unterschiedliche Kurvenverläufe für unterschiedliche Rohrdurchmesser.

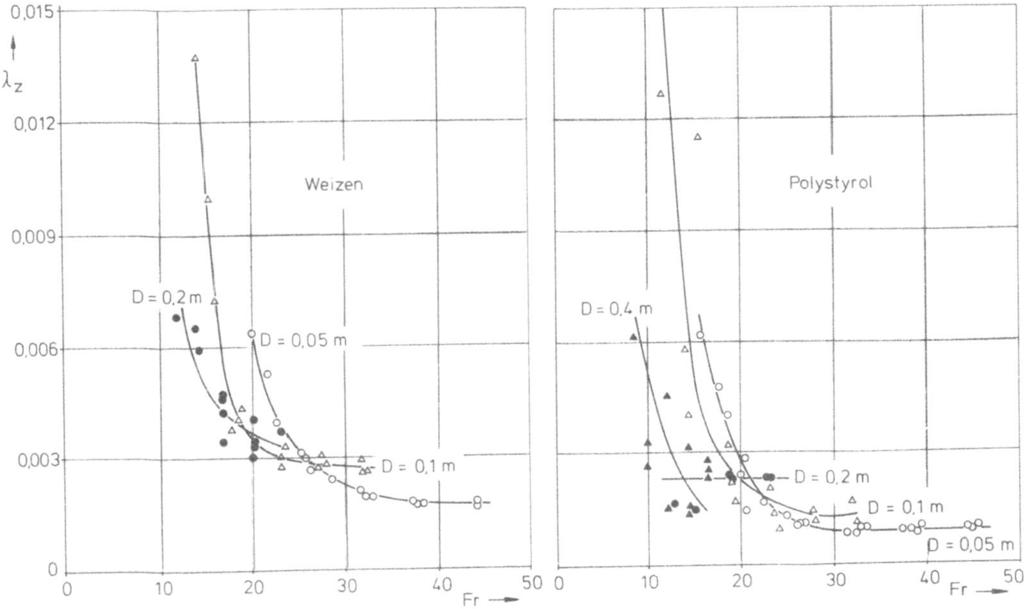

Abb. 6.22: Widerstandsbeiwert λ_Z in Abhängigkeit von der Froudezahl Fr für die Fördergüter Weizen bzw. Polystyrol für verschiedene Rohrdurchmesser nach Messungen von Siegel [3]

Mit diesem Ergebnis sind aber zwei für das grundsätzliche Verständnis wichtige Aussagen erzielt:

a) Die hier vorgestellte Theorie umfaßt das Altbekannte als einen Sonderfall (Punktmassen-Betrachtungsweise),

b) die Mängel der bisherigen Theorie sind darin zu suchen, daß sie einen wesentlichen Aspekt der pneumatischen Flugförderung von vorneherein unterschlägt, nämlich daß die Partikeln wie aus Beobachtungen bekannt, hauptsächlich infolge von Wandstößen erhebliche Rotationsbewegungen erfahren. Daß hierbei für die Häufigkeit der Wandstöße und damit für die Intensität des Einflusses der Drehbewegungen der Rohrdurchmesser wesentlich ist, liegt auf der Hand. Die Darstellung der Flugförderung bei Berücksichtigung des Einflusses der Partikelrotation ist daher Gegenstand dieses Abschnittes.

Die Beziehung (6.53) enthält ebenso wie die unter der Vereinfachung von als Punktmassen angenommenen Partikeln gültige Beziehung (6.55) nur drei dimensionslose Kennzahlen. Der wesentliche Unterschied zwischen den Beziehungen (6.55) und (6.53) besteht aber darin, daß man durch keinerlei beliebige multiplikative Verknüpfung der in (6.55) enthaltenen Kennzahlen zu der Kennzahlenkombination gelangen kann, die in (6.53) vorkommt. Mithin erhält man ein grundsätzlich anderes Ergebnis, wenn man wie bei der Herleitung der Beziehung (6.55) von vorneherein den Einfluß der Partikelrotation wegstreicht, als wenn man nach geeigneten Umformungen, wie bei der Herleitung der Beziehung (6.53) geschehen, das Längenverhältnis d_p/D herausstreicht.

Mit Hilfe der abgeleiteten Beziehungen ist jetzt die Auswertung von Druckverlustmessungen im Bereich der Flugförderung klar vorgegeben. Gemessene Verläufe des Zusatzdruckverlustes ΔP_z zeigen für konstanten Feststoffmassenstrom $\dot{M}_s$ bei Variation der Leerrohrgeschwindigkeit den in Abb. 6.23 dargestellten prinzipiellen Verlauf.

Mit abnehmender Leerrohrgeschwindigkeit fällt zunächst der Zusatzdruckverlust um nach Durchlaufen eines Minimums wieder anzusteigen, wobei der Kleinstwert der Leerrohrgeschwindigkeit $v > 0$ beobachtet wird, bei dessen Unterschreiten kein stationärer Druckverlust mehr beobachtet wird. Auch ohne jede Detailkenntnis der Vorgänge wird man diesen beobachteten Verlauf des Zusatzdruckverlustes als Überlagerung zweier gegenläufiger Mechanismen deuten (gestrichelter Kurvenverlauf bzw. strichpunktierter Kurvenverlauf).

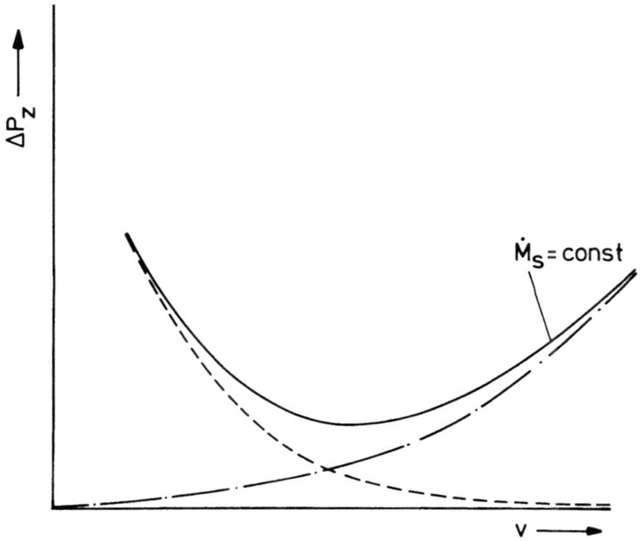

Abb. 6.23: Prinzipieller Verlauf des Zusatzdruckverlustes ΔP_z über der Leerrohrgeschwindigkeit v für konstanten Feststoffmassenstrom $\dot{M}_s$. Bereich zeitlich konstanter Druckverluste.

Wie man unmittelbar durch Vergleich mit dem Zustandsdiagramm Abb. 6.11 der Strähnenförderung feststellt, entspricht der abfallende Kurvenzug der Strähnenförderung. Man wird daher den ansteigenden, strichpunktierten Anteil der Flugförderung zuordnen. Bei der Auswertung von Druckverlustmessungen wird man daher nur den ansteigenden Ast der $\Delta P_z(v)$-Kurven für die Flugförderung heranziehen.

Aus gemessenen Druckverlusten berechnet man entsprechend den Vorschriften (6.48) bzw. (6.50) die Druckverlustkennzahl x und mit dieser gemäß der Vorschrift (6.51) den rechnerischen Partikelschlupf v_{rel}/v.

Entsprechend der Verknüpfung dimensionsloser Kennzahlen gemäß Gleichung (6.52) trägt man dann über der dimensionslosen Fördergeschwindigkeit

$$\sqrt{\frac{\rho_s}{\rho_f}}\, Fr_p \equiv \frac{v}{\sqrt{\left(1 - \frac{\rho_f}{\rho_s}\right) d_p\, g}}$$

den mit dem Dichtequotienten modifizierten Schlupf

$$\sqrt{\frac{\rho_f}{\rho_s}}\; \frac{v_{rel}}{v}$$

auf, wobei eine bestimmte Kombination von Feststoffpartikeln, Fördergas und Rohrdurchmesser durch die Kennzahl

$$Fr^{*2} \equiv \frac{w_f^2}{\left(\frac{\rho_s}{\rho_f} - 1\right) D\, g}$$

festgelegt ist. Entsprechend dieser Vorgehensweise wurden sämtliche Messungen von Siegel [3] ausgewertet. Die Messungen von Siegel umfaßten elf verschiedene Fördergüter, gefördert in bis zu vier verschiedenen Rohrdurchmessern ($D = 0{,}05$ m; $0{,}1$ m; $0{,}2$ m; $0{,}4$ m). Die Feststoffdichten umfaßten den Bereich 1070 kg/m³ (Polystyrolpartikeln) $\leq \rho_s \leq$ 7850 kg/m³ (Stahlkugeln). Die mittleren Partikelgrößen der einzelnen Fördergüter lagen im Bereich 1 mm $\leq d_p \leq$ 8 mm, während die Beladungen bis zu $\mu \simeq 16$ reichten.

Wie in Abb. 6.24 beispielsweise für die unterschiedlichen Fördergüter Polystyrol, Sand, Stahlkugeln, Weizen und Bohnen, gefördert in unterschiedlichen Rohrdurchmessern nachgewiesen, gelingt mit den hier abgeleiteten Kennzahlen eine eindeutige Ordnung der Meßergebnisse. Dies war mit den bisher üblichen Darstellungsweisen nicht zu erreichen. Wie die in Abb. 6.24 miteingezeichneten, von Bohnet [13] mitgeteilten Meßdaten zur Förderung von feinkörnigem Sand (d_p = 70 µm) zeigen, ordnen sich auch die mit sehr feinkörnigem Versuchsgut gewonnenen Ergebnisse eindeutig in das hier angegebene Schema ein.

Bei der Beurteilung der Abb. 6.24 sind insbesondere zwei Dinge zu beachten: gestrichelt sind die Bereiche der gemessenen Druckverlustverläufe gezeichnet, in denen mit abnehmender Leerrohrgeschwindigkeit des Fördergases ansteigende Zusatzdruckverluste den Übergang zur Strähnenförderung kennzeichnen. Diese gestrichelten Bereiche führen zu Überschneidungen mit anderen Druckverlustkurven. Dies ist auch nicht anders zu erwarten, da die nach einem anderen Mechanismus ablaufende Strähnenförderung sich nicht eindeutig mit den für Flugförderung, d.h. für vollständig suspendierte Partikeln gültigen Kennzahlen darstellen lassen kann. Umgekehrt ist in dieser Unmöglichkeit einer durchgängig einheitlichen Darstellung die Hauptschwierigkeit beim bisherigen Verständnis der pneumatischen Förderung zu suchen. Zur besseren Einsicht in die Verständnisschwierigkeiten ist auch ein Blick auf die in Abb. 6.24 mit dargestellte Liste von Bedeutung. In dieser Liste sind die Fördergüter/Rohrdurchmesserkombinationen nach wachsenden Werten des

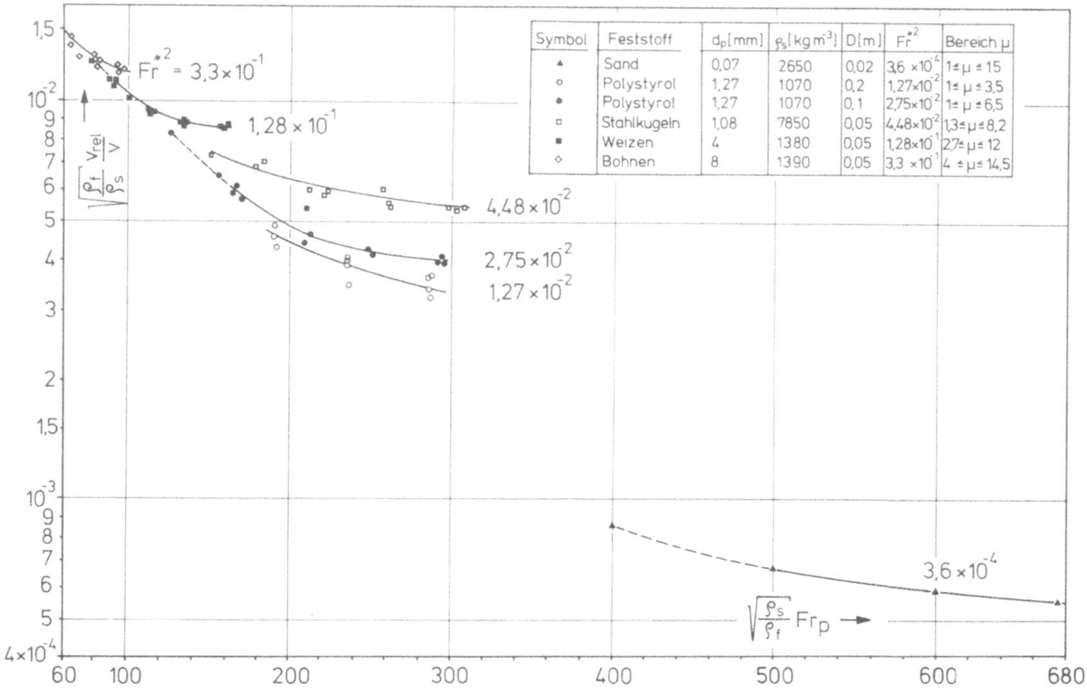

Abb. 6.24: Beispielhafte Auswertung von Druckverlustmessungen von Siegel [3] und Bohnet [13]

Parameters Fr^{*2} geordnet. Wie aus Abb. 6.24 unmittelbar zu entnehmen, liefert die Ordnung nach diesem Parameter tatsächlich eine eindeutige Schichtung der gemessenen Kurvenverläufe. Auf der anderen Seite - und unter diesem Gesichtspunkt wurden die in Abb. 6.24 dargestellten Meßreihen ausgewählt - ergibt sich bei dieser Ordnung im Sinne eines monotonen Wachstums von Fr^{*2} für keinen einzigen der direkten Parameter, wie Korngröße d_p, Partikeldichte ρ_s oder Rohrdurchmesser D eine monotone Folge.

Da im Bereich feinkörniger Partikeln in der Literatur nicht genügend vollständig (d.h. insbesondere hinsichtlich Gasdichte an der Meßstelle bzw. Sinkgeschwindigkeit der Partikeln) dokumentierte Meßreihen publiziert sind, läßt sich das Zustandsdiagramm der Flugförderung im horizontalen Rohr bisher lediglich im Bereich der Partikelgrößen $d_p \geq 1$ mm, d.h. bei technisch üblichen Rohrdurchmessern für Zahlenwerte $Fr^{*2} \geq 0{,}01$ aufstellen. Ein solches ist in Abb. 6.25 wiedergegeben, wobei ausgezogen die Bereiche gezeichnet sind, die durch Messungen abgedeckt sind, während die Bereiche gestrichelt gezeichnet sind, die durch Extrapolation an Hand benachbarter Kurvenverläufe gewonnen wurden.

Im Zustandsdiagramm Abb. 6.25 sind die Leerrohrgeschwindigkeit des Fördergases dimensionslos durch die Kennzahl $\sqrt{\frac{\rho_s}{\rho_f}}\,Fr_p$ und der Zusatzdruckverlust und damit gleichzeitig der Förderzustand durch die Kennzahl $\sqrt{\frac{\rho_f}{\rho_s}}\,\frac{v_{rel}}{v}$ dargestellt.

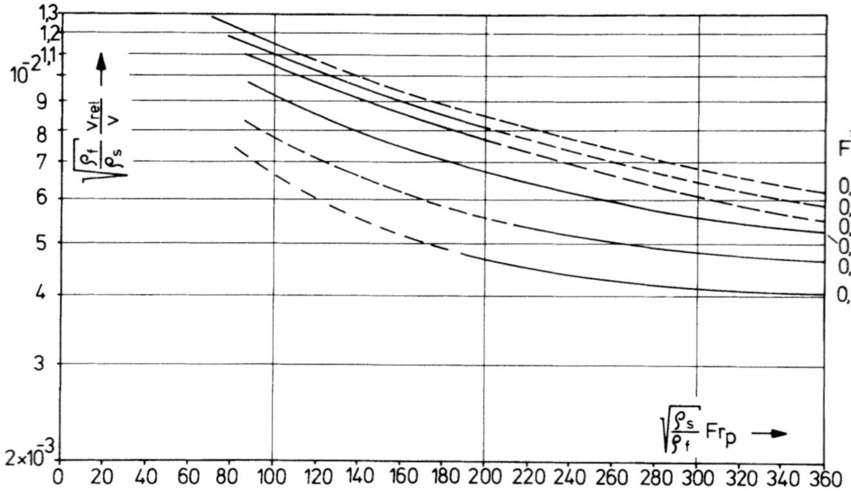

Abb. 6.25: Zustandsdiagramm der pneumatischen Flugförderung im horizontalen Rohr

Eine bestimmte Kombination von Feststoffpartikeln, Fördergas und Rohrdurchmesser ist dabei durch eine Parameterlinie

$$Fr^{*2} \equiv \frac{w_f^{\,2}}{\left(\frac{\rho_s}{\rho_f} - 1\right) D\, g} = \text{const}$$

festgelegt. Insbesondere weist das Zustandsdiagramm der Flugförderung Abb. 6.25 denselben Vorteil auf wie das Zustandsdiagramm der Strähnenförderung, indem nämlich zugleich mit dem Druckverlust der Förderzustand dargestellt wird. Da bei der pneumatischen Flugförderung nicht die hohen Volumenkonzentrationen des Feststoffes wie bei der hydraulischen Förderung erreichbar sind, entfällt für die pneumatische Förderung eine Korrektur für hohe Feststoffkonzentrationen, wie sie in Kapitel 5 für die hydraulische Förderung abgeleitet wurde.

Selbstverständlich ist die hier gegebene Darstellung eine Näherung insofern, als im Übergangsgebiet zwischen Strähnenförderung und Flugförderung die jeweiligen Anteile des Fördergutes, die in Form einer Strähne bzw. fliegend gefördert werden, nicht vorhergesagt werden.

Beim Zustandsdiagramm der Strähnenförderung Abb. 6.11 wird vorausgesetzt, daß praktisch das gesamte Fördergut in Form einer Strähne gefördert wird, während beim Zustandsdiagramm der Flugförderung Abb. 6.24 vorausgesetzt wird, daß das gesamte Fördergut fliegend gefördert wird. Als praktischer Notbehelf bietet sich folgende Vorgehensweise an: Man berechnet aus dem Zustandsdiagramm Abb. 6.11 der Strähnenförderung für eine gegebene Förderaufgabe den daraus ableitbaren Druckverlustverlauf und berechnet aus dem Zustandsdiagramm Abb. 6.25 der Flugförderung ebenfalls den zugehörigen Druckverlustverlauf und stückelt einfach den Flugförderungsverlauf ab dem Punkt an, ab dem der Flugförderungsverlauf oberhalb des Strähnenförderungsverlaufes liegt. Entsprechend dieser Vorgehensweise sind eigene Messungen mit den theoretischen Vorhersagen in den Abbildungen 6.26, 6.27 und 6.28 verglichen.

Für den Bereich der Flugförderung ist hierbei insbesondere zu beachten, daß bei den eigenen Meßreihen ein anderer Rohrdurchmesser eingesetzt wurde als bei den Messungen von Siegel, die zur Aufstellung des Zustandsdiagramms Abb. 6.25 benutzt wurden. Die in Abb. 6.26 bzw. 6.27 dargestellten Versuche mit Polystyrolpartikeln, einmal mit 1 bar Überdruck in der Förderleitung durchgeführt, zeigen darüber hinaus, daß der Einfluß der Gasdichte richtig erfaßt wird.

Entsprechend der guten Übereinstimmung zwischen gemessenen und vorhergesagten Druckverlustverläufen folgt aus den hier dargestellten theoretischen Überlegungen, daß von den Partikeldaten zur sicheren Vorausberechnung des Druckverlustes Feststoffdichte ρ_s, (mittlere) Partikelgröße d_p, (mittlere) Sinkgeschwindigkeit w_f im Fördermedium sowie die gegebenenfalls unterschiedlichen Haft- bzw. Gleitreibungsbeiwerte der Reibung zwischen Fördergut und Rohrwandmaterial bekannt sein müssen.

Es ist zu beachten, daß das hier beschriebene Berechnungsverfahren für den Fall gilt, daß es gelingt, sämtliche Partikeln in den Zustand der Flugförderung zu überführen, d.h. nach der bisher vorliegenden Erfahrung, daß die Beladungen im Bereich der Flugförderung $\mu \leq 15$ sind.

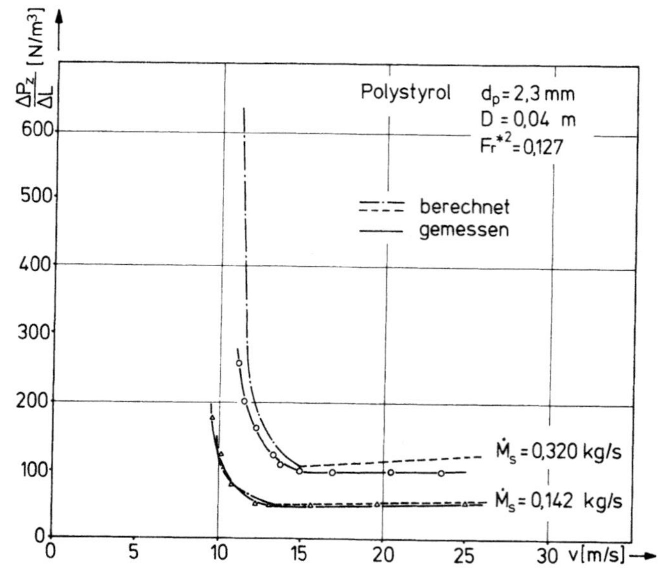

Abb. 6.26: Vergleich zwischen gemessenen und vorhergesagten Druckverlusten bei der pneumatischen Förderung im horizontalen Rohr, Fördergut: Polystyrolpartikeln

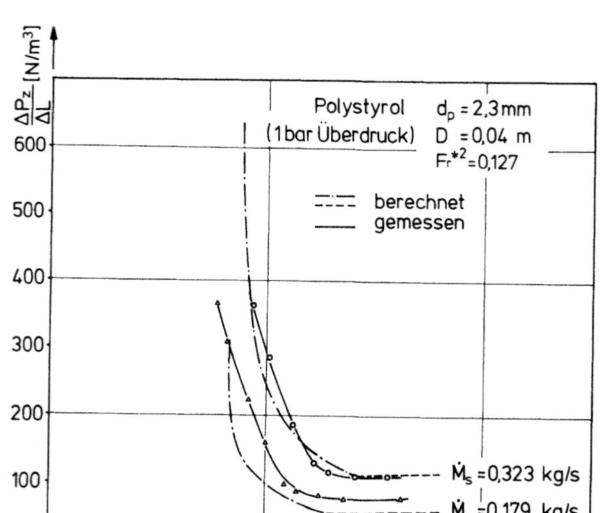

Abb. 6.27: Vergleich zwischen gemessenen und vorhergesagten Druckverlusten bei der pneumatischen Förderung im horizontalen Rohr, Fördergut: Polystyrolpartikeln (1 bar Überdruck)

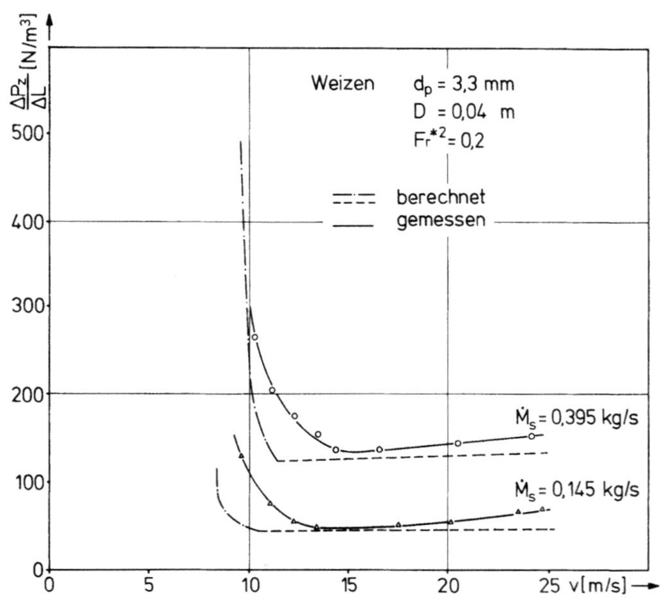

Abb. 6.28: Vergleich zwischen gemessenen und vorhergesagten Druckverlusten bei der pneumatischen Förderung im horizontalen Rohr, Fördergut: Weizen

7. Druckverlustvorausberechnung bei der Förderung vertikal-aufwärts

Wie in Kapitel 2 ausführlich dargestellt, läßt sich die homogene Flüssigkeits/Feststoff-Wirbelschicht kontinuierlich bis zum Austrag der Einzelpartikel expandieren. Dementsprechend läßt sich auch, wie in Abschnitt 9 des Kapitels 5 dargestellt, die hydraulische Förderung vertikal-aufwärts bis zu Transportkonzentrationen $c_T \approx 0,5$ einstellen. Analog zu den bei Gas/Feststoff-Wirbelschichten beobachteten Inhomogenitäten wird bei der pneumatischen Förderung vertikal-aufwärts kein kontinuierlicher Übergang bei stetiger Reduktion der Trägergasgeschwindigkeit beobachtet. Vielmehr stellt man bei hohen Gasgeschwindigkeiten und vergleichsweise niedrigen Beladungen eine gleichmäßige Verteilung der Partikeln über den Rohrquerschnitt fest. Hierbei ist die Relativgeschwindigkeit zwischen Partikeln und Trägergas von der Größenordnung der Sinkgeschwindigkeit der Einzelpartikel.

Nach Zusammenbruch dieser Dünnstromförderung stellt sich ein Förderzustand ein, der bei feinkörnigen Partikeln dem Zustand der zirkulierenden Wirbelschicht zugeordnet werden kann.

Die nachstehenden Überlegungen gelten ausschließlich dem Bereich der vertikalen Dünnstromförderung mit Beladungen $\mu \leq 25$.

Für die pneumatische Dünnstromförderung vertikal-aufwärts läßt sich in vernünftiger Weise ein Bezugszustand definieren. Im sehr großen (Grenzfall: unendlich) Förderrohr sollte die Relativgeschwindigkeit zwischen Trägergas und Partikeln gerade gleich der Sinkgeschwindigkeit der Einzelpartikel sein, d.h. es sollte $v_{rel} = w_f$ gelten. Bei Beachtung dieser Bedingung folgt aus den Beziehungen (6.50) und (6.52) der Zusatzdruckverlust im unendlich großen Rohr zu

$$\frac{\Delta P_{z\infty}}{\mu \rho_f g \Delta L} = \frac{1}{1 - \frac{w_f}{v}} . \tag{6.59}$$

Gemäß der Beziehung (6.59) läßt sich für jedes Fördergut ein Grenzwert des Zusatzdruckabfalles berechnen. Bei der Dünnstromförderung und technisch sinnvollen, d.h. nicht zu hohen Fördergeschwindigkeiten vertikal-aufwärts ist die Relativgeschwindigkeit zwischen Trägergas und Partikeln von der Größenordnung der Sinkgeschwindigkeit der Einzelpartikel. Damit weicht aber der mittlere Bewegungszustand der Partikeln im endlich großen Förderrohr nicht sehr von dem theoretischen Grenzfall der Förderung im unendlich großen Förderrohr ab.

Zweckmäßig stellt man daher den Zusatzdruckverlust im endlich großen Förderrohr als relative Abweichung vom Zusatzdruckverlust im unendlich großen Förderrohr, d.h. als $(\Delta P_z - \Delta P_{z\infty})/\Delta P_{z\infty}$ dar.

Entsprechend den allgemein gültigen Überlegungen, die zur Beziehung (6.35) führten, sollte dann die relative Druckverlustabweichung von denselben Kennzahlen wie in (6.53) abhängen, d.h. es sollte gelten

$$F\left[\frac{\Delta P_z - \Delta P_{z\infty}}{\Delta P_{z\infty}}; \sqrt{\frac{\rho_s}{\rho_f}}\, Fr_p \equiv \sqrt{\frac{\rho_s}{\rho_f}}\, \frac{v}{\sqrt{\left(\frac{\rho_s}{\rho_f} - 1\right) d_p\, g}}\; ; \; Fr^{*2} \equiv \frac{w_f^2}{\left(\frac{\rho_s}{\rho_f} - 1\right) D\, g}\right] = 0 . \tag{6.60}$$

Da sich gemäß der Beziehung (6.59) für jede Paarung Trägergas/Feststoffpartikeln der theoretische Zusatzdruckabfall eindeutig berechnen läßt, kann durch Auswertung gemessener Zusatzdruckverluste ein Zustandsdiagramm der Dünnstromförderung vertikal-aufwärts aufgebaut werden, indem gemäß der Beziehung (6.60) der relative Zusatzdruckverlust $(\Delta P_z - \Delta P_{z\infty})/\Delta P_{z\infty}$ über der Kennzahl $\sqrt{\frac{\rho_s}{\rho_f}}Fr_p$ mit Fr^{*2} als Parameter aufgetragen ist. In Abb. 6.29 sind einige der von Flatow [15] mitgeteilten Messungen entsprechend der Vorschrift Gleichung (6.60) ausgewertet dargestellt. Wie aus Abb. 6.29 unmittelbar abzulesen, liefert wie bei der Förderung im horizontalen Rohr die Kennzahlenkombination gemäß Gleichung (6.60) eine eindeutige Schichtung der Meßwerte. Wie die in Abb. 6.29 mit dargestellte Tabelle zeigt, gilt für die ausgewählten Meßreihen wie bei der Förderung im horizontalen Rohr, daß die monotone Folge des Parameters Fr^{*2} hierbei ausdrücklich ohne monotone Folge der Größen d_p, ρ_s und D zustande kommt. Diese Eigenschaft bestätigt die physikalische Relevanz der Kennzahl Fr^{*2} auch für die pneumatische Förderung vertikal-aufwärts. Mit Hilfe der von Flatow mitgeteilten Meßreihen läßt sich das in Abb. 6.30 dargestellte Zustandsdiagramm der pneumatischen Dünnstromförderung vertikal-aufwärts aufbauen. Mit dessen Hilfe und bei Beachtung der Beziehung (6.59) läßt sich der Druckabfall zu

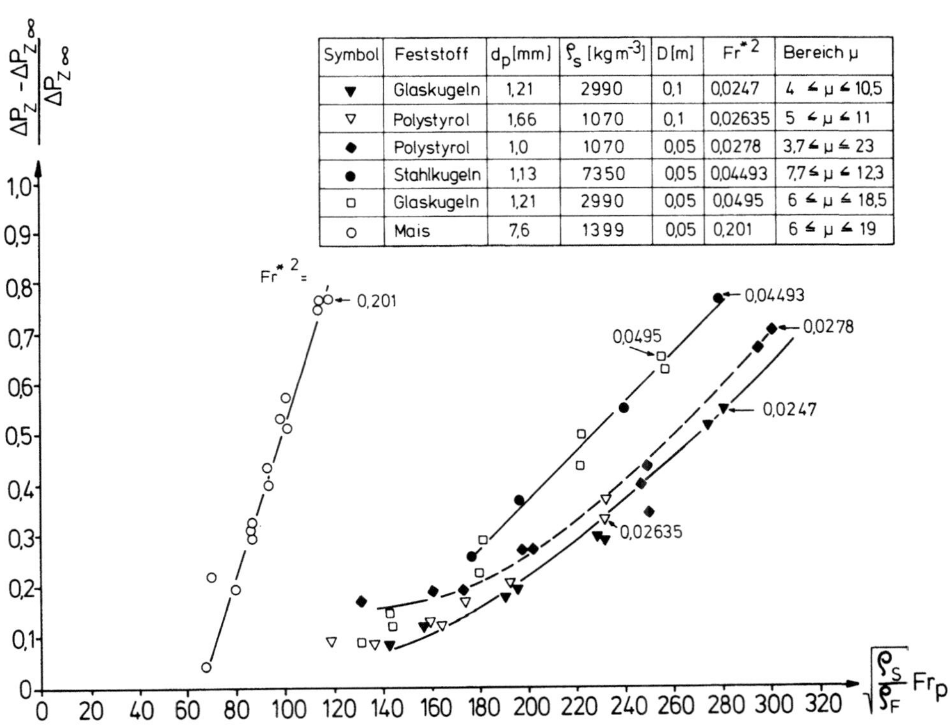

Symbol	Feststoff	d_p [mm]	ρ_s [kg m^{-3}]	D [m]	Fr^{*2}	Bereich μ
▼	Glaskugeln	1,21	2990	0,1	0,0247	$4 \leq \mu \leq 10{,}5$
▽	Polystyrol	1,66	1070	0,1	0,02635	$5 \leq \mu \leq 11$
◆	Polystyrol	1,0	1070	0,05	0,0278	$3{,}7 \leq \mu \leq 23$
●	Stahlkugeln	1,13	7350	0,05	0,04493	$7{,}7 \leq \mu \leq 12{,}3$
□	Glaskugeln	1,21	2990	0,05	0,0495	$6 \leq \mu \leq 18{,}5$
○	Mais	7,6	1399	0,05	0,201	$6 \leq \mu \leq 19$

Abb. 6.29: Auswertung einiger Meßreihen von Flatow [15] zur pneumatischen Dünnstromförderung vertikal-aufwärts

$$\frac{\Delta P}{\Delta L} = \frac{\lambda_R (Re_R)}{D} \frac{\rho_f}{2} v^2 + \Delta P_{z\infty} \left(1 + \frac{\Delta P_z - \Delta P_{z\infty}}{\Delta P_{z\infty}}\right)$$

vorausberechnen.

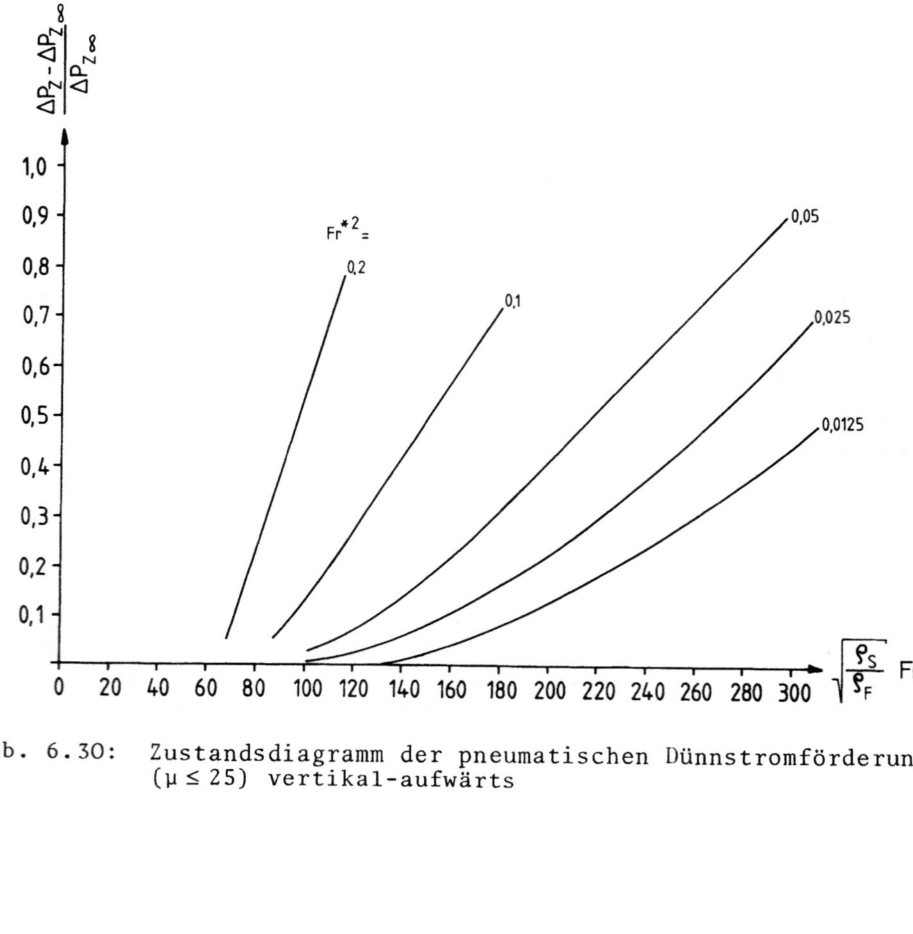

Abb. 6.30: Zustandsdiagramm der pneumatischen Dünnstromförderung ($\mu \leq 25$) vertikal-aufwärts

Nomenklatur zu Kapitel 6

c_T	Transportkonzentration	-
d_p	Partikeldurchmesser	m
D	Rohrdurchmesser	m
f_r	Gleitreibungsbeiwert	-
F	von der Strähne erfüllter Rohrquerschnitt	m^2
F_o	Rohrquerschnittsfläche	m^2
Fr	$= \frac{v}{\sqrt{Dg}}$ Froudezahl	-

Fr^*	$= \dfrac{w_f}{\sqrt{\left(\dfrac{\rho_s}{\rho_f} - 1\right) D\, g}}$ mit der Sinkgeschwindigkeit und Rohrdurchmesser gebildete Froudezahl	-
Fri	$= \dfrac{v}{\sqrt{\dfrac{\rho_s}{\rho_f}\left(1 - \dfrac{\rho_f}{\rho_s}\right)(1 - \varepsilon)\, D\, g\, f_r}}$ Reibungskennzahl	-
Fr_p	$= \dfrac{v}{\sqrt{\left(\dfrac{\rho_s}{\rho_f} - 1\right) d_p\, g}}$ Partikel-Froudezahl	-
g	Erdbeschleunigung	$m\, s^{-2}$
h	Strähnenhöhe	m
ΔJ	Impulsabgabe	$kg\, m\, s^{-1}$
K	Konstante	-
K_1	Konstante	-
K_2	Konstante	-
l	Bogenlänge	m
ΔL	Rohrlänge	m
m	Partikelmasse	kg
$\dot{M}_F$	Massenstrom Fluid	$kg\, s^{-1}$
$\dot{M}_s$	Massenstrom Feststoff	$kg\, s^{-1}$
$\dot{M}_{s\,G}$	Massenstrom Feststoff im Gasraum gefördert	$kg\, s^{-1}$
$\dot{M}_{s\,St}$	Massenstrom Feststoff in der Strähne gefördert	$kg\, s^{-1}$
$\dot{n}$	Partikelanzahlstrom pro Flächeneinheit	$s^{-1} m^{-2}$
ΔP	Druckverlust	$kg\, m^{-1} s^{-2}$
ΔP_G	Gasdruckverlust	$kg\, m^{-1} s^{2}$
ΔP_z	Zusatzdruckverlust	$kg\, m^{-1} s^{-2}$
$\Delta P_{z\infty}$	Zusatzdruckverlust im unendlich großen Rohr, definiert durch Gleichung (6.59)	$kg\, m^{-1} s^{-2}$
$\dfrac{\Delta P_z}{\rho_s \left(1 - \dfrac{\rho_f}{\rho_s}\right)(1-\varepsilon)\, f_r\, g \Delta L}$	Zusatzdruckverlustkennzahl der Strähnenförderung	-
R	Reibkraft	$kg\, m\, s^{-2}$
s	Strähnenbreite	m
S	Schubkraft der Strähne	$kg\, m\, s^{-2}$
v	Leerrohrgeschwindigkeit	$m\, s^{-1}$
v_G	Gasgeschwindigkeit über der Strähne	$m\, s^{-1}$

v_{rel}	Relativgeschwindigkeit der Partikeln zum Fluid	$m\,s^{-1}$
$\dot{V}_G$	Volumenstrom Gas	$m^3 s^{-1}$
V_S	Feststoffvolumen der Strähne innerhalb ΔL	m^3
$\dot{V}_{Suspension}$	Volumenstrom der Suspension	$m^3 s^{-1}$
w	Strähnengeschwindigkeit	$m\,s^{-1}$
w_f	Sinkgeschwindigkeit der Einzelpartikel	$m\,s^{-1}$
x^*	dimensionsloser Zusatzdruckverlust, definiert durch Gleichung (6.48)	
α	Winkel	Grad
ε	Porosität der Strähne	-
λ	Strähnenantriebskoeffizient	-
λ_z	$= \frac{2 \Delta P_z D}{\mu \rho_f v^2 \Delta L}$ Druckverlustbeiwert	-
μ	$= \frac{\dot{M}_s}{\dot{M}_f}$ Massenstromverhältnis (Beladung)	-
μ_G	Massenstromverhältnis Gasraum	-
μ_{St}	Massenstromverhältnis Strähne	-
ν	kinematische Fluidviskosität	$m^2 s^{-1}$
ρ_f	Fluiddichte	$kg\,m^{-3}$
$\frac{\rho_f}{\rho_s (1-\varepsilon)}$	Volumenstromverhältnis der Strähnenförderung	-
ρ_s	Dichte des Feststoffes	$kg\,m^{-3}$
τ	Schubspannung	$kg\,m\,s^{-2}$
ϕ	relativer freier Rohrquerschnitt	-
ω	Winkelgeschwindigkeit	s^{-1}

Literaturverzeichnis zu Kapitel 6

1 Weber, M.: Strömungsfördertechnik, Krausskopf-Verlag, Mainz 1974

2 Molerus, O.: Chemie-Ingenieur-Technik 49 (1977), 12, S. 945-955

3 Siegel, W.: Experimentelle Untersuchungen zur pneumatischen Förderung körniger Stoffe in waagrechten Rohren und Überprüfung der Ähnlichkeitsgesetze, VDI-Forschungsheft 538 (1970)

4 Schlichting, H.: Grenzschichttheorie, G.Braun, Karlsruhe 1965

5 Wirth, K.-E.: Theoretische und experimentelle Bestimmungen von Zusatzdruckverlust und Stopfgrenze bei pneumatischer Strähnenförderung, Dissertation Universität Erlangen-Nürnberg 1980

6 Muschelknautz, E. und Krambrock, W.: Chemie-Ingenieur-Technik 41 (1969), 21, S. 1164-1172

7 Bohnet, M.: Experimentelle und theoretische Untersuchung über das Absetzen, das Aufwirbeln und den Transport feiner Staubteilchen in pneumatischen Förderleitungen, VDI-Forschungsheft 507 (1965)

8 Scholl, K.H.: Horizontale pneumatische Förderung mit kleinen Geschwindigkeiten und hoher Feststoffkonzentration, Dissertation Universität Karlsruhe 1974

9 Ochi, M. und Ikemori, K.: Bulletin of the JSME 21 (1978), June, S. 1008-1014

10 Welschof, G.: Pneumatische Förderung bei großen Fördergutkonzentrationen, VDI-Forschungsheft 492 (1962)

11 Plass. L.: Wärmeübergang und Druckverlust bei Feststoff/Flüssig-Suspensionen feiner Teilchen im gesamten pumpfähigen Konzentrationebereich, Dissertation Universität Erlangen-Nürnberg 1972

12 Muschelknautz, E.: Theoretische und experimentelle Untersuchungen über die Druckverluste pneumatischer Förderleitungen unter besonderer Berücksichtigung des Einflusses von Gutreibung und Gutgewicht, VDI-Forschungsheft 476 (1959)

13 Bohnet, M.: Handbuch Mehrphasenströmung zum VDI-Lehrgang in Düsseldorf 1973, Kapitel 13: Pneumatische Förderung von Schüttgütern

14 Muschelknautz, E. und Wojahn, H.: Chemie-Ingenieur-Technik 46 (1974), 6, S. 223-272

15 Flatow, J.: Untersuchungen über die pneumatische Förderung in lotrechten Förderleitungen, VDI-Forschungsheft 555, Düsseldorf 1973

Kapitel 7
Theorie der Fließeigenschaften kohäsiver Schüttgüter

1. Problemstellung

Kohäsive Schüttgüter sind dadurch gekennzeichnet, daß sie in begrenztem Maße fähig sind, Zugspannungen zu übertragen. Diese Eigenart insbesondere feinkörniger Schüttgüter hat ihre Ursache darin, daß bei diesen die zwischen den Partikeln wirksamen Haftkräfte im Vergleich zu den eingeprägten Kräften nicht mehr vernachlässigbar klein sind. Die eigentümliche Schwierigkeit für Theorie und Experiment beim Umgang mit kohäsiven Schüttgütern besteht nun darin, daß die zwischen den Partikeln wirksamen Haftkräfte in ihrer Intensität ihrerseits von der Belastungsvorgeschichte des Schüttgutes abhängen. Aus diesem komplexen Materialverhalten folgt für jede theoretische Darstellung, daß sie einerseits hinreichend einfach sein muß, damit sie in der Praxis überhaupt auswertbar ist, daß sie aber andererseits keine Übervereinfachung sein darf, wenn sie noch wesentliche Züge der Realität enthalten soll.

Für das Experiment stellt sich die ernsthaft zu prüfende Frage, in welchem Maße es überhaupt vermag, eine in der Praxis vorkommende Belastungsvorgeschichte zu simulieren. Da die Mechanik kohäsiver Schüttgüter zumindest nach der subjektiven Meinung des Verfassers gegenwärtig noch in den Kinderschuhen steckt, ist der Hauptgegenstand dieses Kapitels die kritische Suche nach einer ingenieurwissenschaftlichen Theorie, d.h. nach einem auch in der Praxis brauchbaren Kompromiß zwischen Einfachheit der Darstellung und Realitätsbezug des Inhalts.

2. Kohäsives Materialverhalten

Die Ursache kohäsiven Materialverhaltens sind zwischen kontaktierenden Partikeln wirksame Haftkräfte. Ohne zunächst auf die verschiedenen physikalischen Ursachen der Haftkräfte einzugehen, wird die Auswirkung der Haftkräfte auf das Materialverhalten an einem einfachen Modellfall demonstriert. Dazu wird die Relativbewegung zweier Bereiche einer Schüttgutprobe betrachtet (vergl. Abb. 7.1, linke Seite).

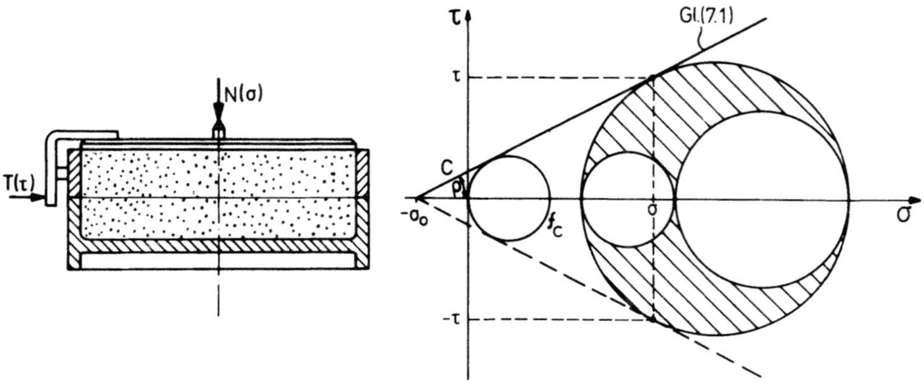

Abb. 7.1: Zur Veranschaulichung kohäsiven Materialverhaltens

Die nominelle, sich senkrecht zur Zeichenebene erstreckende Kontaktfläche zwischen beiden Bereichen der Probe besitze die Größe A. Der tatsächliche Kontakt zwischen beiden Teilbereichen findet dagegen über eine insgesamt sehr viel kleinere wahre Kontaktfläche statt, welche von den kontaktierenden Partikeloberflächen gebildet wird. Zwischen den beiden Probenbereichen wirken wechselseitig in den Kontaktstellen Haftkräfte, die sich zur Resultierenden H zusammenfassen lassen. Wird für das gegenseitige Gleiten der beiden Teilbereiche ein Verhalten gemäß dem Gesetz der trockenen Reibung angesetzt, so gilt bei Berücksichtigung der zwischen den beiden Teilbereichen wirkenden Haftkräfte für den Reibwert μ bzw. den Reibungswinkel ρ für einsetzendes Gleiten die Grenzbedingung

$$\mu = \tan \rho = \frac{\tau}{\sigma + \sigma_0} \qquad (7.1)$$

wenn an Stelle der Kräfte die auf die nominelle Kontaktfläche A bezogenen Spannungen $\tau = T/A$, $\sigma = N/A$ und $\sigma_0 = H/A$ eingeführt werden.

Die Beziehung (7.1) ist in der σ, τ- Ebene eine Gerade, welche die σ-Achse im Punkt $-\sigma_0$ trifft (vergl. Abb. 7.1, rechte Seite). Bei dieser

Darstellung bedeutet wie im folgenden stets $\sigma > 0$ Druckspannungen, $\sigma < 0$ Zugspannungen.

Die Spannungen sind offensichtlich Meßgrößen, die an Proben meßbar sind, bei denen die nominelle Fläche A sehr viele Einzelkontakte betrifft. Die an den einzelnen Kontaktstellen übertragenen Haftkräfte wirken nur im unmittelbaren Kontaktbereich (Nahwirkung). Sie leisten keinen Beitrag zum Kräftegleichgewicht an der Probe.

Üblicherweise betrachtet man an Stelle des aus vielen Einzelpartikeln bestehenden Schüttgutes ein Kontinuum, desses Materialeigenschaften der Gleichung (7.1) gehorchen. Verknüpft man nun die Gleitbedingung Gleichung (7.1) mit der Mohrkreisdarstellung von Spannungszuständen, so wird man Gleitvorgänge im Schüttgut postulieren für den Fall, daß der größte Mohrkreis die Grenzlinie Gleichung (7.1) tangiert. Die Ebenen, in denen Gleiten des Materials stattfindet, sind dann durch den Berührpunkt σ, τ bzw. den spiegelbildlich zur σ-Achse gegebenen Punkt σ, $-\tau$ festgelegt (vergl. Abb. 7.1, rechte Seite).

Üblicherweise wird an Stelle des Abszissenendpunktes $-\sigma_0$ der Ordinatenschnittpunkt der Grenzlinie, die sogenannte Kohäsion c zur Charakterisierung des kohäsiven Materialverhaltens herangezogen. Wie man aus Abb. 7.1 abliest, sind die Kohäsion c und die physikalisch anschaulichere Haftspannung σ_0 über die Beziehung $\tan\rho = c/\sigma_0$ miteinander verknüpft.

Gemäß diesem einfachsten Modell eines kohäsiven Schüttgutes ist ein solches durch die beiden Materialkonstanten innerer Reibungswinkel ρ und Haftspannung σ_0 (oder gleichwertig mit σ_0: Kohäsion c) beschrieben.

Offensichtlich besitzt ein kohäsives Schüttgut eine Druckfestigkeit f_c, die größer Null ist, d.h. es ist fähig, Spannungszustände aufzubauen, bei denen mindestens eine Hauptspannung verschwindet, eine oder die beiden Hauptspannungen dagegen größer Null ist bzw. sind (vergl. Abb. 7.1, rechte Seite). Wie man aus Abb. 7.2 unmittelbar entnimmt, ist diese Eigenschaft die notwendige Voraussetzung dafür, daß sich in einem belasteten Schüttgut freie Oberflächen ausbilden können.

Die bekannten und gefürchteten Betriebsstörungen Brückenbildung (Abb.

7.2, links) bzw. Schachtbildung (Abb. 7.2, rechts) bei der Bunkerung kohäsiver Schüttgüter haben ihre Ursache also letztlich in den zwischen den Partikelkontakten übertragenen Haftkräften.

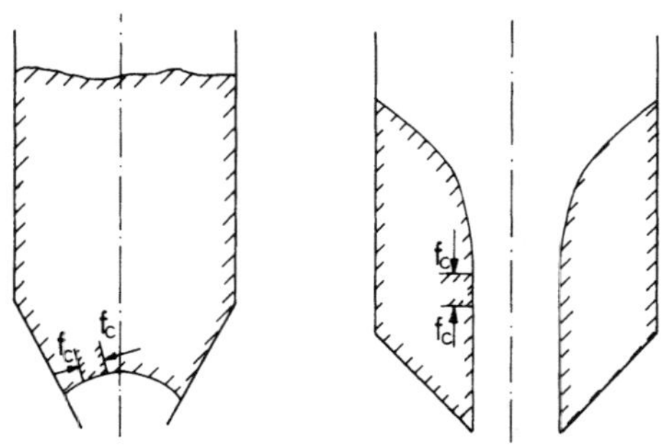

Abb. 7.2: Freie Oberflächen in einem belasteten Schüttgut

Entsprechend einer von Rumpf [1] gegebenen Zusammenstellung können für die Haftkräfte zwischen Partikeln verschiedene Mechanismen maßgeblich sein. Diese können sein:

Flüssigkeitsbrücken zwischen Partikeln bzw. flüssigkeitsgefüllte Hohlräume in der Schüttung als Folge gezielter Befeuchtung oder kondensierender Flüssigkeit im Schüttgut,

Festkörperbrücken infolge von aus Lösungen auskristallisierenden Feststoffen beim Trocknen von Schüttgütern,

bei Feststoffen mit Löslichkeit: infolge der Feuchte im Gut Anlösen an den Kontaktstellen, Festkörperbrücken aus dem Partikelmaterial selbst. Bei erhöhten Temperaturen bzw. bei Feststoffen mit niedrigen Schmelzpunkten: Sinterbrücken zwischen den Partikeln.

Unter Umständen starke Beeinflussung der Haftkräfte bei Fließvorgängen in Schüttgütern durch elektrostatische Effekte.

Unter normalen Umgebungsbedingungen dürften insbesondere bei feinkörnigen Partikeln van der Waals-Kräfte zwischen den Feststoffpartikeln den wesentlichen Anteil an den Haftkräften ausmachen, wobei die direkte Feststoff/Feststoff-Wechselwirkung durch Adsorptionsschichten auf den Feststoffoberflächen modifiziert ist.

Im folgenden werden daher insbesondere van der Waals-Wechselwirkungen zwischen den Partikeln als maßgeblich für das Phänomen der Kohäsion bei feinkörnigen Schüttgütern angesehen.

Für ein tieferes Verständnis über das Verhalten kohäsiver Schüttgüter kann man den Aufbau einer Schüttung aus vielen Einzelpartikeln nicht übergehen. Ein Beispiel hierfür ist die wohlbekannte Tatsache, daß ein und dasselbe Material, vergleichsweise grobkörnig, mit Partikeln im Korngrößenbereich von etwa 1 mm kohäsionslos, dagegen fein aufgemahlen auf eine mittlere Korngröße von etwa 10 µm dagegen eindeutig kohäsiv sein kann. Wenn beide Schüttgüter, das grobkörnige wie das feinkörnige durch Zerkleinerung erhalten wurden, darf man davon ausgehen, daß die Feinstrukturen der Oberflächen sich nicht wesentlich unterscheiden. Zwar nimmt die Koordinationszahl, d.h. die Anzahl kontaktierender Nachbarpartikeln in aller Regel beim Übergang zum feinkörnigen Gut ab, jedoch nicht um Größenordnungen. Was sich jedoch beim Übergang vom grobkörnigen zum feinkörnigen Schüttgut um Größenordnungen ändert, ist die pro Partikelkontakt übertragene Last. Hierin muß die Ursache für die Korngrößenabhängigkeit der Kohäsion gesehen werden. Fließeigenschaften kohäsiver Schüttgüter interessieren in der technischen Praxis hauptsächlich für das Ausfließen aus Gefäßen technischer Abmessungen, z.B. aus Bunkern mit Dimensionen in der Größenordnung von Metern.

Die Vertikaldruckverteilung im Schüttgut innerhalb des zylindrischen Teiles eines Bunkers läßt sich mit Hilfe der altbekannten Formel von Janssen [2] abschätzen. In dimensionsloser Darstellung lautet diese für ein kreiszylindrisches Gefäß mit dem Durchmesser D:

$$\frac{p_v}{p_{v\,max}} = 1 - \exp(-4\,\lambda \tan\phi_w \frac{X}{D}) \ . \tag{7.2}$$

Gleichung (7.2) bringt zum Ausdruck, daß wegen der Abstützung des Gutes über Wandschubspannungen in einem Schüttgut der Vertikaldruck p_v nicht wie in einer Flüssigkeit proportional zur Tiefe X wächst, sondern gegen einen Maximalwert $p_{v\,max}$ strebt. In Abb. 7.3 ist Gleichung (7.2) beispielhaft für die realistischen Materialdaten Horizontaldruckverhältnis $\lambda = 0{,}22$ und Wandreibungswinkel $\phi_w = 33^o$ dargestellt. Wie die mit eingezeichnete Bunkergeometrie andeutet, wird der Wert $p_{v\,max}$ erst für sehr schlanke Geometrien erreicht. Für in der Praxis vorkommende Geometrien ist aber die Abschätzung $p_v/p_{v\,max} \approx 0{,}5$ nicht unrealistisch, wie die eingezeichneten Pfeilwege andeuten.

Mit dem expliziten Ausdruck für $p_{v\,max}$ läßt sich dieses Ergebnis auch als

$$p_v \approx 0{,}1 \; \frac{\rho_{Sch}\, g\, D}{\lambda \tan \phi_w} \tag{7.3}$$

mit der Schüttdichte ρ_{Sch} und der Erdbeschleunigung g schreiben.

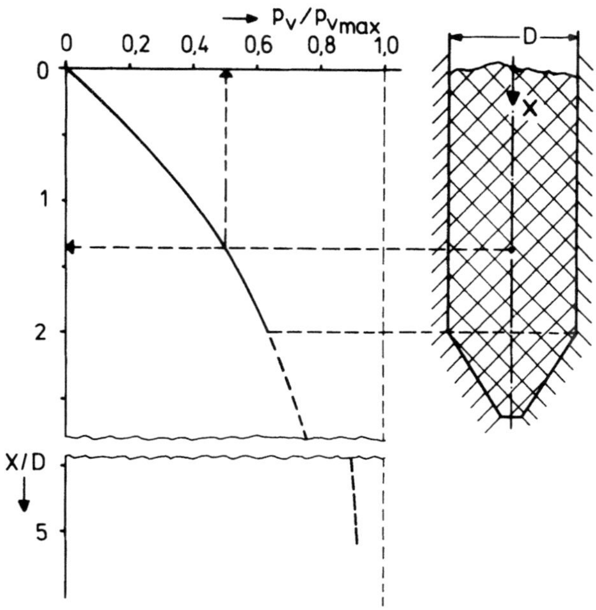

Abb. 7.3: Dimensionslose Darstellung des Vertikaldruckverlaufes im zylindrischen Teil eines Silos

Als primitivstes Modell einer Partikelanordnung kann eine kubische Packung gleich großer Kugeln angesehen werden. Für diesen primitivsten Modellfall, dessen Hohlraumvolumenanteil $\varepsilon = 0{,}52$ und dessen Koordinationszahl $k = 6$ durchaus im Bereich der Packungen feinkörniger Partikeln liegen, errechnet sich die pro Partikel übertragene Vertikallast ganz einfach zu

$$F_p = p_v\, d_p^{\,2} \; .$$

Mit Hilfe von Gleichung (7.3) folgt dann die pro Partikel übertragene Vertikallast bei der Lagerung von Partikeln der Größe d_p in einem Gefäß vom Durchmesser D im Erdschwerefeld zu

$$F_p = 0{,}1 \; \frac{\rho_{Sch}\, g\, D\, d_p^{\,2}}{\lambda \tan \phi_w} \; . \tag{7.4}$$

Setzt man in die Beziehung (7.4) für die technische Praxis relevante Werte ein ($\rho_{Sch} \approx 10^3$ kg/m³; λ und ϕ wie zuvor), so erhält man die Zahlenwertgleichung für die Kontaktkraft in der Maßeinheit Newton:

$$\frac{F_p}{N} \approx 10^{-8}\left(\frac{D}{m}\right)\left(\frac{d_p}{\mu m}\right)^2 \quad . \qquad (7.5)$$

An Hand von Gleichung (7.5) macht man sich unmittelbar klar, daß beim Übergang von einer Korngröße $d_p = 10$ µm auf eine Korngröße $d_p = 1$ mm die in den Partikelkontakten übertragenen Druckkräfte um den Faktor 10^4 anwachsen. Durch Druckkräfte zwischen den Partikeln werden die zwischen den Partikeln wirksamen Haftkräfte vergrößert. Letzten Endes ist z.B. das Tablettieren nichts anderes als die technologische Nutzung dieses Effektes.

Maßgeblich dafür, ob ein Schüttgut als kohäsiv angesehen werden muß, ist jedoch nicht die absolute Größe der Haftkräfte, sondern deren relative Größe im Vergleich zu den in den Partikelkontakten übertragenen Kräften infolge von Eigengewicht der Schüttung oder infolge von äußeren Lasten. Diese Eigenart kohäsiver Schüttgüter läßt sich mit Hilfe der von Schütz und Schubert [3] publizierten Haftkraftmessungen an Kalksteinpartikeln erklären. Bei ihren Untersuchungen haben Schütz und Schubert Einzelpartikeln mit einer Korngröße von etwa 60 µm im Fliehkraftfeld an Metalloberflächen zunächst angepreßt und danach abgeschleudert. In Abb. 7.4 sind ihre Ergebnisse als gemessene Haftkräfte H_p der Einzelpartikel über der Anpreßkraft F_p aufgetragen. Wie die doppeltlogarithmische Darstellung der Meßergebnisse zeigt, wächst die Haftkraft mit zunehmender Preßkraft zunächst vergleichsweise stark, während weiter zunehmende Preßkräfte einen vergleichsweise geringeren Zugewinn an Haftkraft liefern. Das Verhältnis Haftkraft zu Preßkraft (H_p/F_p), das in Abb. 7.4 mit eingezeichnet ist, fällt dagegen stark mit zunehmender Preßkraft F_p.

Eine mögliche Erklärung für diesen Verlauf kann darin gesehen werden, daß mit dem Anpressen der Partikeln irreversible Deformationen des unmittelbaren Kontaktbereiches verbunden sind, die zu einer Vergrößerung der tatsächlichen Kontaktfläche und damit einer Verstärkung der van der Waals-Kräfte zwischen Partikeln und Substrat führen.

Bei zunehmenden Preßkräften kann nun die lokale Oberflächenrauhigkeit der Partikeln zunehmend abgeplattet sein, so daß verstärktes Pressen keinen entsprechenden Zuwachs an tatsächlicher Kontaktfläche liefert.

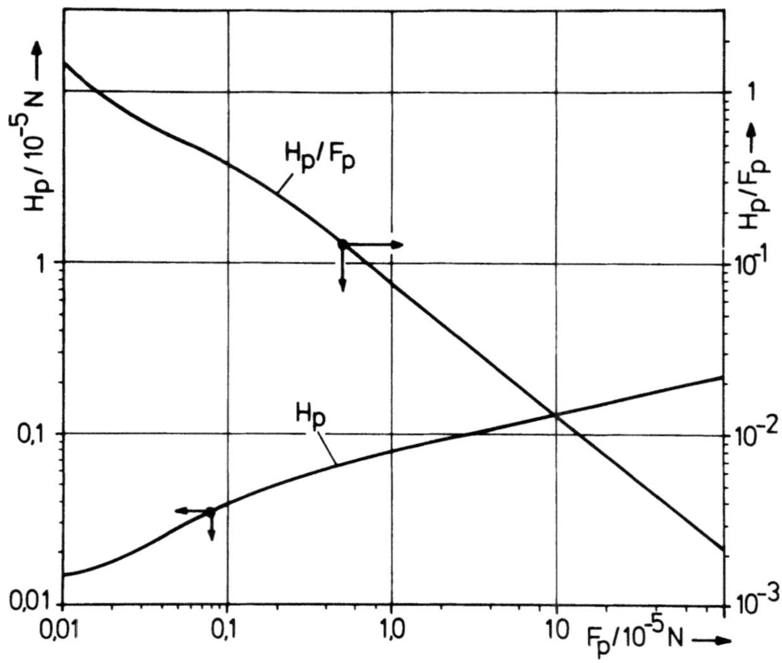

Abb. 7.4: Meßergebnisse von Schütz und Schubert [3] zur Abhängigkeit der Haftkraft von der vorangegangenen Pressung

Wenn auch die von Schütz und Schubert vorgelegten Meßergebnisse für die Materialpaarung Kalksteinpartikel/Metalloberfläche gelten, so erscheint es doch nicht unsinnig, diese auf Schüttgüter anzuwenden, zumal bei unregelmäßig geformten Partikeln die Feinstruktur der Oberflächen sich mit der Korngröße im interessierenden Korngrößenbereich nicht wesentlich ändert. Verknüpft man die Abschätzung Gleichung (7.5) für die Kontaktkraft als Funktion der Partikelgröße mit den Meßergebnissen von Schütz und Schubert, so erhält man für Schüttgüter unter der Einwirkung der Erdschwere in Gefäßen mit technischen Abmessungen für das Verhältnis von Haftkraft zu Preßkraft als Funktion der Korngröße die in Abb. 7.5 wiedergegebene Abschätzung für das Beispiel Kalkstein.

Wie man aus Abb. 7.5 unmittelbar abliest, ist das Verhältnis von Haftkraft zu Preßkraft größer 0,1 für Partikelgrößen $d_p \lesssim 10$ µm, dagegen kleiner als 0,1 für Partikelgrößen $d_p \gtrsim 100$ µm. Diese Abschätzung dürfte auch für andere mineralische Stoffe zutreffen.

Die voranstehend beschriebenen Überlegungen und Auswertungen von Messungen führen zu folgenden Ergebnissen:

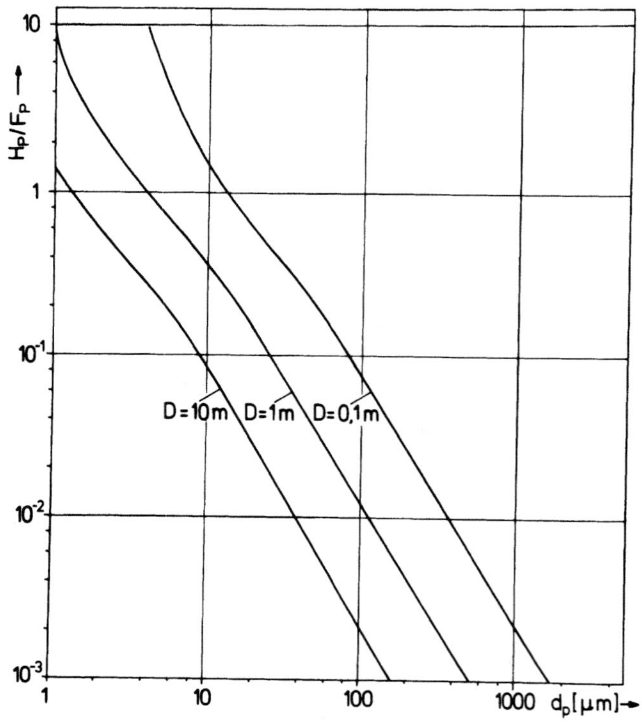

Abb. 7.5: Verhältnis Haftkraft zu Preßkraft in den Partikelkontakten als Funktion der Korngröße für Kalkstein in Gefäßen mit technischen Abmessungen

Abb. 7.5 zeigt die Korngrößenabhängigkeit des Verhältnisses von Haftkraft zu Preßkraft bei gegebenem Belastungsniveau. Zwei kohäsive Schüttgüter dürfen daher nur dann als gleichwertige Materialien hinsichtlich ihres Fließverhaltens angesehen werden, wenn sie nicht nur hinsichtlich ihrer stofflichen Zusammensetzung, sondern auch hinsichtlich Korngrössenverteilung und Kornform bzw. der im Innern des Schüttgutes vorhandenen Gasatmosphäre einschließlich Temperatur und Feuchte übereinstimmen. Es genügt daher für kohäsive Schüttgüter i.a. nicht wie bei elastischen Körpern für eine bestimmte Stoffklasse, beispielsweise Stahl, den Elastizitätsmodul und die Querzahl, oder bei einem Newtonschen Fluid wie etwa Wasser die temperaturabhängige Viskosität ein für allemal zu messen und mit den für die Stoffart universellen Stoffdaten danach zu rechnen. Für ein bestimmtes, vorgegebenes kohäsives Schüttgut muß man in der Regel dessen Fließeigenschaften messen. Die Größe der später mobilisierten Haftkräfte hängt aber von der vorangegangenen Pressung ab (vergl. Abb. 7.4). Da die Fließeigenschaften eines kohäsiven Schüttgutes also von dessen vorangegangener Belastung abhängen, ist sowohl bei der

Konstruktion der Meßgeräte wie bei der Durchführung und Auswertung der Messungen besondere Aufmerksamkeit angebracht. Aus konstruktiven Gründen lassen sich in Meßgeräten nicht beliebige Beanspruchungsgeschichten, sondern im Grunde genommen nur eine eng begrenzte Auswahl realisieren.

In der Praxis dienen die Messungen zur Auslegung technischer Einrichtungen. Man hat dann aber insbesondere dafür zu sorgen, daß im Meßgerät auch der Vorgang im technischen Apparat simuliert wird. Diese Forderung muß nicht nur durch die Konstruktion des Meßgerätes prinzipiell realisierbar sein, sondern überdies durch eine fest vereinbarte Prozedur der Durchführung der Messungen erfüllt werden. Beim Vergleich von Meßergebnissen schließlich hat man zu prüfen, ob in den zum Vergleich herangezogenen Fällen auch tatsächlich gleiche Beanspruchungsvorgeschichten realisiert wurden.

Aus Abb. 7.5 ist eine weitere, für die Praxis wichtige Eigenart kohäsiver Schüttgüter zu entnehmen. Mit abnehmendem Gefäßdurchmesser nimmt das Belastungsniveau der Partikelkontakte ab, und damit nimmt gemäß Abb. 7.5 das Verhältnis Haftkraft zu Preßkraft mit abnehmender Gefäßabmessung zu, d.h. ein Schüttgut, das in einem Gefäß mit 1 m Durchmesser noch einwandfrei fließt, kann eine vertikale Rohrleitung von 0,1 m Durchmesser bei alleiniger Wirkung der Schwerkraft schon verstopfen. Diese Eigenart ist letztendlich auch der Grund dafür, daß die kritischen Querschnitte die kleinsten, d.h. z.B. die Austrittsquerschnitte aus Bunkern sind.

3. Elemente einer Theorie der Fließeigenschaften kohäsiver Schüttgüter

Aus den voranstehend beschriebenen Überlegungen folgt zwingend, daß im allgemeinen Fall ein theoretisches Modell eines kohäsiven Schüttgutes mit unveränderlich vorausgesetzten Haftkräften, d.h. charakterisiert durch eine einzige Gleitbedingung gemäß Gleichung (7.1) eine unzulässige Übervereinfachung der Realität darstellt.

Im nachstehenden wird daher ein theoretisches Modell eines kohäsiven Schüttgutes hergeleitet, das auf folgenden Elementen aufgebaut ist:

a) Die wahren Kontaktflächen zwischen den Partikeln seien im Vergleich zur gesamten Oberfläche der Partikeln so klein, daß sie als Kontaktpunkte, in denen Kräfte übertragen werden, idealisiert werden dürfen.

b) Es wird ein einfaches Modell für die Übertragung eingeprägter Spannungen durch eine Anordnung von Partikeln hindurch vorgeschlagen, bei dem die Kraftübertragung als über die Kontaktpunkte an den Partikeloberflächen erfolgend angesehen wird.

c) Die Modifikation der in den Partikelkontakten übertragbaren Haftkräfte durch die eingeprägten Kräfte wird berechnet.

d) Der Zustand des stationären Fließens wird aus der Bedingung hergeleitet, daß beim stationären Fließen die in den Partikelkontakten übertragbaren Haftkräfte durch die momentan wirkenden eingeprägten Kräfte festgelegt sind.

e) Der Zustand des beginnenden Fließens eines überverfestigten Schüttgutes wird als von den von der vorangegangenen Verfestigung erzeugten Haftkräften abhängend berechnet. Es zeigt sich hierbei, daß explizite Abhängigkeiten nur jeweils für ganz spezielle Belastungsvorgeschichten berechenbar sind.

f) Insbesondere folgt aus der Theorie, daß ein verfestigtes Schüttgut im allgemeinen mechanisch anisotrop, d.h. in seinen Eigenschaften richtungsabhängig ist. Diese mechanische Anisotropie läßt sich experimentell nachweisen.

4. Spannungsübertragung in einer Zufallspackung von kugeligen Partikeln

Für die Spannungsübertragung innerhalb eines genügend kleinen Volumenbereiches eines kohäsiven Schüttgutes wird angenommen, daß sie sich wie für einen Punkt eines Kontinuums, d.h. durch einen symmetrischen Spannungstensor beschreiben läßt. Auf der Gültigkeit dieser Annahme beruht die wohlbekannte grafische Darstellung von Spannungszuständen mit Hilfe von Mohrkreisen ebenso wie die Eigenschaft von Spannungszuständen, daß jeder beliebige Spannungszustand durch Überlagerung dreier untereinander orthogonaler einachsiger Spannungszustände darstellbar ist.

Da bisher auch bei sorgfältigen und vollständigen Spannungsmessungen an Schüttgutproben (siehe z.B. [4]) keine merkbaren Widersprüche zur Mohrkreisdarstellung festgestellt wurden, dürfen im Rahmen der bisher erreichten Meßgenauigkeiten auch die voranstehend beschriebenen, zur Mohrkreisdarstellung äquivalenten Eigenschaften von Spannungszuständen bei kohäsiven Schüttgütern als erfüllt angesehen werden. Startpunkt der Herleitung einer einfachen Modellvorstellung zur Spannungsübertragung in Schüttgütern ist daher die Übertragung eines isostatischen Spannungszustandes durch eine gleichmäßige Zufallspackung aus gleich großen Kugeln. Eine gleichmäßige Zufallspackung ist gleichbedeutend mit geometrischer Isotropie der Packung. Bei geometrischer Isotropie der Packung sind aber die Kontaktpunkte zwischen benachbarbarten Partikeln gleichmäßig über die Partikeloberfläche verteilt.

Bei einer Koordinationszahl k und einem Kugelradius r ist die mittlere Kontaktzahl pro Oberflächenelement

$$d H = k \frac{d S}{4 \pi r^2} \quad . \qquad (7.6)$$

Zusammen mit der Isotropie des isostatischen Spannungszustandes folgt aber aus der Isotropie der Lage der Kontakte, daß die Beträge der zwischen den Partikeln übertragenen Kontaktkräfte im statistischen Mittel für jede beliebige Orientierung der Kontakte gleich groß sind.

Bei der Übertragung eines isostatischen Spannungszustandes durch eine Packung muß durch jede beliebig orientierte Ebene in der Packung eine Druckspannung σ übertragen werden. In der zweidimensionalen Darstellung entsprechend Abb. 7.6 ist eine solche beliebige Ebene durch die Gerade $\overline{gg}$ repräsentiert.

Die sich um die Gerade $\overline{gg}$ windende dick ausgezogen gezeichnete Linie deutet an, wo Partikelkontakte zur Übertragung dieser Druckspannung herangezogen werden.

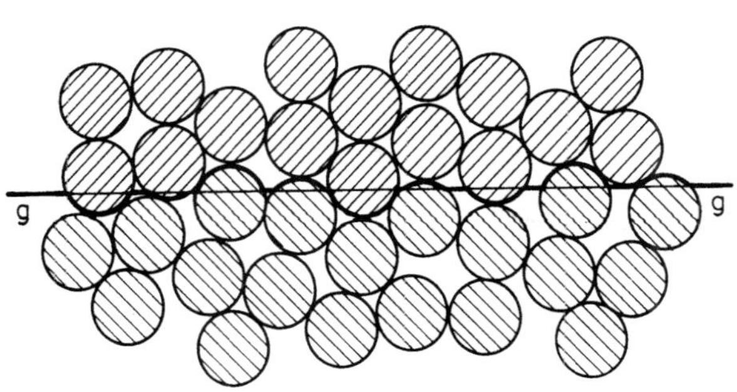

Abb. 7.6: Spannungsübertragung in einer Packung

Bei isotroper Zufallspackung und isostatischem Spannungszustand ist die Annahme einer isotropen Verteilung von normal zu den Partikeloberflächen orientierten Druckkräften in den Partikelkontakten zumindest plausibel.

Für eine beliebige, von der Ebene $\overline{gg}$ geschnittene Kugel, deren Mittelpunkt sich im Abstand ζ von der Ebene $\overline{gg}$ befindet, gilt für die Spannungsübertragung die in Abb. 7.7 dargestellte Situation. Es wird vorausgesetzt, daß die Ebene $\overline{gg}$ n Partikeln schneidet. Die absolute Anzahl der Partikeln mit einem Abstand im Intervall zwischen ζ und $\zeta + d\zeta$ von der Ebene $\overline{gg}$ ist wegen der Gleichwahrscheinlichkeit bei gleichmässiger Zufallspackung

$$n_\zeta = n \frac{d\zeta}{r} . \qquad (7.7)$$

Die von den Partikeln mit im Abstandsintervall $(\zeta, \zeta + d\zeta)$ befindlichen Mittelpunkten insgesamt übertragene Kraftkomponente senkrecht zur Ebene $\overline{gg}$ folgt dann aber mit den Beziehungen (7.6) und (7.7) zu

$$d K = \left[\frac{k}{4 \pi r^2} \int_S F \cos\phi \, d S \right] n \frac{d\zeta}{r} .$$

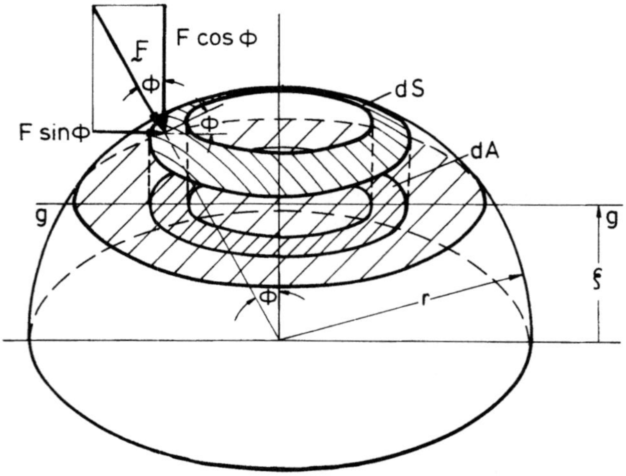

Abb. 7.7: Kraftübertragung in einem Partikelkontakt

Entsprechend Abb. 7.7 gilt aber

$$d A = \cos\phi \; d S$$

und damit

$$\int_S \cos\phi \, d S = \int_A d A = \pi(r^2 - \zeta^2) .$$

Damit erhält man aber

$$K = \frac{k F n}{4 r^3} \int_0^r (r^2 - \zeta^2) \, d \zeta = \frac{k F n}{6} \quad . \tag{7.8}$$

Der von den Partikeln mit Mittelpunkten im Abstandsintervall (ζ, $\zeta + d\zeta$) insgesamt gelieferte Beitrag zur Schnittfläche der Partikeln in der Ebene $\overline{gg}$ ist

$$d A_p = \pi(r^2 - \zeta^2) \, n \frac{d\zeta}{r} \quad .$$

Dann ist aber die Gesamtschnittfläche der Partikeln in der Ebene $\overline{gg}$

$$A_p = \frac{n\pi}{r} \int_0^r (r^2 - \zeta^2) \, d \zeta = n \, \frac{2 \pi r^2}{3} \quad . \tag{7.9}$$

Da bei einer gleichmäßigen Zufallspackung die Volumenporosität gleich der Flächenporosität in jeder beliebigen Schnittebene ist, gilt

$$A_p = A_t \, (1 - \varepsilon) \; , \tag{7.10}$$

wenn mit A_t die Gesamtquerschnittsfläche in der Ebene $\overline{gg}$ bezeichnet wird. Aus den Beziehungen (7.9) und (7.10) folgt dann die Gesamtzahl der von der Ebene $\overline{gg}$ geschnittenen Partikeln zu

$$n = \frac{3 A_t \, (1 - \varepsilon)}{2 \pi r^2} \quad . \tag{7.11}$$

Einsetzen von (7.11) in (7.8) liefert die insgesamt in der Ebene $\overline{gg}$ übertragene Druckkraft K zu

$$K = \frac{Fk}{6} \, \frac{3 A_t \, (1 - \varepsilon)}{2 \pi r^2} \quad .$$

Damit ist aber der Zusammenhang zwischen der pro Partikelkontakt übertragenen Druckkraft F und der isostatischen Spannung $\sigma = K/A_t$ durch

$$\sigma = \frac{F}{4\,r^2}\,\frac{k\,(1-\varepsilon)}{\pi}\ ,$$

bzw. mit dem Kugeldurchmesser $d_p = 2\,r$ durch

$$\sigma = \frac{F}{d_p^{\,2}}\,\frac{k\,(1-\varepsilon)}{\pi} \qquad (7.12)$$

gegeben.

Die Analyse des isostatischen Spannungszustandes liefert also zwischen pro Kontakt übertragener Druckkraft F und der Spannung σ den Zusammenhang gemäß Gleichung (7.12).

Da wegen der Symmetrie des Spannungstensors jeder beliebige Spannungszustand als Überlagerung dreier untereinander orthogonaler einachsiger Spannungszustände darstellbar ist, muß auch der isostatische Spannungszustand als Überlagerung dann dreier dem Betrag nach untereinander gleich großer und untereinander orthogonaler Spannungszustände σ_x, σ_y, σ_z darstellbar sein. In Abb. 7.8 seien die kartesischen Koordinaten x, y, z in Richtung dieser Spannungen orientiert.

Als Folge des isostatischen Spannungszustandes $\sigma_x = \sigma_y = \sigma_z = \sigma$ werde im Punkt P an der Partikeloberfläche eine Druckkraft $\underset{\sim}{F}$ übertragen. Die Winkel zwischen dem Fahrstrahl $\underset{\sim}{r}$ vom Kugelmittelpunkt an den Oberflächenpunkt P und den Koordinatenachsen seien ϕ, χ und ψ. Die Komponenten des Vektors $\underset{\sim}{F}$ in Richtung der Koordinatenachsen x, y, z sind dann $F\cos\phi$, $F\cos\chi$ und $F\cos\psi$. Diese drei Komponenten von F sind dann aber gleichzeitig die Beiträge der Normalspannungen σ_x, σ_y, σ_z.

Aus dem Vergleich zwischen Abb. 7.7 und Abb. 7.8 folgt dann aber zusammen mit der Herleitung der Beziehung (7.12) zwischen F und σ, daß die Summation über alle Komponenten $F\cos\phi$ gerade die in der Ebene $\overline{gg}$ übertragene Normalspannung σ liefert.

Mit diesem Ergebnis läßt sich aber die Übertragung eines einachsigen Spannungszustandes durch eine Packung von Partikeln hindurch wie folgt beschreiben:

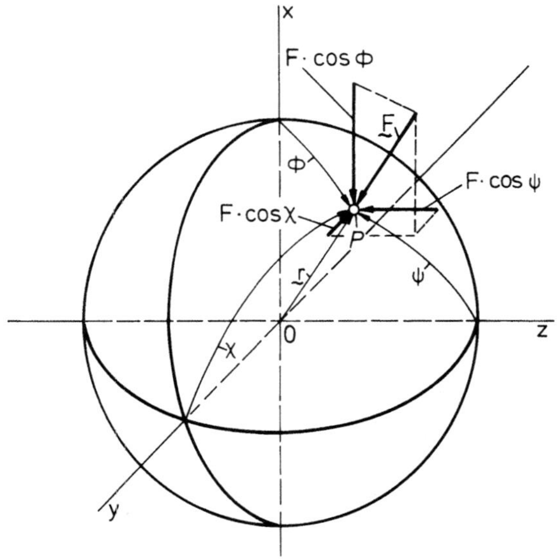

Abb. 7.8: Komponenten der in einem Partikelkontakt übertragenen Druckkraft

Es bezeichne P einen Partikelkontakt an der Kugeloberfläche und ϕ den Winkel zwischen dem Fahrstrahl vom Kugelmittelpunkt an P und der Richtung des einachsigen Spannungszustandes. Dann wird in P eine Kraft $F \cos\phi$ übertragen, die in Richtung von σ wirkt, wobei zwischen F und σ der Zusammenhang Gleichung (7.12) gilt.

Aus der Zerlegung von $F \cos\phi$ in je eine Komponente normal bzw. tangential zur Kugeloberfläche folgt dann aber (vergl. Abb. 7.9)

$$\left.\begin{aligned} N(\phi) &= F\cos^2\phi = \frac{F}{2}\,(1+\cos 2\phi)\;, \\ T(\phi) &= F\sin\phi\,\cos\phi = \frac{F}{2}\,\sin 2\phi\;. \end{aligned}\right\} \qquad (7.13)$$

Wenn ϕ den Winkel bezeichnet, um den eine Ebene geneigt ist gegenüber einer Ebene, über die eine einachsige Normalspannung σ übertragen wird, so gelten bekanntermaßen für die in der geneigten Ebene übertragene Normalspannung $\sigma(\phi)$ bzw. Schubspannung $\tau(\phi)$ die Beziehungen

$$\left.\begin{aligned} \sigma(\phi) &= \frac{\sigma}{2}\,(1+\cos 2\phi)\,, \\ \tau(\phi) &= \frac{\sigma}{2}\,\sin 2\phi\;. \end{aligned}\right\} \qquad (7.14)$$

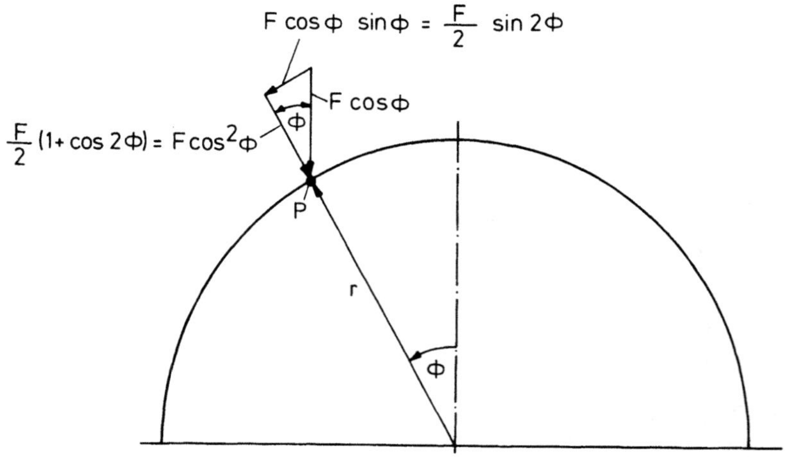

Abb. 7.9: Normal- und Tangentialkraftkomponenten einer Kontaktkraft bei einachsigem Spannungszustand

Aus dem Vergleich der Beziehungen (7.13) und (7.14) folgt dann aber unmittelbar, daß für die Kontaktkraftkomponenten bei einachsigem Spannungszustand dieselbe Abhängigkeit vom Winkel ϕ gilt wie für die Spannungen. Da aber jeder beliebige Spannungszustand darstellbar ist als Überlagerung dreier untereinander orthogonaler einachsiger Spannungszustände, gilt diese Eigenschaft allgemein für jeden beliebigen Spannungszustand.

Spannungszustände lassen sich anschaulich mit Hilfe von Mohrkreisen grafisch darstellen. Für eine beliebig orientierte Schnittrichtung liegen die darauf wirkende Normalspannung bzw. Schubspannung in dem in Abb. 7.10 schraffiert gezeichneten Gebiet einschließlich seiner Ränder. In Abb. 7.10 sind die untereinander senkrechten Hauptspannungen mit σ_1, σ_2, σ_3 bezeichnet.

Fließvorgänge in Schüttgütern kommen durch Abgleiten von Partikelkontakten zustande. Hierfür sind aber die jeweils relativ zu den Normalspannungen größten Schubspannungen von besonderem Interesse. Diese sind aber auf dem Umfang des größten Mohrkreises gelegen. Bezeichnet man mit σ_M dessen Mittelpunktskoordinate und mit σ_R dessen Radius, so gilt für dessen Umfangspunkte die Darstellung

$$\left.\begin{aligned} \sigma(\phi) &= \sigma_M + \sigma_R \cos 2\phi, \\ \tau(\phi) &= \sigma_R \sin 2\phi. \end{aligned}\right\} \qquad (7.15)$$

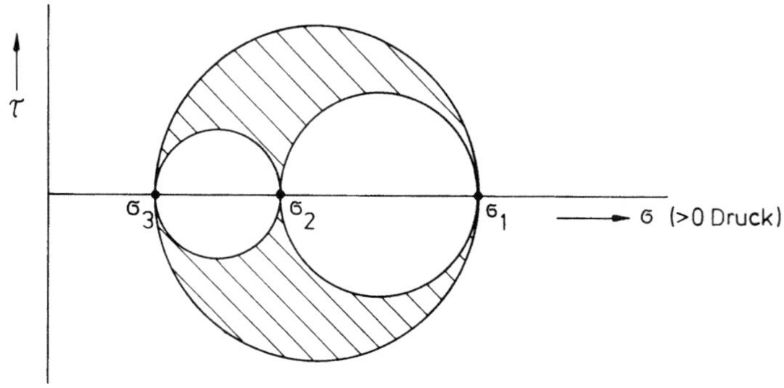

Abb. 7.10: Darstellung von Spannungszuständen durch Mohrkreise

In (7.15) bezeichnet ϕ analog wie zuvor den Winkel, den die Ebene, auf der die Normalspannung $\sigma(\phi)$ und die Schubspannung $\tau(\phi)$ wirken, mit der Ebene einschließt, auf der die größte Hauptspannung σ_1 wirkt.

Wegen der zuvor abgeleiteten Äquivalenz der Darstellung von Spannungen bzw. Kontaktkräften gilt dann für entsprechend orientierte Partikelkontakte analog zu den Gleichungen (7.13)

$$\left.\begin{aligned} N(\phi) &= F_M + F_R \cos 2\phi , \\ T(\phi) &= F_R \sin 2\phi . \end{aligned}\right\} \qquad (7.16)$$

Zwischen Kontaktkräften und Spannungen gelten insbesondere analog zu Gleichung (7.12) die Beziehungen

$$\left.\begin{aligned} \sigma_M &= \frac{k\,(1-\varepsilon)}{\pi}\,\frac{F_M}{d_p{}^2} , \\ \sigma_R &= \frac{k\,(1-\varepsilon)}{\pi}\,\frac{F_R}{d_p{}^2} . \end{aligned}\right\} \qquad (7.17)$$

Dies bedeutet aber, daß die Mohrkreisdarstellung für die Kraftübertragung in Partikelkontakten ebenfalls gilt.

Spannungen und Kontaktkräfte sind daher einfach über einen Faktor

$$\frac{k\,(1-\varepsilon)}{\pi}\,\frac{1}{d_p{}^2}$$

verknüpft.

5. Zusammenhang zwischen Haftkräften und vorangegangener Verfestigung

Im voranstehenden Abschnitt wurde lediglich die Übertragung äußerer, eingeprägter Kräfte durch eine Partikelschüttung betrachtet. Charakteristische Eigenart kohäsiver Schüttgüter ist aber die Wechselwirkung zwischen äußeren Kräften und den in den Partikelkontakten wirkenden Haftkräften, die wesentlich durch die äußeren Kräfte modifiziert werden (vergl. Abschnitt 2). Ein physikalisch sinnvolles Modell eines kohäsiven Schüttgutes muß daher diese Wechselwirkung zwischen eingeprägten Kräften und Haftkräften enthalten.

Im allgemeinen Fall wird in einem Kontaktpunkt zwischen Partikeln eine beliebig gegen die Partikeloberfläche orientierte Kraft übertragen. Als eine plausible Vereinfachung wird im folgenden angenommen, daß die Ausbildung der Kontaktfläche zwischen den Partikeln und damit die Intensität der Haftkräfte nur von den Komponenten der Kontaktkräfte normal zur Partikeloberfläche abhängt.

Während der Verfestigung eines Schüttgutes herrscht in einem Kontakt in Normalenrichtung zur Oberfläche Gleichgewicht zwischen der vom äußeren Spannungszustand herrührenden Normalkraft, der Anziehungskraft infolge der van der Waals-Wechselwirkung und der elastischen oder plastischen Widerstandskraft des Materials:

$$N + F_{v\,d\,W} = F_W \; . \tag{7.18}$$

Durch eine einfache Modifikation der klassischen Theorie von Hamaker [5] konnte Dahneke [6] das Anwachsen der van der Waals-Kraft mit zunehmender Abplattung eines Kontaktes berechnen.

Dahnekes Ergebnis für die zwischen zwei Kugeln wirkende van der Waals-Kraft lautet

$$F_{v\,d\,W} = \frac{A\,\delta}{12\,Z_o^2}\left(1 + \frac{2\,h}{Z_o}\right). \tag{7.19}$$

In (7.19) bezeichnet A die Hamakerkonstante, Z_o den charakteristischen Haftabstand, h die Gesamtabplattung beider Haftpartner und

$$\delta = \frac{\delta_1\,\delta_2}{\delta_1 + \delta_2} \tag{7.20}$$

definiert das geometrische Mittel der Durchmesser δ_1, δ_2 der beiden Haftpartner.

Der Vergleich zwischen berechneten und gemessenen Haftkräften bei unregelmäßig geformten Partikeln mit Abmessungen größer als 1 µm hat gezeigt, daß als Maß für die Kontaktgeometrie nicht die Nenndurchmesser der Partikeln, sondern deren Oberflächenrauhigkeiten mit Abmessungen kleiner als 1 µm einzusetzen sind [7]. Im folgenden werden daher unter den Größen δ_1 und δ_2 die Abmessungen der Oberflächenrauhigkeiten der Partikeln verstanden. Mit der vereinfachenden Annahme $\delta_1 \simeq \delta_2$ folgt dann aus (7.20)

$$\delta = \frac{\delta_1}{2} \quad . \tag{7.21}$$

Bei rein elastischem Verhalten der Kontakte können die Repulsivkräfte als elastische Widerstandskräfte zwischen den kontaktierenden Partikeln angesehen werden. Nach Hertz [8] gilt für die elastische Widerstandskraft

$$F_W = F_{el} = \frac{2\sqrt{2\delta}}{3\,k_{12}}\,h^{3/2} \tag{7.22}$$

mit

$$k_{12} = k_1 + k_2$$

und

$$k_i = \frac{1-\nu_i}{E_i} \qquad (i = 1,\ 2)\ .$$

Dabei bezeichnen die ν_i die Poissonzahlen bzw. die E_i die Elastizitätsmoduln der unter Umständen unterschiedlichen Partikelmaterialien. Wie im nachstehenden gezeigt wird, läßt sich Dahnekes Annahme eines rein elastischen Verhaltens bei der Verfestigung kohäsiver Schüttgüter durch von außen aufgeprägte Kräfte nicht aufrecht halten.

Wenn außer der van der Waals-Kraft und der Repulsivkraft eine Normalkraft aufgrund eines äußeren Spannungsfeldes in einem Kontakt wirken, so stellt sich Gleichgewicht zwischen Normalkraft N, van der Waals-Kraft F_{vdW} und der elastischen Rückstellkraft F_{el} ein. Nach Wegnahme der äusseren Last N bringt die elastische Rückstellkraft F_{el} das System wieder in die Ausgangslage wie vor Aufbringen der Normallast N zurück. Das bedeutet aber, daß die Größe der Haftkraft nicht von der vorangegangenen Verfestigung abhängt. Ein solches Materialverhalten stünde aber in scharfem Widerspruch zu aller experimenteller Erfahrung mit feinkörnigen, kohäsiven Schüttgütern (vergl. hierzu Abb. 7.4).

Umgekehrt muß dann aber geschlossen werden, daß irreversible Deformationen während der Verfestigung in den Partikelkontakten erzeugt werden, die nach Wegnahme der äußeren Belastung erhalten bleiben und für ein "Einfrieren" der zugehörigen Haftkräfte verantwortlich sind. Unter den als klein vorausgesetzten Deformationen in der Kontaktzone ergibt sich im Falle irreversibler Deformationen die Repulsivkraft nach einfachen Rechnungen zu

$$F_W = F_{pl} = p_f\, f = p_f\, \pi\, \delta\, h \ . \tag{7.23}$$

Da das umgebende, elastisch deformierte Material das plastische Fließen behindert, ist der plastische Fließdruck p_f größer als die bei unbehindertem Fließen beobachtete Fließspannung σ_f.

Theoretische Untersuchungen von Hencky [9] und Inshlinsky [10] lieferten die Abschätzung $p_f \simeq 3\,\sigma_f$.

Einsetzen der Beziehung (7.19) für die van der Waals-Kraft und der Beziehungen (7.22) bzw. (7.23) für elastisches bzw. plastisches Widerstandsverhalten des Materials in das Kräftegleichgewicht (7.18) liefert nach einfachen Umformungen die dimensionslose Darstellung

$$\frac{3\,k_{12}\,N}{\sqrt{\delta}\,z_o^{3/2}} + \frac{3\,k_{12}\,A\sqrt{\delta}}{12\,z_o^{7/2}}\left(1+\frac{2h}{z_o}\right) = \begin{cases} \left(\dfrac{2h}{z_o}\right)^{3/2} & \text{(elastisch)} \\[2ex] \dfrac{3\,\pi\,k_{12}\,p_f\sqrt{\delta}}{2\sqrt{z_o}}\,\dfrac{2h}{z_o} & \text{(plastisch)} \end{cases} \tag{7.24}$$

Die Schlüsselrolle der Gleichung (7.24) für das Verständnis des Verhaltens kohäsiver Schüttgüter läßt sich an Hand der Durchrechnung eines Zahlenbeispiels einsehen.

Schwedes [4] hat sorgfältige Messungen von Fließorten mit Kalksteinpartikeln einer Korngröße $d_p \leq 15$ µm durchgeführt.

Als typischer Wert der Verfestigungsspannung läßt sich aus den Messungen von Schwedes der Zahlenwert

$$\sigma \simeq 7 \cdot 10^3 \text{ Pa}$$

entnehmen. Entsprechend Gleichung (7.12) kann daher die in einem Kontakt übertragene Normalkraft zu

$$N = \frac{\pi}{k\,(1-\varepsilon)}\, d_p^2\, \sigma = 9{,}67 \cdot 10^{-8}\ \text{N} \simeq 1 \cdot 10^{-7}\ \text{N}$$

abgeschätzt werden. Hierbei wurde entsprechend den von Schwedes [4] angegebenen Daten die mittlere Partikelgröße $d_p = 3$ µm und die Porosität $\varepsilon = 0{,}61$ eingesetzt. Weiterhin wurde die aus den Messungen von Smith et alii [11] entnommene Abschätzung benutzt, wonach für das Produkt aus Koordinationszahl und Porosität $k\,\varepsilon \simeq 3 \simeq \pi$ gilt.

Als Zahlenwerte für die Materialkonstanten wurden benutzt:

Charakteristische Haftdistanz:	$Z_o = 4 \cdot 10^{-10}$ m
elastische Eigenschaften	: $k_{12} = 2\,k_1 = 1{,}4 \cdot 10^{-11}$ 1/Pa
plastischer Fließdruck	: $p_f \simeq 5 \cdot 10^8$ Pa
Hamaker-Konstante	: $A \simeq 6 \cdot 10^{-20}$ J
Oberflächenrauhigkeit	: $\delta = \frac{\delta_1}{2} \simeq 0{,}1$ µm $= 1 \cdot 10^{-7}$ m.

Die Wahl dieser Zahlenwerte läßt sich wie folgt begründen: Die Distanz $Z_o = 4 \cdot 10^{-10}$ m ist der Abstand, bei dessen Unterschreitung die intermolekularen Repulsionskräfte stark anwachsen. (Wegen Einzelheiten siehe hierzu z.B. [6]).

Schönert und Steier [12] untersuchten die Sprödbruchgrenze bei der Zerkleinerung feinkörniger Partikeln, d.h. die Korngröße, bei deren Unterschreitung eine zwischen zwei Druckflächen beanspruchte Partikel nicht mehr spröde bricht, sondern unter erheblicher Abplattung nur noch plastische Deformation zeigt.

Aus ihren Untersuchungen an einzelnen Kalksteinpartikeln im Korngrößenbereich $d_p = 1 \div 20$ µm ermittelten Schönert und Steier den plastischen Fließdruck von Kalkstein zu $p_f = 50$ kp/mm² $\simeq 5 \cdot 10^8$ Pa und den Elastizitätsmodul zu $E = 10^4$ kp/mm² $\simeq 10^{11}$ Pa. Mit dem Schätzwert $\nu = 0{,}3$ für die Poissonzahl ergibt sich dann $k_{12} = 1{,}4 \cdot 10^{-11}$ 1/Pa.

Die Hamakerkonstante für Kalkstein ist nicht direkt bekannt, aber in der Arbeit von Dahneke [6] sind für verschiedene Materialien Daten angegeben, wobei für einige Mineralien die Zahlenwerte A im Bereich $6 \cdot 10^{-20}$ J bis $15 \cdot 10^{-20}$ J liegen. Der für die hier wiedergegebene Berechnung benutzte Zahlenwert liegt daher eher an der unteren Grenze und schätzt vorsichtig die Größenordnung der Haftkräfte eher zu gering ein. Aus seinen Haftkraftmessungen an Einzelpartikeln hat Krupp [7] geschlossen, daß das Haftkraftverhalten von Partikeln mit einer Korngröße von d_p = 1 µm und größer durch deren Oberflächenrauhigkeiten im Größenordnungsbereich von etwa 0,1 µm festgelegt ist.

Mit den voranstehend aufgelisteten Zahlenwerten ist die Beziehung (7.24) in Abb. 7.11 dargestellt.

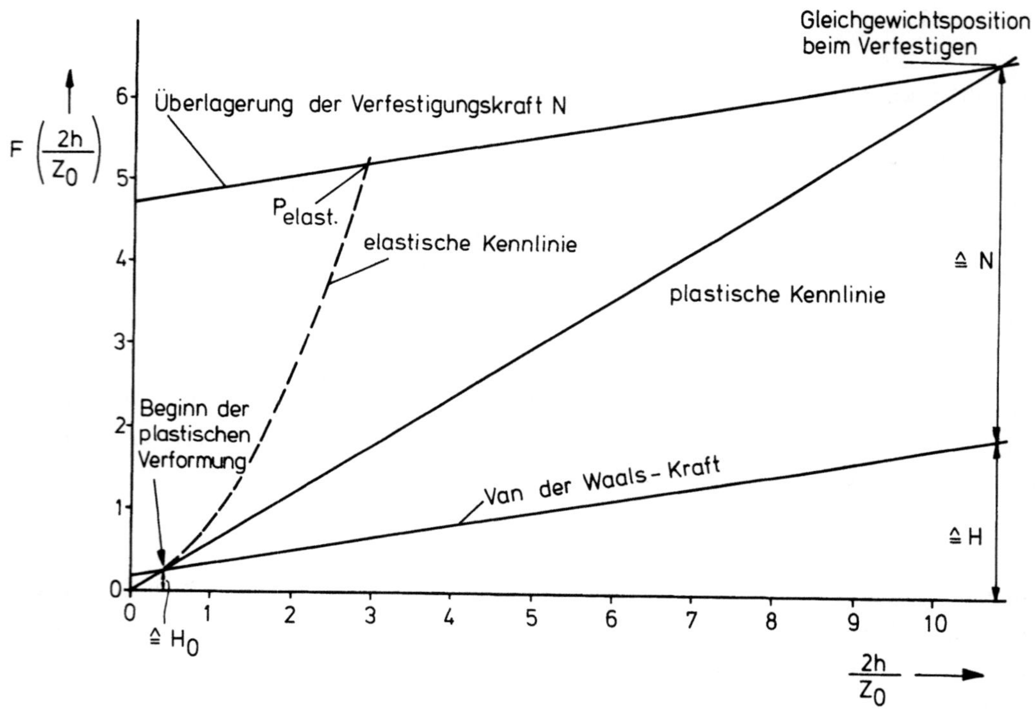

Abb. 7.11: Zahlenmäßige Auswertung der Beziehung (7.24) für Kalksteinpartikeln

In Abb. 7.11 sind die elastische Kennlinie für rein elastisches Verhalten der Kontakte und die plastische Kennlinie für rein plastisches Verhalten der Kontakte über der relativen Abplattung $(2h)/Z_0$ aufgetragen.

Die plastische Kennlinie gilt ab dem Punkt, wo die elastische Kennlinie oberhalb der plastischen Kennlinie liegt. Entsprechend Gleichung (7.24) hat man die Verfestigungskraft N der van der Waals-Kraft zu überlagern. Die Gleichgewichtssituation während der Verfestigung ist daher durch den Schnittpunkt der plastischen Kennlinie mit der Überlagerung von Normalkraft N und der van der Waals-Kraft gegeben.

Die Abb. 7.11 liefert die folgende grundlegende Einsicht, die ein physikalisch begründetes Verständnis des Verhaltens kohäsiver Schüttgüter erlaubt.

Für die hohen Haftkräfte bei verfestigten kohäsiven Schüttgütern sind irreversible, plastische Deformationen der Kontakte während der Verfestigung verantwortlich. Würde man versuchen, die Wirkung der Verfestigung allein durch Zunahme der Koordinationszahl bei abnehmender Porosität zu erklären, so würden sich bei elastischem Kontaktverhalten so geringe Verhältnisse von Haftkraft zu Verfestigungskraft ergeben, wie sie experimentell nicht festgestellt werden.

Bei elastischem Kontaktverhalten würde während der Verfestigung in Abb. 7.11 der Zustandspunkt $P_{elast.}$ erreicht werden. Bei Entlastung würde aber eine reversible elastische Deformation das Kontaktsystem wieder in die mit H_o bezeichnete Situation zurückbewegen. Ein Verhältnis von Haftkraft zu Verfestigungskraft $H_o/N \approx 0{,}03$ entsprechend Abb. 7.11 liegt aber weit unterhalb aller experimenteller Erfahrung.

Da die Auswertung der Gleichung (7.24) mit Hilfe der Abb. 7.11 den Nachweis erbracht hat, daß für die beobachtete Größe der Haftkräfte irreversible Kontaktdeformationen maßgeblich sind, läßt sich jetzt die Gleichung (7.24) zur Ermittlung der durch Verfestigung erzeugten Haftkräfte eindeutig auswerten. Mit plastischem Materialverhalten läßt sich in einfacher Weise die zur Gleichgewichtssituation beim Verfestigen gehörige relative Abplattung $(2\,h)/Z_o$ berechnen. Da bei irreversibler Deformation diese Abplattung erhalten bleibt, folgt aus Gleichung (7.19) die durch Verfestigung erzeugte Haftkraft in einem Partikelkontakt zu

$$H = \frac{A\,\delta}{12\,Z_o^2}\;\frac{\dfrac{3\,\pi\,k_{12}\,p_f\sqrt{\delta}}{2\sqrt{Z_o}} + \dfrac{3\,k_{12}}{\sqrt{\delta}\,Z_o^{3/2}}\,N}{\dfrac{3\,\pi\,k_{12}\,p_f\sqrt{\delta}}{2\sqrt{Z_o}} - \dfrac{3\,k_{12}\,A\sqrt{\delta}}{12\,Z_o^{7/2}}}\,. \qquad (7.25)$$

Einsetzen der zuvor bei der Herleitung der Darstellung Abb. 7.11 benutzten Zahlenwerte liefert aus (7.25) die Beziehung

$$H = \frac{A\,\delta}{12\,Z_o} \; \frac{0{,}52 + 1{,}61}{0{,}52 - 0{,}0518} \quad .$$

Wie dieses Zahlenbeispiel lehrt, ist der zweite Term im Nenner der Beziehung (7.25) vernachlässigbar klein im Vergleich zum ersten. Deswegen wird an Stelle von (7.25) die vereinfachte Beziehung

$$H = \frac{A\,\delta}{12\,Z_o^2} + \frac{A}{6\,\pi\,Z_o^3\,p_f}\,N \qquad (7.26)$$

im folgenden ausschließlich benutzt.

Die beiden in (7.26) auftretenden Terme besitzen eine einfache anschauliche Bedeutung. Der erste Term auf der rechten Seite von (7.26) ist einfach die zwischen starr gedachten Partikeln wirksame Haftkraft, während beim zweiten Term der dimensionslose Faktor $A/(6\,\pi\,z_o^3\,p_f)$ das Verhältnis des van der Waals-Haftdruckes [7] zum plastischen Fließdruck des Partikelmaterials darstellt.

Die Brauchbarkeit der Näherungsgleichung (7.26) läßt sich mit Hilfe der bereits in Abschnitt 2 benutzten Versuchsergebnisse von Schütz und Schubert [3] überprüfen.

Schütz und Schubert haben 60 µm Kalksteinpartikeln an polierte Metallflächen im Fliehkraftfeld angepreßt und danach abgeschleudert. Die von Schütz und Schubert bei niedrigen Preßkräften erzielten Versuchsergebnisse entsprechen dem Belastungsniveau in den Partikelkontakten feinkörniger Schüttgüter. In Abb. 7.12 sind diese Versuchsergebnisse wiedergegeben.

Im Rahmen der erzielbaren Versuchsgenauigkeiten lassen sich die in Abbildung 7.12 dargestellten Versuchsergebnisse durch eine Beziehung von der Form

$$H = H_o + \kappa\,N$$

wiedergeben. wobei aus Abb. 7.12 die Zahlenwerte $H_o \simeq 1 \cdot 10^{-7}$ N und $\kappa = 0{,}3$ abzulesen sind. Der Vergleich mit der Beziehung (7.26) läßt sich jetzt wie folgt bewerkstelligen:

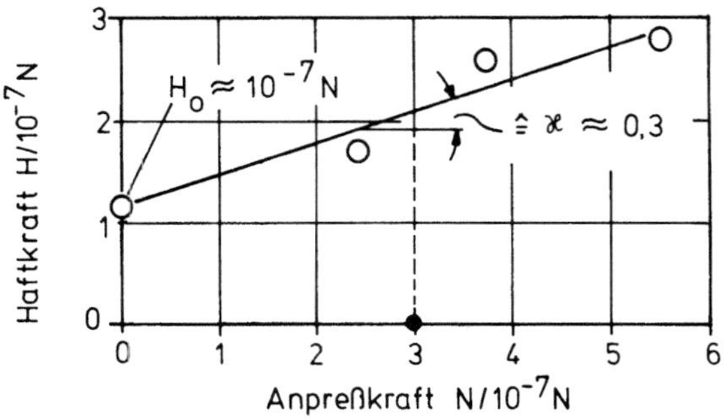

Abb. 7.12: Haftkraftverhalten von schwach gepreßten Kalksteinpartikeln nach Messungen von Schütz und Schubert [3]

Ein vernünftiger Zahlenwert für die Hamaker-Konstante ist nach den voranstehenden Überlegungen $A \simeq 15 \cdot 10^{-20}$ J. Setzt man diesen und die anderen zuvor hergeleiteten Zahlenwerte ($Z_o = 4 \cdot 10^{-10}$ m, $p_f = 5 \cdot 10^8$ Pa für Kalkstein) ein, so erhält man aus dem Vergleich mit (7.26)

$$\kappa = \frac{A}{6\,\pi\, Z_o^3\, p_f} = 0{,}249\ .$$

Dieses Ergebnis stimmt recht gut mit dem direkt gemessenen Zahlenwert $\kappa = 0{,}3$ überein. Der Vergleich mit der Beziehung (7.26) zeigt weiterhin, daß bei dem Vergleich mit experimentellen Ergebnissen das durch Gleichung (7.20) definierte geometrische Mittel der Kontaktgeometrien beider Haftpartner noch offen ist. Für eine im Vergleich zu Kalkstein harte und polierte Metalloberfläche kann δ_2 (Metall) >> δ_1 (Kalkstein) angenommen werden. Eine Kalksteinpartikel mit unregelmäßiger Oberfläche stützt sich in stabiler Lage über mindestens drei Einzelkontakte auf die Metalloberfläche ab.

Man kann jetzt die Meßergebnisse von Schütz und Schubert zusammen mit den zuvor abgeleiteten Daten dazu benutzen, die Oberflächenrauhigkeiten der Kalksteinpartikeln aus Haftkraftmessungen zu berechnen.

Der Vergleich mit der Beziehung (7.26) liefert dann mit $H_o \simeq 1 \cdot 10^{-7}$ N, $Z_o = 4 \cdot 10^{-10}$ m und $A = 15 \cdot 10^{-20}$ J

$$\delta_1 \simeq \delta = \frac{1}{3}\,\frac{12\, H_o\, Z_o^2}{A} \simeq 0{,}43\ \mu\text{m}\ .$$

Dieses Ergebnis beschreibt aber in vernünftiger Weise die Oberflächenrauhigkeiten von Kalksteinpartikeln mit einer nominellen Partikelgröße von $d_p = 60\ \mu m$. Schließlich läßt sich noch zeigen, daß das Belastungsniveau der Partikelkontakte kohäsiver Schüttgüter tatsächlich in dem in Abb. 7.12 dargestellten Bereich liegt. Wie zuvor an Hand der von Schwedes [4] mitgeteilten Versuchsdaten abgeleitet, ist die Größenordnung der pro Partikelkontakt beim Verfestigen übertragenen Normalkraft $N \approx 10^{-7}$ N. Bei stabiler Lagerung unregelmäßig geformter Partikeln auf geschliffenen Metallflächen und damit mindestens drei Unterstützungspunkten ist dann die entsprechende Belastung bei den Versuchen von Schütz und Schubert $N \approx 3 \cdot 10^{-7}$ N. Wie aus Abb. 7.12 unmittelbar abzulesen, liegt dieser Wert genau in dem bei niedrigen Pressungen von Schütz und Schubert eingestellten Belastungsbereich. Die Auswertung eines durchgerechneten Beispiels wie auch von unmittelbaren Haftkraftmessungen bestätigt also sowohl qualitativ wie auch quantitativ die Gültigkeit der vereinfachten Beziehung (7.26) für die Abhängigkeit der Haftkraft in einem Partikelkontakt von der vorangegangenen Verfestigung.

6. Eine Theorie des Fließverhaltens kohäsiver Schüttgüter

Mit Hilfe der in den voranstehenden Abschnitten theoretisch abgeleiteten bzw. aus Experimenten gefolgerten Beziehungen als Bausteinen läßt sich eine Theorie des Fließverhaltens kohäsiver Schüttgüter aufbauen. Wegen deren grundlegender Bedeutung seien diese Bausteine im nachstehenden noch einmal zusammenfassend aufgelistet:

a) Aus der Wechselwirkung zwischen van der Waals-Kräften und den eingeprägten äußeren Kräften folgt für die in einem Kontakt übertragene Haftkraft

$$H = H_o + \kappa N \,. \tag{7.27}$$

Der Term H_o beschreibt die Haftkraft in einem Kontaktpunkt des unverfestigten Schüttgutes. Der Term mit κ beschreibt den Anstieg der im Kontakt übertragenen Haftkraft aufgrund einer zuvor beim Verfestigen im Kontaktpunkt einwirkenden Normalkraft N.

b) Für die Umrechnung zwischen Spannungen und Kontaktkräften wurde eine Modellvorstellung entwickelt, die insbesondere mit dem statischen Gleichgewicht in einem Punkt eines Kontinuums verträglich ist. Das Ergebnis dieser Überlegungen läßt sich wie folgt zusammenfassen: Zwischen Normalspannung σ und Normalkraft N in einem Kontakt, der wie die gedachte Ebene orientiert ist, in der die gedachte Spannung σ wirkt, gilt die Beziehung

$$\sigma = \frac{(1-\varepsilon)\,k(\varepsilon)}{\pi\, d_p^{\,2}}\, N \,. \tag{7.28}$$

Eine genau gleiche Beziehung gilt für den Zusammenhang zwischen Schubspannung τ und Tangentialkraft T im Kontakt:

$$\tau = \frac{(1-\varepsilon)\,k(\varepsilon)}{\pi\, d_p^{\,2}}\, T. \tag{7.29}$$

In den beiden Beziehungen tritt die von der Schüttungsporosität ε abhängige Koordinationszahl k auf. d_p bezeichnet den Partikeldurchmesser. Spannungen und Kontaktkräfte lassen sich also über den Faktor

$$\frac{(1-\varepsilon)\,k(\varepsilon)}{\pi\, d_p^{\,2}}$$

ineinander umrechnen. Wenn insbesondere in den nicht verfestigten Kontakten gemäß der Beziehung (7.27) eine Haftkraft H_o übertragbar ist, so entspricht dieser eine isostatische Zugspannung

$$\sigma_o = \frac{(1-\varepsilon)\,k(\varepsilon)}{\pi\, d_p^{\,2}}\, H_o \,. \tag{7.30}$$

c) Für die Partikelkontakte wird Reibungsverhalten vorausgesetzt, d.h. Versagen der Kontakte wird angenommen, wenn das Verhältnis von Tangentialkraft zur insgesamt übertragenen Normalkraft C einen kritischen Wert annimmt:

$$\frac{|T|}{C} \le \mu = \tan\rho \,. \tag{7.31}$$

Diese Beziehung definiert den Winkel ρ der inneren Reibung eines kohäsiven Schüttgutes.

Mit den durch die Beziehungen (7.27) bis (7.31) beschriebenen Elementen läßt sich eine Theorie des Fließverhaltens kohäsiver Schüttgüter aufbauen, mit der sich das mechanische Verhalten kohäsiver Schüttgüter erklären läßt.

Diese Theorie enthält drei materialspezifische Daten, die folgende Bedeutung besitzen:

- σ_o beschreibt die Haftkräfte, die in unverfestigten Kontakten übertragbar sind,
- κ beschreibt das linear vorausgesetzte Anwachsen der Haftkräfte mit der Verfestigung,
- ρ beschreibt die innere Reibung des Schüttgutes.

Die Bewährung der nachstehend abgeleiteten Theorie für die Praxis wird daher insbesondere unter den folgenden drei Gesichtspunkten zu prüfen sein:

a) In welcher Weise lassen sich die theoretisch eingeführten Materialdaten σ_o, κ und ρ aus gemessenen Fließorten ablesen?
b) Lassen sich an Hand dieser Materialdaten verschiedene Typen von Schüttgütern klassifizieren?
c) Lassen sich aus der Theorie für die Praxis brauchbare Aussagen gewinnen?

Stationäre Deformation eines Schüttgutvolumenbereiches beim Ausfließen aus Bunkern z.B. über Strecken von mehreren Metern hinweg, kann offensichtlich nur durch fortgesetztes Lösen momentaner Partikelkontakte erfolgen. Stationäres Fließen eines kohäsiven Schüttgutes erfolgt dann aber derart, daß aufgrund der Wechselwirkung zwischen den in den Partikelkontakten momentan übertragenen äußeren Kräften und den von ihnen momentan erzeugten Haftkräften gerade Versagen entsprechender Partikelkontakte eintritt. Mit Hilfe dieser einfachen Überlegung läßt sich eine Beziehung für den stationären Fließort finden.

Wie in Abschnitt 4 gezeigt, gilt für die Kontaktkraftkomponenten ebenso wie für die Spannungszustände die Mohrkreisdarstellung. Gemäß Gleichung (7.16) wird in einem gegen die Orientierung der größten Hauptspannung um den Winkel ϕ geneigten Kontakt aufgrund des äußeren Spannungszustandes eine Normalkraft

$$N(\phi) = F_M + F_R \cos 2\phi$$

übertragen. Entsprechend Gleichung (7.27) wird von dieser Normalkraft eine Haftkraft

$$H(\phi) = H_o + \kappa\, N(\phi)$$

erzeugt. Die im Kontakt insgesamt übertragene Normalkraft ist daher

$$C(\phi) = H_o + (1 + \kappa)(F_m + F_R \cos 2\phi)\;.$$

Entsprechend Gleichung (7.16) ist der Betrag der in einem Kontakt übertragenen Tangentialkraft

$$|T(\phi)| = F_R\, |\sin 2\phi|\,.$$

Die Grenzbedingung für beginnendes Abgleiten ist daher gemäß Gleichung (7.31)

$$F_R\, |\sin 2\phi| \le H_o \tan\rho + (1 + \kappa) \tan\rho\, (F_M + F_R \cos 2\phi)\;. \qquad (7.32)$$

Da $|\sin 2\phi|$, $\cos 2\phi$ gerade Funktionen sind, kann die Betrachtung auf $\phi \ge 0$ und damit an Stelle von (7.32) auf

$$F_R \sin 2\phi \le H_o \tan\rho + (1 + \kappa) \tan\rho\,(F_M + F_R \cos 2\phi) \qquad (7.33)$$

beschränkt werden.

Definiert man den effektiven Reibungswinkel ϕ_e durch

$$\tan\phi_e \equiv (1 + \kappa) \tan\rho\;, \qquad (7.34)$$

so erhält man aus (7.33) die Beziehung

$$F_R (\sin 2\phi - \tan\phi_e \cos 2\phi) \le H_o \tan\rho + F_M \tan\phi_e\;. \qquad (7.35)$$

Die linke Seite der Ungleichung (7.35) hängt vom Winkel ϕ ab. Gleichheit wird daher zuerst für den Winkel ϕ erreicht, bei dem die linke Seite von (7.35) maximal wird.

Einfache Rechnungen liefern, daß die linke Seite von (7.35) maximal wird für

$$\phi = \frac{\pi}{4} + \frac{\phi_e}{2}\;. \qquad (7.36)$$

Einsetzen von (7.36) in (7.35) und Gleichheit zwischen linker und rechter Seite von (7.35) liefert nach elementaren Rechnungen

$$F_R = \sin\phi_e \left(F_M + \frac{\tan\rho}{\tan\phi_e} H_o\right) \ . \qquad (7.37)$$

Nun dürfen aber gemäß den Beziehungen (7.28) und (7.29) Kontaktkräfte in Spannungen umgerechnet werden. Aus (7.37) folgt dann aber für das stationäre Fließen eines kohäsiven Schüttgutes die Bedingung

$$\Sigma_R = \sin\phi_e \left(\Sigma_M + \frac{\tan\rho}{\tan\phi_e} \sigma_o\right) \ , \qquad (7.38)$$

wenn entsprechend der Beziehung (7.30) der Haftkraft H_o in den Kontakten eines unverfestigten Schüttgutes eine isostatische Haftvorspannung σ_o zugeordnet wird.

In der Beziehung (7.38) ist der Radius Σ_R mit dem Mittelpunkt Σ_M eines Mohrkreises verknüpft, der stationäres Fließen beschreibt. Die von der Theorie postulierten Materialdaten σ_o, ρ und κ sind in dieser Beziehung enthalten. Die aus der Theorie folgende Definition des effektiven Reibungswinkels ϕ_e gemäß Gleichung (7.34) enthält über κ das Anwachsen der Haftkräfte mit dem Pressen und den inneren Reibungswinkel ρ des Schüttgutes. Der in der rein phänomenologischen Betrachtungsweise im Grunde genommenen nur aus Beobachtungen gefolgerte, das stationäre Fließen beschreibende effektive Reibungswinkel ϕ_e wird hiermit auf physikalisch sinnvolle Materialdaten zurückgeführt. Akzeptiert man das vorgeschlagene theoretische Modell, so ist eine Folgerung zu beachten:

Die Theorie entsprechend Gleichung (7.38) sagt den effektiven Fließort, d.h. die Einhüllende der stationäres Fließen beschreibenden Mohrkreise als Gerade voraus, welche die τ-Achse etwas oberhalb des Koordinatenursprungs durchsetzt (vergl. Abb. 7.13).

Nach dem Vorschlag Jenikes werden effektive Reibungswinkel per definitionem dadurch gewonnen, daß man an gemessene Mohrkreise Tangenten legt, die durch den Ursprung des σ, τ-Achsenkreuzes gehen. Wenn die hier vorgelegte Theorie zutrifft, müßten entsprechend der Definition Jenikes gemessene effektive Reibungswinkel dann aber i.a. mit zunehmenden Spannungen abnehmen.

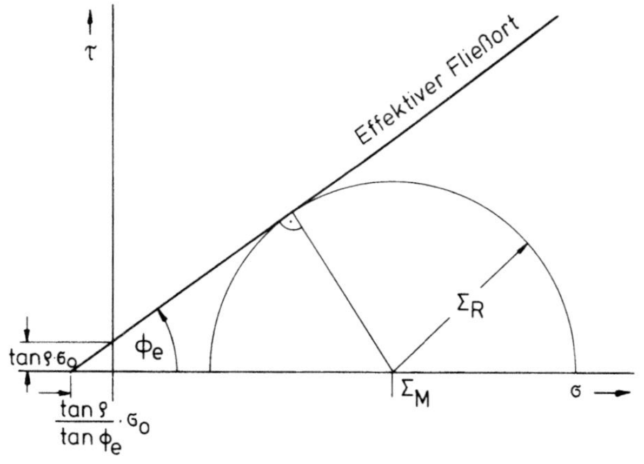

Abb. 7.13: Effektiver Fließort nach Gleichung (7.38)

Die Überprüfung von in der Literatur angegebenen Messungen bestätigt die Vorhersage der Theorie.

Aus von Kurz und Münz [13] publizierten Messungen z.B. ließen sich die stationäres Fließen beschreibenden Mohrkreise rückrechnen. Für die in Abb. 7.14 dargestellten stationären Fließorte dreier verschiedener Schüttgüter ergeben sich Geraden, die die τ-Achse etwas oberhalb des Koordinatenursprungs durchsetzen.

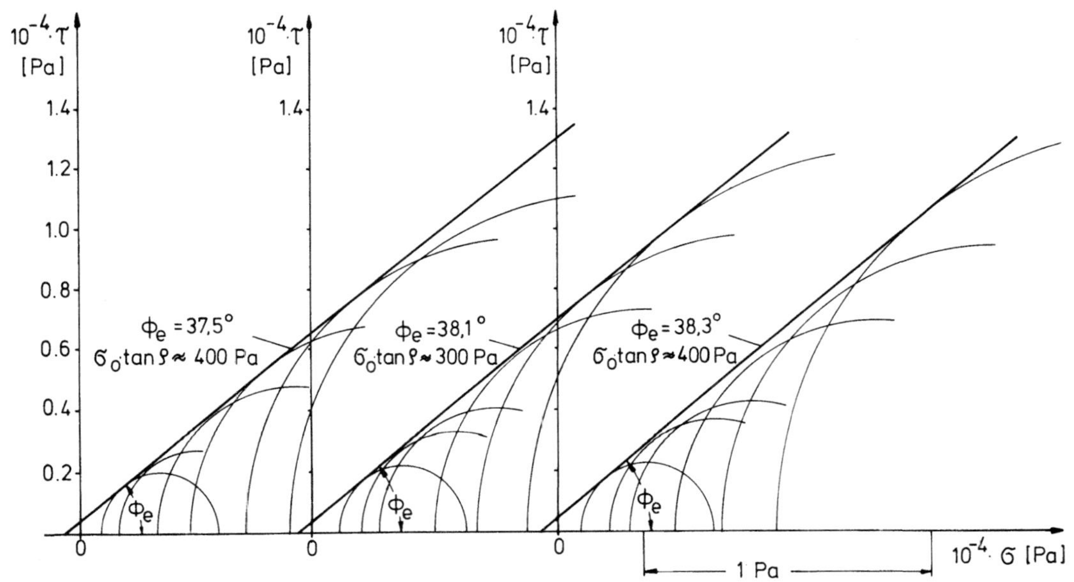

Abb. 7.14: Effektive Fließorte nach Messungen von Kurz und Münz [13]

Die abgelesenen Werte $\sigma_0 \tan\rho$ sind mit eingetragen. Diese am Beispiel der Messungen von Kurz und Münz [13] bestätigte Vorhersage der Theorie ergibt sich auch aus experimentellen Befunden, über die Stainforth, Ashley und Morley berichten [14].

Aus der hier gegebenen theoretischen Herleitung des effektiven Fließortes läßt sich dessen Eigenschaft als Grenzlinie unmittelbar anschaulich verstehen. Die Mohrkreise, deren Einhüllende der effektive Fließort ist, beschreiben die Spannungszustände, bei denen Abgleiten in Partikelkontakten einsetzt unter der Wirkung von Haftkräften, die von den momentan wirkenden eingeprägten, äußeren Kräften erzeugt sind. Unterhalb des effektiven Fließortes liegende Mohrkreise beschreiben daher Spannungszustände, die nur zu einer Verfestigung, nicht dagegen zum Fließen des Schüttgutes führen. Auf der anderen Seite können Mohrkreise, die den effektiven Fließort überschreiten, nur als Folge einer vorangegangenen Verfestigung bei Fließbeginn erreicht werden.

Ohne jede Rechnung läßt sich rein anschaulich eine lästige Konsequenz der hier vorgestellten Theorie einsehen: Die Haftkräfte in den Kontakten hängen ab von der vorangegangenen Verfestigung. Ein verfestigtes kohäsives Schüttgut kann daher nur dann mechanisch isotrop sein, wenn der verfestigende Spannungszustand isostatisch, d.h. mit drei gleich grossen Hauptspannungen war. Nun treten verfestigende isostatische Spannungszustände weder in der Anwendung noch in den zur Messung von Schüttguteigenschaften benutzten Scherzellen auf. Nach der hier vorgelegten Theorie sollte ein verfestigtes kohäsives Schüttgut daher praktisch stets mechanisch anisotrop sein. Diese mechanische Anisotropie läßt sich sehr einfach experimentell nachweisen.

Das Meßgerät der für Scherversuche mit kohäsiven Schüttgütern wohl am meisten benutzten Jenike-Scherzelle [15] besteht aus je einem zylindrischen Ober- und Unterteil. Mit der Jenike-Scherzelle läßt sich daher folgendes Experiment durchführen (vergl. hierzu Abb. 7.15):

Eine Testreihe wird wie üblich mit Verfestigen und Anscheren durchgeführt. Bei einer zweiten Testreihe wird nach dem Verfestigen mit Anscheren die zylindrische Anordnung als Ganzes um die Zylinderachse $\overline{aa}$ um 90° gedreht und danach der zugehörige Fließort gemessen. Die beiden verschiedenen Prozeduren liefern eindeutig zwei verschiedene Fließorte $F_1 \neq F_2$ (Abb. 7.15).

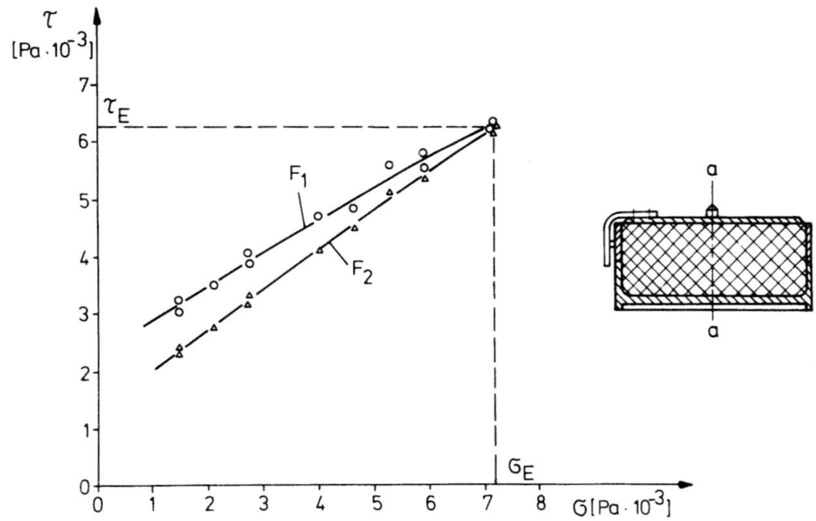

Abb. 7.15: Nachweis der Anisotropie eines verfestigten Schüttgutes

Ein derartiges Experiment ist im Sinne der Mechanik ein klassisches Experiment zum Anisotropienachweis. Die Vorhersage der Theorie wird also bestätigt. Es verblüfft daher, daß aus früheren experimentellen Untersuchungen stets geschlossen wurde, kohäsive Schüttgüter seien wenigstens im Rahmen der Meßgenauigkeit isotrop. Dies hat zwei Gründe: Einmal wurde im Sinne der Kontinuumsmechanik Isotropie lediglich dahingehend verstanden, daß die Hauptachsen von Spannungs- und Verzerrungstensor wenigstens annähernd übereinstimmen, ein Isotropiebegriff, der hier gar nicht zur Debatte steht.

Zum anderen lassen sich mit den bekannten Meßgeräten von den möglichen Beanspruchungsvorgeschichten aus rein konstruktiven Gründen nur eine eng begrenzte Auswahl realisieren. Die geringen Freiheitsgrade, welche die Scherzellen dann noch lassen, wurden überdies durch genau vorgeschriebene Meßprozeduren derart weiter eingeschränkt, daß nur identische Beanspruchungsvorgeschichten von den verschiedenen Experimentatoren realisiert werden. Traten bei verschiedenen Apparaturen Unterschiede auf, so wurden diese wegen der sehr komplizierten Meßtechnik als Unvollkommenheiten der einen oder anderen Apparatur, nicht jedoch als Materialeigenschaften angesehen.

Aus der mechanischen Anisotropie kohäsiver Schüttgüter ergeben sich einige unangenehme Konsequenzen.

Im allgemeinen Fall muß jeder Spannungszustand, gekennzeichnet durch Mohrkreise, die unterhalb des stationären Fließortes liegen, als ein möglicher Verfestigungszustand angesehen werden.

Wenigstens dem Verfasser erscheint es unmöglich, zu einer beliebigen Beanspruchungsvorgeschichte gehörende individuelle Fließorte allgemein gültig zu berechnen.

Glücklicherweise mag vom Standpunkt der Praxis aus gesehen eine eingeschränkte Betrachtungsweise für viele in der Praxis vorkommende Fälle ausreichen.

Bei technischen Anwendungen kann ein vorangegangenes stationäres Fliessen in vielen Fällen als die Beanspruchungsvorgeschichte eines Schüttgutes angesehen werden. Dann ist aber die Beanspruchungsvorgeschichte, d.h. die vorangegangene Verfestigung durch den effektiven Fließort festgelegt. Darüber hinaus kann z.B. bei der Auslegung von Massenflußbunkern eine wenigstens annähernde Übereinstimmung der Orientierung der Hauptspannungen im Falle des Ausfließens und bei der Blockade infolge von Brückenbildung vorausgesetzt werden.

In diesem Zusammenhang ist die Tatsache von Interesse, daß bei der Ermittlung von Fließorten mit Hilfe der Jenike-Scherzelle genau diese beiden Punkte erfüllt werden, wenn entsprechend der Vorschrift von Jenike in einem zweiten Verfestigungsschritt angeschert wird, d.h. der stationäre Fließzustand als Verfestigungszustand angestrebt wird, soweit es die mit der Jenike-Scherzelle erreichbaren Scherwege zulassen [15].

Als ein Spezialfall, der aber für die praktische Anwendung von wesentlichem Interesse ist, läßt sich eine Gleichung für die individuellen Fließorte herleiten, die gültig ist bei Erfüllung der beiden folgenden Voraussetzungen:

a) Übereinstimmung der Richtungen der Hauptspannungen beim Verfestigen und beim beginnenden Fließen auch hinsichtlich der relativen Größe (größte Hauptspannung beim Verfestigen mit größter Hauptspannung bei beginnendem Fließen usw.)
b) Die Verfestigung ist durch vorangegangenes stationäres Fließen, d.h. durch den effektiven Fließort gekennzeichnet.

Der Rechnungsgang läuft weitgehend analog dem zuvor bei der Herleitung des effektiven Fließortes beschriebenen ab:

Wenn wiederum ϕ den Winkel gegen die Richtung der größten Hauptspannun bezeichnet, so wird in einem Kontakt infolge der vorangegangenen Verfestigung eine Haftkraft

$$H(\phi) = H_o + H_M + H_R \cos 2\phi$$

übertragen, während wegen der Übereinstimmung der Hauptspannungsrichtungen beim beginnenden Fließen eine Normalkraft

$$N(\phi) = F_M + F_R \cos 2\phi$$

im selben Kontakt übertragen wird. Die resultierende Druckkraft in einem Kontakt ist daher

$$C(\phi) = C_M + C_R \cos 2\phi$$

mit den Anteilen

$$C_M = F_M + H_M + H_o \tag{7.39}$$

und

$$C_R = F_R + H_R \quad . \tag{7.40}$$

Der Betrag der in dem Kontakt übertragenen Tangentialkraft ist entsprechend Gleichung (7.16)

$$|T(\phi)| = F_R |\sin 2\phi| \; .$$

Setzt man die voranstehend aufgelisteten Beziehungen in die Abgleitbedingung Gleichung (7.31) ein, so erhält man

$$F_R |\sin 2\phi| \leq \tan\rho \, (C_M + C_R \cos 2\phi) \, .$$

Da $|\sin 2\phi|$, $\cos 2\phi$ gerade Funktionen sind, erhält man bei Beschränkung auf $\phi \geq 0$ die Ungleichung

$$F_R \sin 2\phi - C_R \tan\rho \cos 2\phi \leq C_M \tan\rho \, . \tag{7.41}$$

Abgleiten der Kontakte wird für die Richtungen ϕ erfolgen, für die die linke Seite der Ungleichung (7.41) maximal ist und daher Gleichheit de Beziehung (7.41) zuerst erreicht wird.

Elementare Rechnungen liefern diese Orientierung zu

$$\phi = \frac{\pi}{4} + \frac{\alpha}{2} , \qquad (7.42$$

wobei der Winkel α aus

$$\tan \alpha = \left(1 + \frac{H_R}{F_R} \right) \tan \rho \qquad (7.43$$

folgt. Einsetzen des Ergebnisses (7.43) in (7.41) und Gleichheit der U gleichung liefert nach einfachen Umformungen den Zusammenhang zwischen den Kräften in einem abgleitenden Kontakt

$$F_R = \sin \rho \left[\sqrt{(F_M + H_M + H_o)^2 - H_R{}^2 \cos^2 \rho} - H_R \sin \rho \right] . \qquad (7.44)$$

Aufgrund der Beziehungen (7.28), (7.29) und (7.30) dürfen die Kontaktkräfte durch entsprechende Spannungen ersetzt werden. Damit folgt aus (7.44) bei Beachtung von (7.27)

$$\sigma_R = \sin \rho \left[\sqrt{(\sigma_M + \kappa\, \sigma_{VM} + \sigma_o)^2 - \kappa^2\, \sigma_{VR}{}^2 \cos^2 \rho} - \kappa\, \sigma_{VR} \sin\rho \right] . \qquad (7.45)$$

Die Beziehung (7.45) verknüpft den Mittelpunkt σ_M und den Radius σ_R eines beginnendes Fließen beschreibenden Mohrkreises mit dem Mittelpunkt σ_{VM} und dem Radius σ_{VR} des Mohrkreises, der die vorangegangene Verfestigung beschreibt. Die einzige einschränkende Voraussetzung für die Gültigkeit der Beziehung (7.45) ist die Übereinstimmung der Hauptspannungsrichtungen beim Verfestigen und bei beginnendem Fließen. Für den die Abgleitrichtung festlegenden Winkel α folgt aus (7.43) entsprechend

$$\tan \alpha = \left(1 + \kappa\, \frac{\sigma_{VR}}{\sigma_R} \right) \tan \rho . \qquad (7.46)$$

Schränkt man jetzt die Voraussetzungen dahingehend ein, daß als Beanspruchungsvorgeschichte stationäres Fließen angesehen wird, so gilt ent sprechend Gleichung (7.38) speziell

$$\sigma_{VM} = \Sigma_M \tag{7.47}$$

und

$$\sigma_{VR} = \Sigma_R = \sin\phi_e \left(\Sigma_M + \frac{\tan\rho}{\tan\phi_e}\,\sigma_o \right) . \tag{7.48}$$

Damit folgt aus (7.46)

$$\tan\alpha = \left(1 + \kappa\,\frac{\Sigma_R}{\sigma_R} \right) \tan\rho . \tag{7.49}$$

Dieses Ergebnis besagt, daß die Neigung $\phi = \frac{\pi}{4} + \frac{\alpha}{2}$ der Orientierung versagender Kontakte gegen die Richtung der größten Hauptspannung größer ist als der üblicherweise bei kontinuumsmechanischen Modellvorstellungen angenommene Wert $\phi = \frac{\pi}{4} + \frac{\rho}{2}$.

Das hier mit Gleichung (7.49) hergeleitete Ergebnis stimmt mit der experimentellen Erfahrung überein. So hat Schwedes [4] die Orientierung der Bruchflächen bei Schertests nachgemessen.

Bei Auswertung von 270 Schertests mit ein und demselben Material hat Schwedes dessen inneren Reibungswinkel aus den linearisierten Fließorten zu $22^o \leq \rho \leq 24^o$ ermittelt, während der Mittelwert für die Orientierung der statischen Bruchlinien sich zu $\alpha = 32^o$ ergab. (Zur Linearisierung der Fließortgleichungen siehe Abschnitt 8).

Dieser eindeutige Unterschied zwischen ρ und α läßt sich mit Hilfe von Gleichung (7.49) erklären. Mit $\rho = 23^o$ und $\kappa = 0{,}33$ für Kalkstein entsprechend den voranstehend ausgewerteten Messungen folgt aus Gleichung (7.49) für eine kritisch verfestigte Probe, d.h. $\sigma_R = \Sigma_R$ der Zahlenwert $\alpha = 29^o$, während sich für eine mit geringer Last $\sigma_R = 0{,}5\ \Sigma_R$ gescherte Probe der Zahlenwert $\alpha = 35^o$ ergibt

Für stationäres Fließen als Beanspruchungsvorgeschichte, d.h. mit den Beziehungen (7.47) und (7.48) folgt aus (7.45) als Gleichung zur Berechnung der individuellen Fließorte bei beginnendem Fließen

$$\sigma_R = \sin\rho \left[\frac{\tan\phi_e}{\tan\rho}\,\Sigma_M + \sigma_o \right] \left\{ \sqrt{\left[1 - \frac{\Sigma_M - \sigma_M}{\frac{\tan\phi_e}{\tan\rho}\,\Sigma_M + \sigma_o} \right]^2 - \sin^2(\phi_e - \rho)} - \sin(\phi_e - \rho)\tan\rho \ . \right\} \tag{7.50}$$

Die Gleichung (7.50) verknüpft den Radius σ_R eines beginnendes Fließen kennzeichnenden Spannungszustandes mit dessen Mittelpunkt σ_M.

Σ_M ist der Mittelpunkt des verfestigenden Mohrkreises. Die Gleichung (7.50) enthält die Parameter des unterlegten theoretischen Modells, ϕ_e, ρ und σ_o.

In Abb. 7.16 sind mit den aus linearisierten Fließorten (vergl. Abschnitt 8) gewonnenen Materialdaten σ_o, ϕ_e und ρ eines Schwerspatpulvers berechnete Fließorte dargestellt.

Die Fließorte sind berechenbar bis zur dreiachsigen Zugfestigkeit σ_{z3}. Meßtechnisch ist dagegen nur die einachsige Zugfestigkeit σ_{z1} zugänglich, die kleiner ist. Die berechneten Fließorte zeigen im Gebiet $\sigma > 0$ einen praktisch geradlinigen Verlauf.

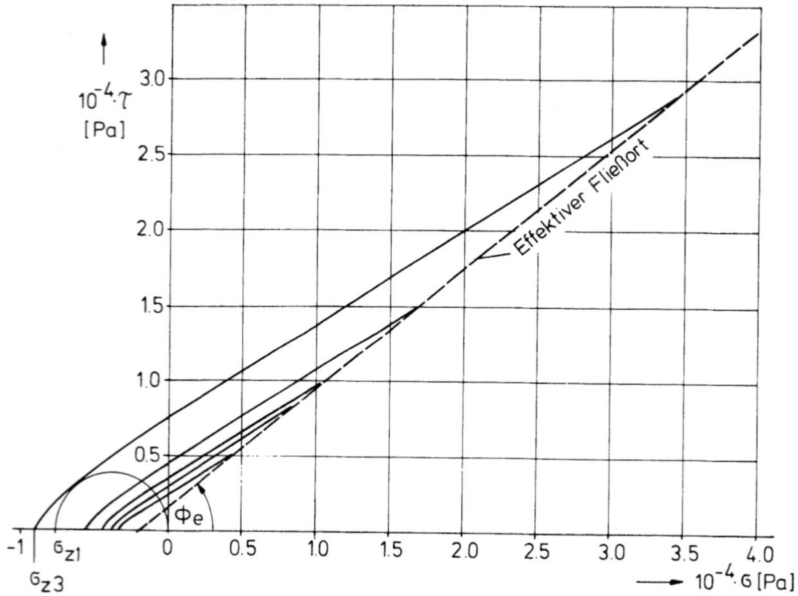

Abb. 7.16: Mit Gleichung (7.50) berechnete Fließorte

In Abb. 7.17 sind zum Vergleich Fließorte des Schwerspatpulvers eingezeichnet, soweit sie zuverlässig mit der Jenike-Scherzelle gemessen werden konnten.

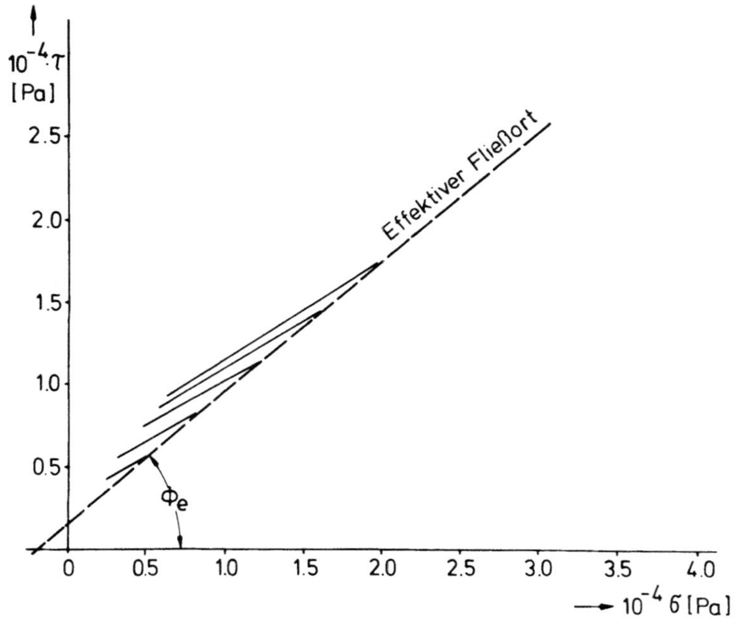

Abb. 7.17 Gemessene Fließorte eines Schwerspatpulvers

Dies sind die grätenartigen Linien, die auf dem effektiven Fließort enden. Der Vergleich der Abbildungen 7.16 und 7.17 zeigt, daß die theoretische Modellvorstellung mit den Meßergebnissen übereinstimmende Fließorte liefert.

7. Einfache Typen des Fließverhaltens von Schüttgütern

Die hergeleitete Fließortgleichung (7.50) ist aus Überlegungen über die in Partikelkontakten wirksamen Kräfte gewonnen. Diese Gleichung ist daher nicht eine nur formale Approximation gemessener Kurven, sondern sie verknüpft unterschiedliche physikalische Größen.

Aus der Herleitung der Fließortgleichung (7.50) ist die physikalische Bedeutung der drei Materialkonstanten ϕ_e, ρ und σ_0 einsichtig:

a) Isostatische Zugspannung σ_0 ≙ Kohäsionskräfte im unverfestigten Pulver.

b) Winkel ρ ≙ innere Reibung des Schüttgutes.

c) $\frac{\tan \phi_e}{\tan \rho}$ bzw. $\sin(\phi_e - \rho)$ ≙ Anwachsen der Haftkräfte mit der vorangegangenen Verfestigung.

Aus diesen physikalischen Bedeutungen der Materialdaten lassen sich theoretisch verschiedene Typen des Fließverhaltens von Schüttgütern herleiten.

Ein kohäsionsloses Schüttgut ist dadurch gekennzeichnet, daß Haftkräft in den Partikelkontakten unwesentlich sind und daß die Haftkräfte mit dem Verfestigen nicht anwachsen, d.h. durch $\sigma_o = 0$ und $\phi_e = \rho$. Aus der allgemeinen Fließortformel (7.50) folgt damit das klassische Coulomb-Kriterium

$$\sigma_R = \sin \rho \, \sigma_M \, , \qquad (7.5$$

d.h. eine einzige Gerade durch den Koordinatenursprung der σ, τ-Achsen die sowohl beginnendes wie auch stationäres Fließen in bekannter Weise beschreibt (Abb. 7.18).

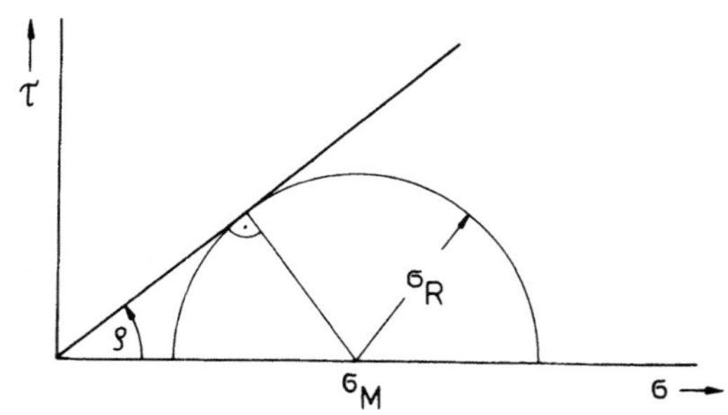

Abb. 7.18: Coulomb-Kriterium

Da Haftkräfte zwischen den Partikeln sowohl im unverfestigten wie im verfestigten Schüttgut vernachlässigt sind, beschreibt das klassische Coulomb-Kriterium (7.51) einen theoretischen Grenzwert, der von realen Materialien mehr oder weniger erreicht wird.

Abb. 7.19 zeigt Fließorte eines PVC-Pulvers mit Partikelgrößen zwischer 120 µm und 200 µm.

Abb. 7.19 zeigt, daß das Coulomb-Kriterium (7.51) einen theoretischen Grenzwert darstellt. Sorgfältige Messungen erlauben die Unterscheidunge sehr nahe benachbarter Fließorte, die aber mit für die Praxis ausreichende Genauigkeit durch einen einzigen Fließort angenähert werden können.

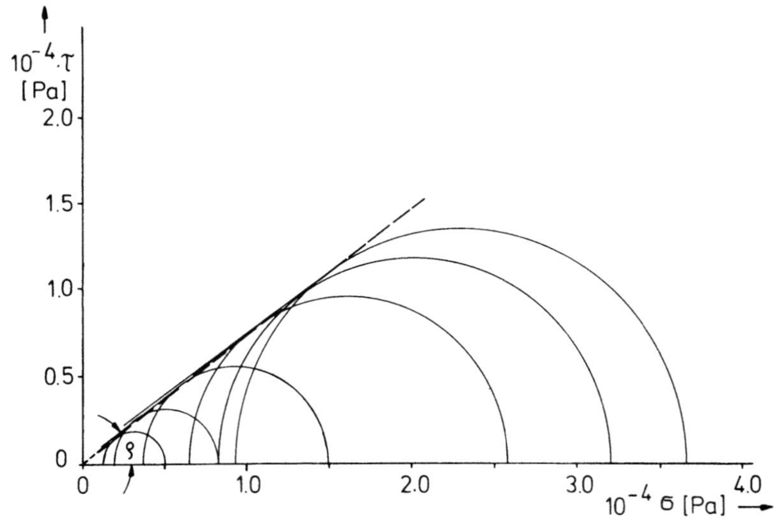

Abb. 7.19: Fließorte eines PVC-Pulvers

Aus der theoretischen Fließortgleichung (7.50) läßt sich ein anderer Typ des Fließverhaltens von Schüttgütern ablesen, bei dem die in den Partikelkontakten wirkenden Haftkräfte nicht vernachlässigbar klein sind, aber andererseits unabhängig von einer vorangegangenen Pressung.

In diesem Fall gilt:

$$\sigma_o > 0 \quad \text{und} \quad \phi_e = \rho \ .$$

Aus dieser Bedingung folgt aus der Fließortgleichung (7.50) der einfache Ausdruck

$$\sigma_R = \sin\rho\,(\sigma_M + \sigma_o) \ . \tag{7.52}$$

Wie in Abb. 7.20 dargestellt, gilt auch hier ein einziger Fließort für beginnendes wie für stationäres Fließen.

Der Schnittpunkt des Fließortes mit der τ-Achse wird üblicherweise als Kohäsion c bezeichnet. Der theoretische Hintergrund der Herleitung des Fließortes gibt eine Vorstellung davon, für welche Materialien ein derartiges Fließkriterium gilt. Wenn die Haftkräfte in den Partikelkontakten einerseits größer Null sind, aber andererseits von der vorangegangenen Pressung unabhängig sind, so muß man andere Mechanismen als die Wechselwirkung zwischen van der Waals-Kräften und plastischer Kontaktdeformation als maßgeblich ansehen. Derartige Mechanismen können sein:

a) Flüssigkeitsbrücken, welche die Partikelkontakte bedecken,
b) Feuchtigkeit, die den Feststoff in der Umgebung der Partikelkontakte löst,
c) Bildung von Feststoffbrücken zwischen benachbarten Partikeln durch Auskristallisieren vorher gelöster Feststoffe während eines Trocknungsprozesses,
d) Sinterung in den Kontaktstellen bei einem weichen Material mit niedrigem Schmelzpunkt.

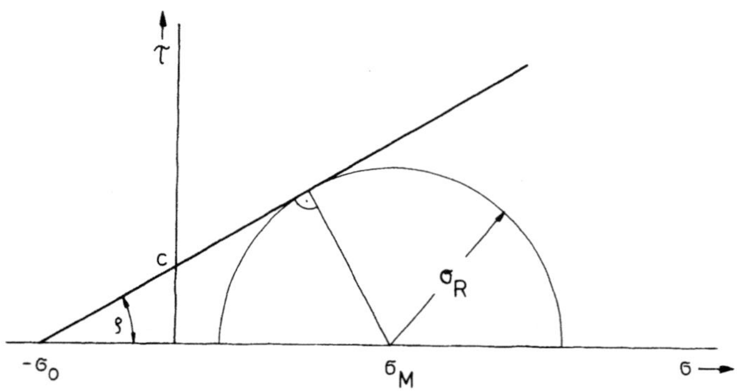

Abb. 7.20: Fließort, Haftkräfte unabhängig vom Pressen

us der Art aller der vier genannten Prozesse folgt unmittelbar, daß iese mit der Lagerungsdauer fortschreiten können. Hieraus folgt, daß ie Festigkeit derartiger Materialien unter Umständen mit der Lagerungseit wächst. Die Rolle eines äußeren Spannungsfeldes, etwa infolge der chwerkraft, besteht darin, daß das Schüttgut über einen bestimmten eitraum hinweg in einem Packungszustand festgehalten wird, bei dem die artikelkontakte fixiert sind. Man hat daher zu erwarten, daß ein Schüttut, welches das geschilderte Materialverhalten zeigt, nämlich keinen uwachs der Haftkräfte mit dem Pressen, eine ausgeprägte Zeitabhängigeit des Fließverhaltens mit zunehmender Lagerungsdauer zeigt.

in solches Verhalten ist aus den beiden nächsten Abbildungen abzulesen. bb. 7.21 zeigt gemessene Fließorte für Adipinsäure mit Partikelgrößen wischen 30 µm und 150 µm.

orgfältige Messungen zeigen sehr nahe benachbarte Fließorte, die genau enug durch einen einzigen Fließort dargestellt werden können. Bei die-

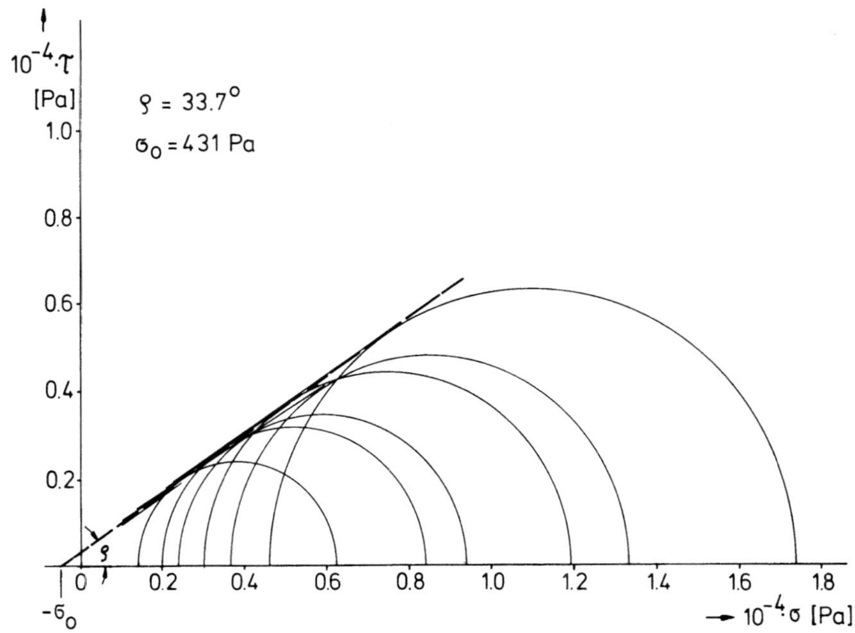

Abb. 7.21: Fließorte Adipinsäure, keine Zeitverfestigung

ser Versuchsreihe wurde unmittelbar nach dem Verfestigen geschert, die Versuche erfolgten ohne Zeitverfestigung. Man beachte, daß für diesen Fall der Zahlenwert

$$\sigma_o = 431 \text{ Pa}$$

betrug.

In Abb. 7.22 sind die Meßergebnisse für dasselbe Schüttgut nach 24 h Zeitverfestigung dargestellt.

In diesem Falle liest man den Zahlenwert

$$\sigma_o = 551 \text{ Pa}$$

ab.

Innerhalb einer Zeitspanne von 24 h wuchsen also die in den Partikelkontakten übertragbaren Haftkräfte um etwa 28 %. Dieses Verhalten von Adipinsäure ist aus ihren Materialeigenschaften erklärbar.

Adipinsäure zeigt Löslichkeit in Wasser. Die Feuchtigkeit der Raumluft mag daher für Anlösen des Materials in der Umgebung der Kontaktpunkte maßgeblich sein. Auf der anderen Seite weist Adipinsäure einen so niedrigen Schmelzpunkt auf, daß Sinterung in den Kontaktpunkten auch bei Raumtemperatur möglich ist. Beide Eigenschaften können zusammenwirken bei der Zeitabhängigkeit der Fließeigenschaften von Adipinsäure.

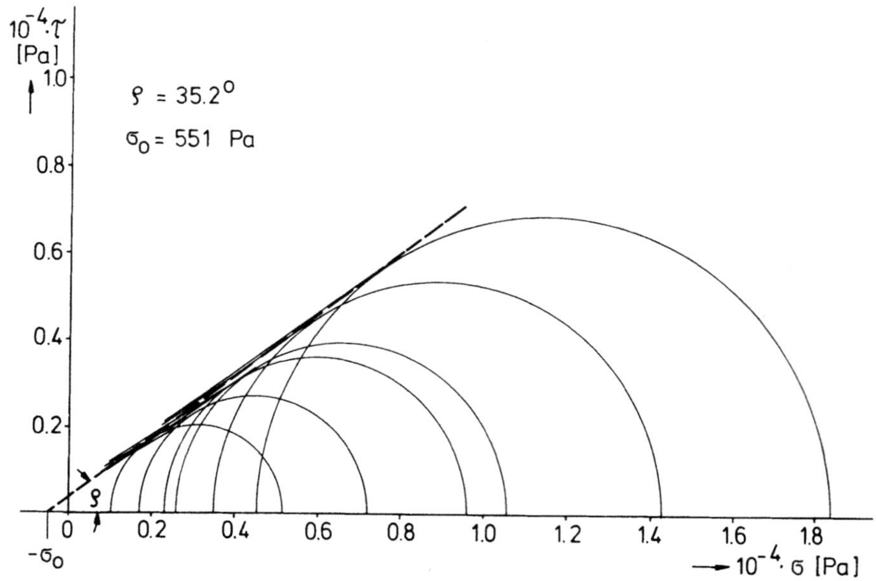

Abb. 7.22: Fließorte Adipinsäure, 24 h Zeitverfestigung

8. Ermittlung der Materialdaten σ_0, ρ und Φ_e mit Hilfe linearisierter Fließortgleichungen

Wie die bisher beschriebenen Ergebnisse zeigen, lassen sich die aus der Theorie vorhergesagten vereinfachten Typen von Fließeigenschaften ebenfalls experimentell nachweisen. Dieses Ergebnis darf als Indiz dafür genommen werden, daß das allgemeine Modell geeignet ist zur Vorhersage der Fließeigenschaften von Schüttgütern.

Insbesondere stellt die hier vorgestellte Theorie eine Verbesserung des Kenntnisstandes insofern dar, indem sie Altbekanntes (Coulombsches Fließkriterium, Schüttgut mit konstanter Kohäsion c) als in ihren Ursachen deutbare Sonderfälle umfaßt.

Wie in Abb. 7.16 gezeigt, sind die theoretischen Fließorte auch im allgemeinen Falle im Bereich $\sigma > 0$ praktisch Geraden. Gekrümmt sind die Fließorte erst im Bereich niedriger Normalspannungswerte. Experimentelle Untersuchungen bestätigen den Verlauf der Fließorte. Es liegt daher nahe, im Bereich der Spannungswerte $\sigma > 0$ die allgemeine Fließortformel (7.50) zu linearisieren.

Diese Linearisierung läßt sich derart ausführen, daß der effektive Fließort exakt beschrieben wird. Dies ist der Fall, wenn nach der Differenz $\Sigma_M - \sigma_M$ linearisiert wird. Diese ist Null für den effektiven Fließort.

Aus (7.50) folgt bei Linearisierung nach $\Sigma_M - \sigma_M$ die Beziehung

$$\sigma_R \simeq \sin\rho \left[\sigma_M + \left(\frac{\sin\phi_e}{\sin\rho} - 1 \right) \Sigma_M + \frac{\cos\phi_e}{\cos\rho}\, \sigma_o \right]. \qquad (7.53)$$

In Abb. 7.23 sind die im Bereich $\sigma > 0$ liegenden Bereiche ausgezogen gezeichnet, in denen die Näherung zutrifft, gestrichelt gezeichnet sind die Bereiche $\sigma < 0$, in denen die Abweichungen vom geradlinigen Verlauf signifikant sind.

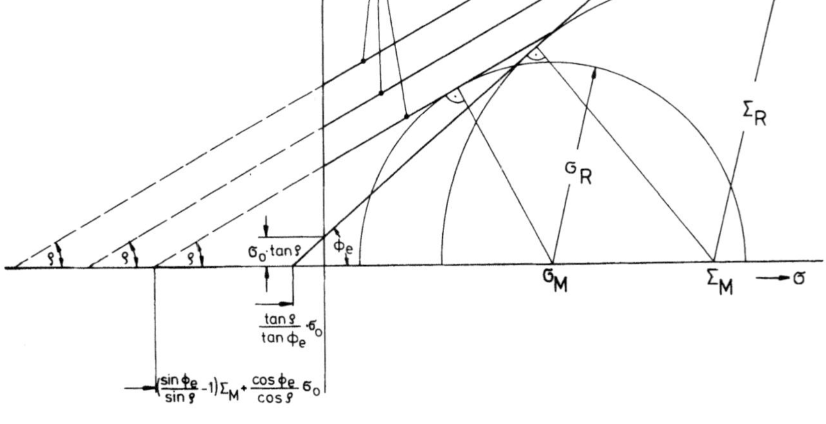

Abb. 7.23: Linearisierte Fließorte

Der Vorteil der linearisierten Darstellung Gleichung (7.53) besteht darin, daß aus ihr die Materialparameter ρ, ϕ_e und σ_o direkt ablesbar sind. So ist ρ der Neigungswinkel der individuellen Fließorte, ϕ_e der Neigungswinkel des effektiven Fließortes. Der Zahlenwert $\sigma_o \tan\rho$ läßt sich aus dem Schnittpunkt des effektiven Fließortes mit der τ-Achse ermitteln. Bei bekanntem Wert ρ liegt damit auch σ_o fest. Aus dieser Eigenschaft der linearisierten Fließorte läßt sich eine für die Praxis brauchbare Nutzanwendung ziehen, wie im nächsten Abschnitt gezeigt wird.

9. Berechnung der Druckfestigkeits-Kennlinie eines kohäsiven Schüttgutes aus linearisierten Fließorten

Die Druckfestigkeit f_c eines Schüttgutes ist gekennzeichnet durch den Spannungszustand

$$\frac{1}{2} f_c = \sigma_R = \sigma_M . \qquad (7.54)$$

Setzt man die Bedingung (7.54) in die linearisierte Fließortgleichung (7.53) ein, so erhält man die Beziehung

$$f_c = \frac{2\,(\sin\phi_e - \sin\rho)\,\Sigma_1}{(1+\sin\phi_e)(1-\sin\rho)} + \frac{2\cos\phi_e}{1+\sin\phi_e}\,\frac{1+\sin\rho}{1-\sin\rho}\,\tan\rho\,\sigma_o \; . \qquad (7.55)$$

Die Gleichung (7.55) ist eine lineare Verknüpfung der größten Hauptspannung Σ_1 des verfestigenden Spannungszustandes mit der durch die Verfestigung erzeugten Druckfestigkeit f_c. Die Beziehung für f_c enthält die Materialdaten ρ, ϕ_e und σ_o. Aus dieser Eigenschaft kann eine für die Auslegung von Massenflußbunkern nützliche Anwendung gezogen werden. Üblicherweise werden Fließorte gemessen und aus mehreren gemessenen Fließorten Druckfestigkeits-Kennlinien rein experimentell ermittelt.

Abb. 7.24 zeigt experimentell ermittelte Druckfestigkeits-Kennlinien für die voranstehend untersuchten Schüttgüter Schwerspat, Adipinsäure und PVC-Pulver. Gleichzeitig ist schraffiert eingezeichnet der Bereich der Bunker-Kennlinien für diese Güter. Diese Darstellung zeigt ein Problem bei der Festlegung der Mindestaustritts-Querschnitte von Massenflußbunkern. Die interessierenden Druckfestigkeitswerte liegen bei niedrigen Verfestigungen. Deshalb müssen experimentelle Werte extrapoliert werden, wie im Falle der Adipinsäure, oder es liegt bestenfalls ein Meßwert im interessierenden Bereich, wie im Fall des Schwerspatpulvers.

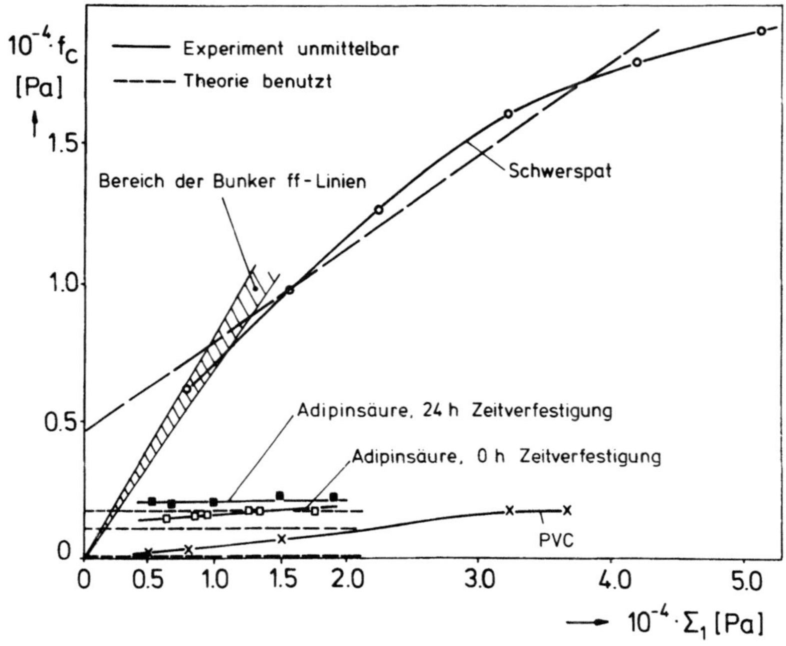

Abb. 7.24: Druckfestigkeiten der untersuchten Schüttgüter

Um zu einer sicheren Aussage zu gelangen, liegt daher folgendes Vorgehen mit Hilfe des theoretischen Modells nahe:

Man ermittelt aus mehreren gemessenen Fließorten Mittelwerte für die Materialdaten ρ, ϕ_e und σ_o und berechnet dann mit der theoretischen Formel (7.55) die Druckfestigkeits-Kennlinie $f_c(\Sigma_1)$. Diese rechnerischen Geraden sind mit eingezeichnet. Man erreicht mit dem theoretischen Modell offensichtlich eine zuverlässige Extrapolation der Meßwerte.

Nomenklatur zu Kapitel 7

A	Hamaker-Konstante	N m
A_p	Gesamtfläche der von der Ebene $\overline{gg}$ geschnittenen Partikeln	m^2

A_t	Gesamtfläche in der Ebene $\overline{gg}$	m^2
c	Kohäsion (siehe Abb. 7.1)	$N\,m^{-2}$
$C, C(\phi)$	Gesamtdruckkraft in einem Partikelkontakt	N
C_M, C_R	Größen, welche die resultierende Druckkraft in einem Partikelkontakt festlegen	N
d_p	Partikeldurchmesser	m
dS	Oberflächenelement	m^2
D	Gefäßdurchmesser	m
E_i	Elastizitätsmodul des Materials i	$N\,m^{-2}$
f_c	Druckfestigkeit eines kohäsiven Schüttgutes	$N\,m^{-2}$
F	in einem Partikelkontakt übertragene Kraft	N
$\underset{\sim}{F}$	Kraftvektor	N
F_{el}	elastische Widerstandskraft	N
F_M, F_R	Größen, welche die Kontaktkraft festlegen	N
F_p	Preßkraft pro Partikel	N
F_{pl}	Widerstandskraft bei plastischer Deformation	N
F_{vdW}	van der Waals-Kraft	N
F_W	Widerstandskraft in einem Partikelkontakt	N
g	Erdbeschleunigung	$m\,s^{-2}$
h	resultierende Abplattung beider Kontaktpartner	m
$H, H(\phi)$	Haftkraft	N
H_M, H_R	Größen, welche die Haftkraft festlegen	N
H_o	Haftkraft ohne vorangegangene Verfestigung	N
H_p	gemessene Haftkraft pro Partikel	N
k	Koordinationszahl	-
k_i	Elastizität einer kontaktierenden Partikel	m^2N^{-1}
k_{12}	elastische Eigenschaften eines Kontaktpaares	m^2N^{-1}
K	in der Ebene $\overline{gg}$ übertragene resultierende Normalkraft	N
n	Anzahl der von der Ebene $\overline{gg}$ geschnittenen Partikeln	-
n_ζ	Anzahl der Partikeln, deren Mittelpunkte im Abstandsintervall $(\zeta, \zeta + d\zeta)$ von der Ebene $\overline{gg}$ liegen	-
$N, N(\phi)$	in einem Partikelkontakt übertragene Normalkraft	N
p_f	plastischer Fließdruck des Partikelmaterials	$N\,m^{-2}$
p_v	Vertikaldruck im Schüttgut	$N\,m^{-2}$
$p_{v\,max}$	Maximalwert des Vertikaldruckes	$N\,m^{-2}$
r	Kugelradius	m
$\underset{\sim}{r}$	Radiusvektor	m
$T, T(\phi)$	in einem Partikelkontakt übertragene Tangentialkraft	N
x, y, z	kartesische Koordinaten	m
X	Vertikalkoordinate (vergl. Abb. 7.3)	m
Z_o	Konstante in der Hamaker-Gleichung	m

α	Winkel zwischen der Normalen an eine statische Bruchlinie und der Richtung der größten Hauptspannung = $\frac{\pi}{4}+\frac{\alpha}{2}$	-
δ	geometrisches Mittel der Radien der Oberflächenrauhigkeiten in einem Partikelkontakt	m
δ_1, δ_2	Radien der Oberflächenrauhigkeiten in einem Partikelkontakt	m
ε	Schüttungsporosität	-
ζ	Abstand eines Kugelmittelpunktes von der Ebene $\overline{gg}$	m
κ	Proportionalitätsfaktor, definiert durch Gleichung (7.27)	-
λ	Horizontaldruckverhältnis, definiert durch Gleichung (7.2)	-
μ	Reibwert	-
ν_i	Poissonzahl des Partikelmaterials i	-
ρ	Reibungswinkel, definiert durch Gleichung (7.31)	-
$\rho_{Sch.}$	Schüttgutdichte	$kg\,m^{-3}$
σ	Normalspannung ($\sigma > 0$: Druck)	$N\,m^{-2}$
σ_o	isostatische Zugspannung, übertragbar im unverfestigten Schüttgut	$N\,m^{-2}$
σ_1, σ_2, σ_3	Hauptspannungen	$N\,m^{-2}$
σ_f	Fließspannung des Partikelmaterials	$N\,m^{-2}$
σ_M	Mittelpunkt eines Mohrkreises	$N\,m^{-2}$
σ_R	Radius eines Mohrkreises	$N\,m^{-2}$
σ_{VM}	Mittelpunkt eines verfestigenden Mohrkreises	$N\,m^{-2}$
σ_{VR}	Radius eines verfestigenden Mohrkreises	$N\,m^{-2}$
σ_x, σ_y, σ_z	Normalspannungen	$N\,m^{-2}$
σ_{z1}	einachsige Zugfestigkeit eines kohäsiven Schüttgutes	$N\,m^{-2}$
σ_{z3}	dreiachsige Zugfestigkeit eines kohäsiven Schüttgutes	$N\,m^{-2}$
σ_E, τ_E	Spannungen im Endpunkt eines Fließortes (vergl. Abb. 7.15)	$N\,m^{-2}$
Σ_M	Mittelpunkt eines Mohrkreises bei stationärem Fließen	$N\,m^{-2}$
Σ_R	Radius eines Mohrkreises bei stationärem Fließen	$N\,m^{-2}$
Σ_1	größte Hauptspannung bei Verfestigung	$N\,m^{-2}$
τ	Schubspannung	$N\,m^{-2}$
ϕ	Winkel, vergl. Abb. 7.9	-
ϕ_e	effektiver Reibungswinkel, definiert durch Gleichung (7.34)	-
ϕ_w	Wandreibungswinkel	-
ϕ, χ, ψ	Winkel, vergl. Abb. 7.8	-

Literaturverzeichnis zu Kapitel 7

1 Rumpf, H.: Chem.-Ing.-Techn. 30 (1958) S. 144

2 Janssen, M.: Z. Ver. Dt. Ing. 39 (1895) S. 1045

3 Schütz, W. und Schubert, H.: Chem.-Ing.-Techn. 48 (1976) S. 567

4 Schwedes, J.: Scherverhalten leicht verdichteter, kohäsiver Schüttgüter, Dissertation Universität Karlsruhe 1971

5 Hamaker, H.C.: Physica, 4 (1937) S. 1058

6 Dahneke, B.: J. Colloid Interface Sci. 40 (1972) S. 1

7 Krupp, H.: Adv. Colloid Interface Sci. 1 (1967) S. 111

8 Hertz, H.: Zur Ableitung der Hertzschen Gleichungen siehe z.B.: I. Szabó, Höhere Techn. Mechanik, S. 169, Springer, Berlin 1964

9 Hencky, H.: Z. Angew. Math. Mech. 3 (1923) S. 241

10 Inshlinsky, A.J.: J. Appl. Math. Mech (USSR), 8 (1944) S. 233 (Engl. Übersetzung)

11 Smith, W.O., Foote, P.D. und Busang, P.F.: Phys. Rev. 34 (1929) S. 1271

12 Schönert, K. und Steier, K.: Chem.-Ing.-Techn. 43 (1971) S. 773

13 Kurz, H.P. und Münz, G.: Powder Technology 11 (1975) S. 37

14 Stainforth, P.T., Ashley, R.C. und Morley, J.N.B.: Powder Technology 4 (1970) S. 250

15 Jenike, A.W.: Gravity flow of Bulk Solids, Bull. of the University of Utah Bull. No. 108, 1961

Anhang

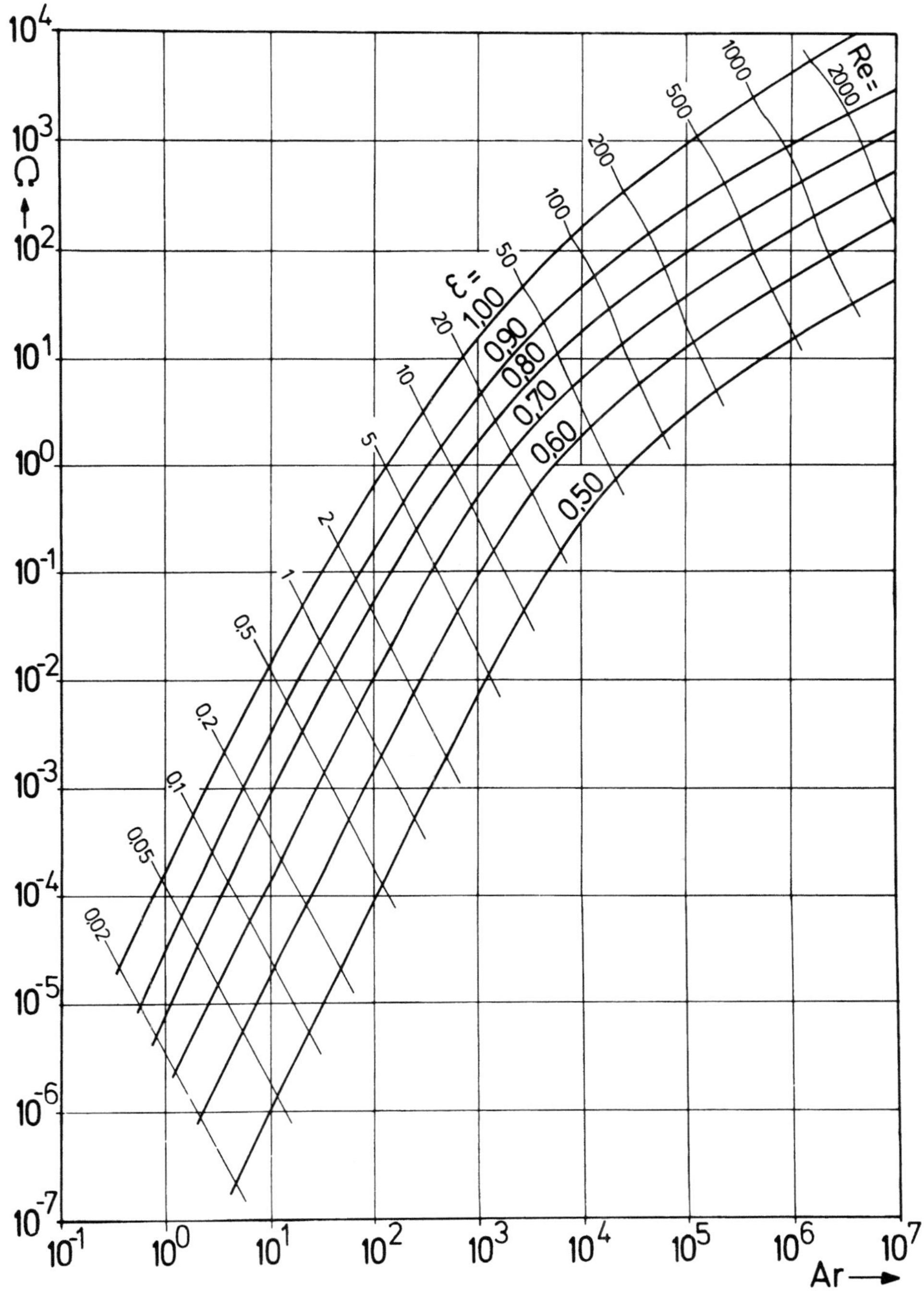

Abb. A.1: Zustandsdiagramm der homogenen Fluidisation $\Omega = \Omega(Ar,\varepsilon)$

$$Re_L \equiv \frac{u d_p}{\nu} \; ; \; Fr \equiv \frac{u^2}{d_p g} \; ; \; Ar \equiv \frac{(\rho_S - \rho_F) d_p^3 g}{\nu^2 \rho_F}$$

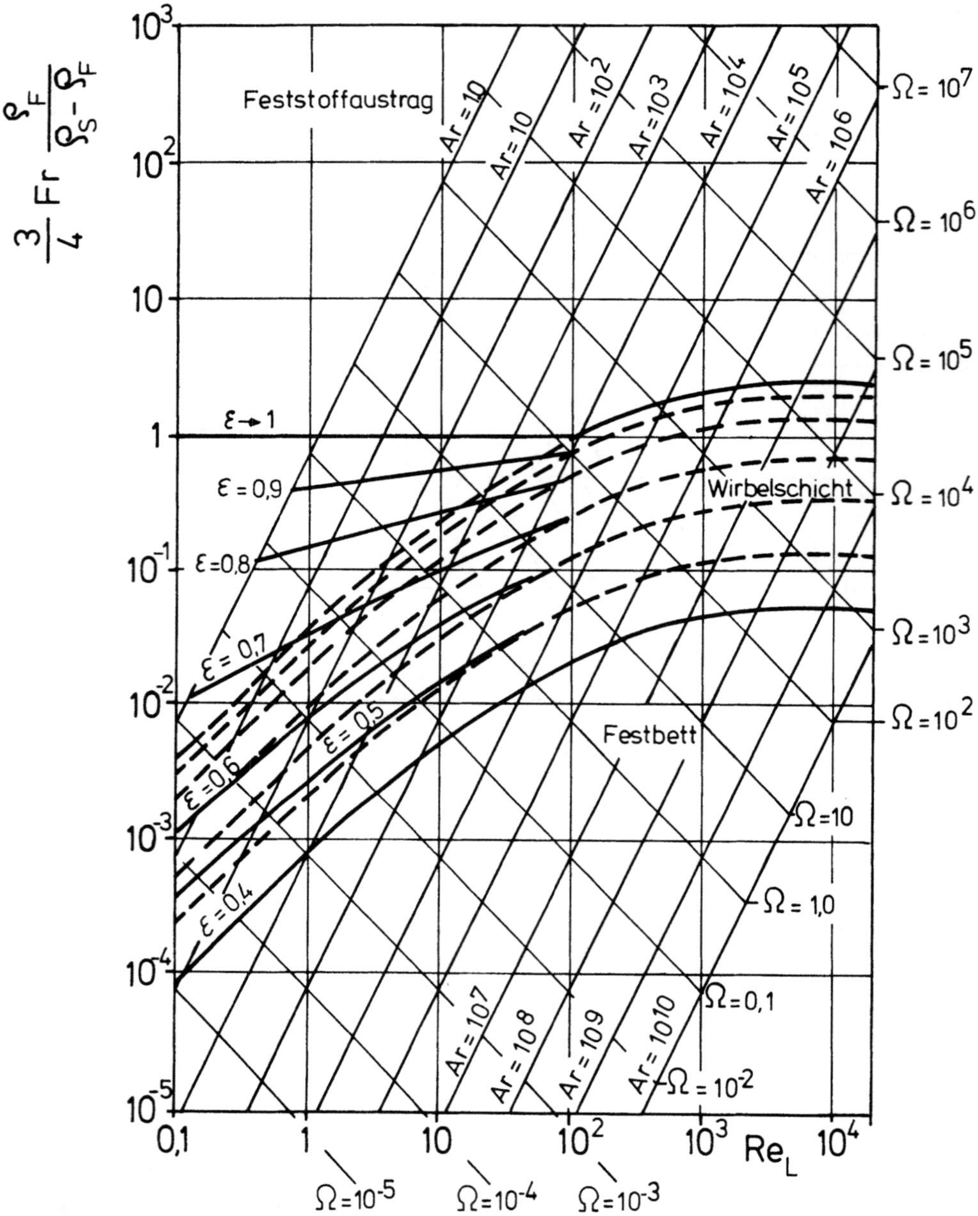

Abb. A.2: Zustandsdiagramm für Gas/Feststoff-Systeme kugeliger Partikeln nach Reh

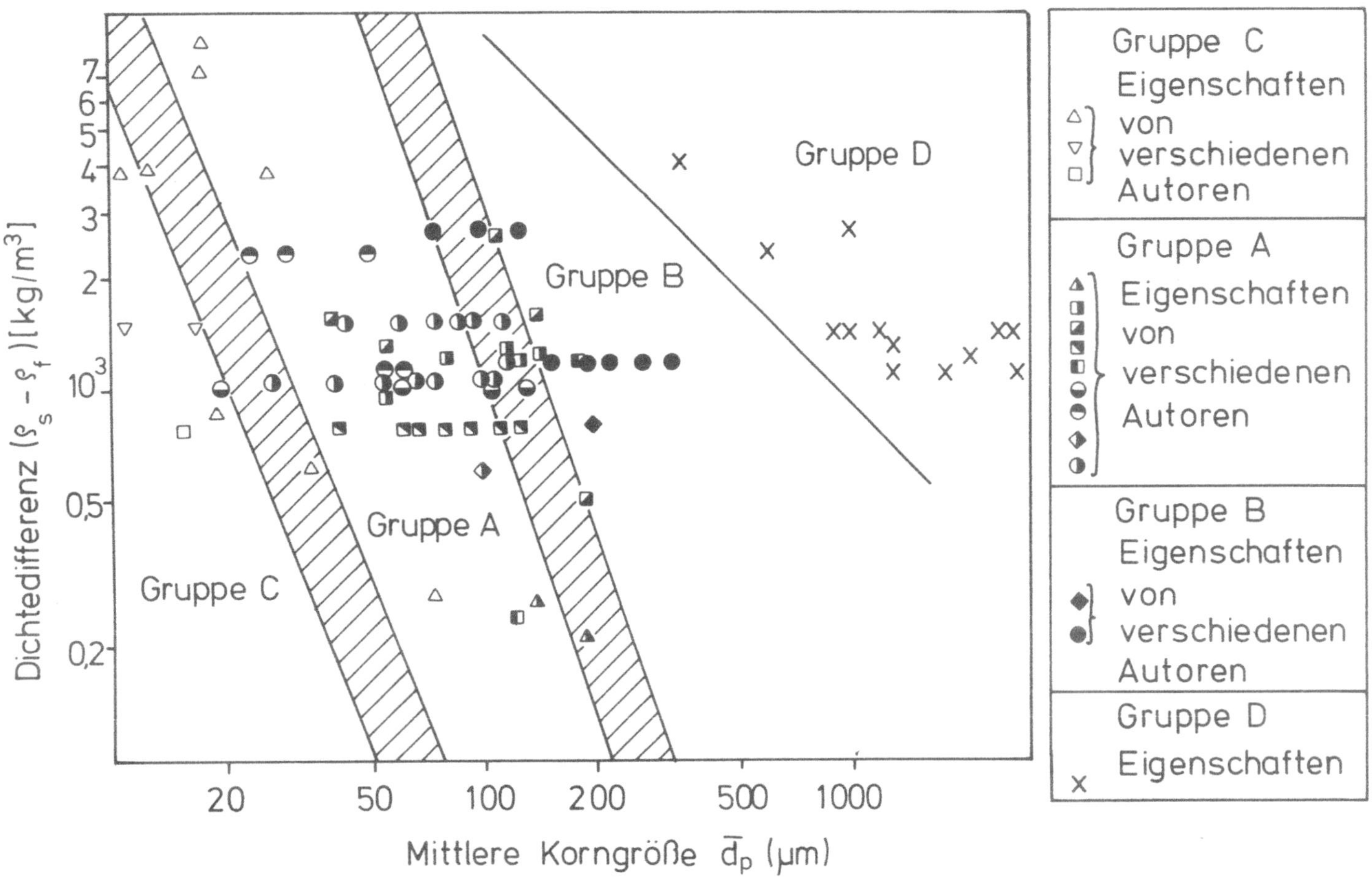

Abb. A.3: Unterscheidung verschiedener Typen von mit Gas fluidisierten Feststoffen, Darstellung nach Geldart

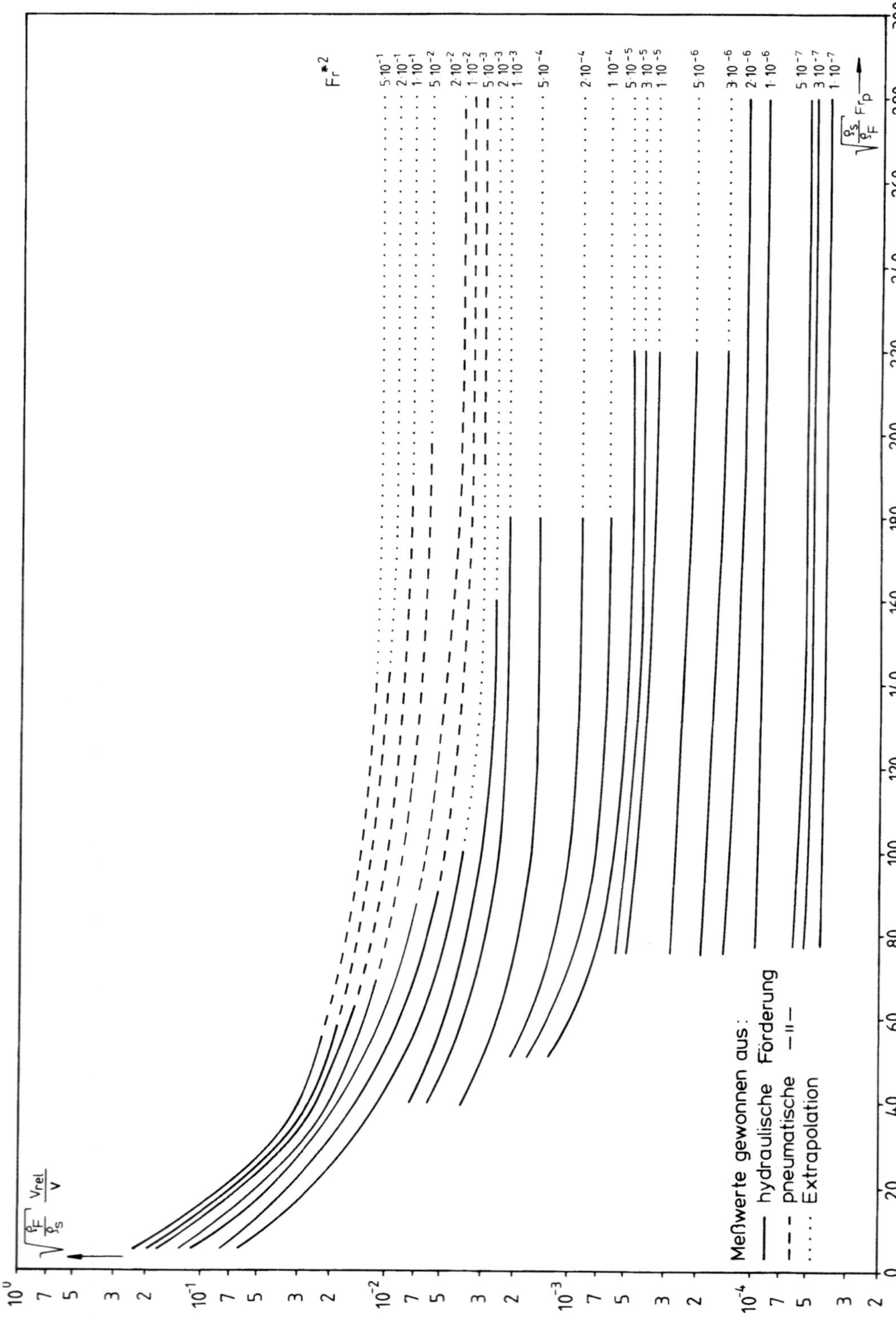

Abb. A.4: Zustandsdiagramm der hydraulischen Förderung

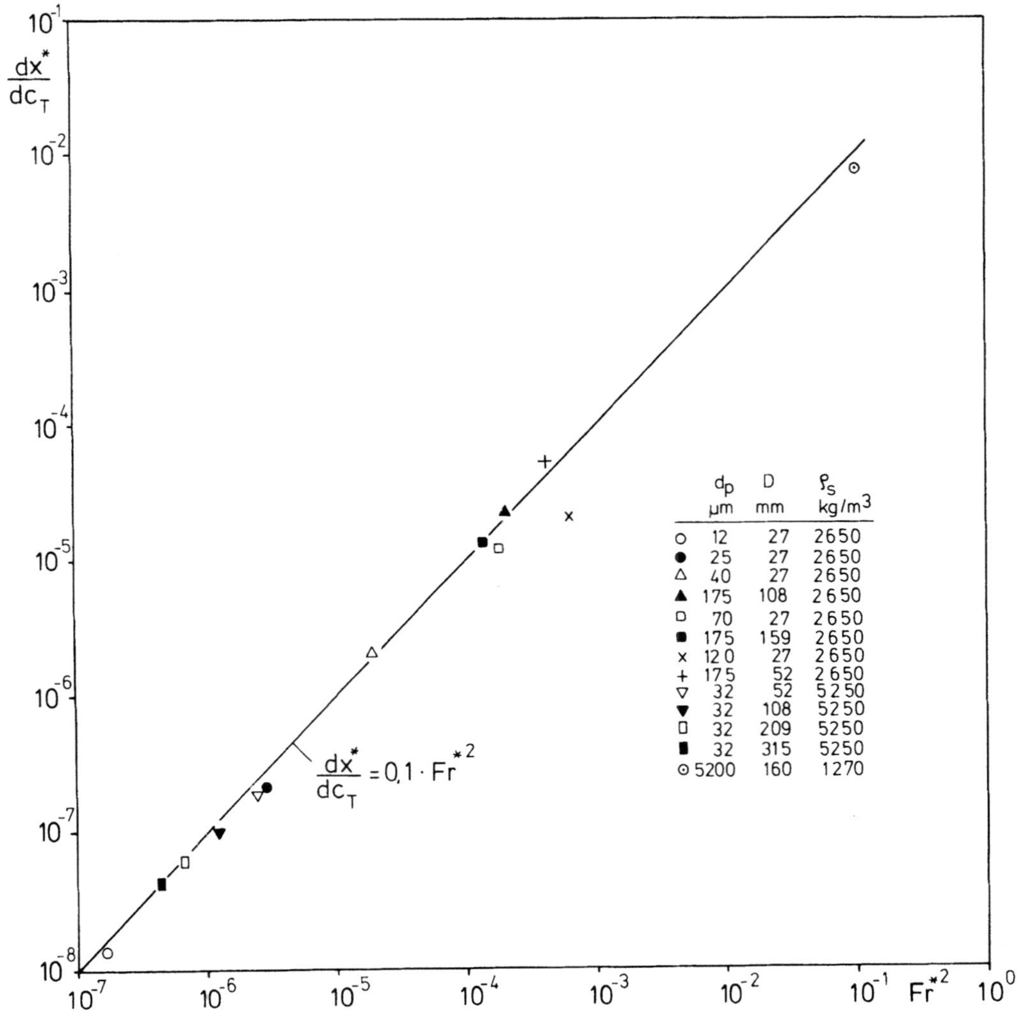

Abb. A.5: Anstieg dx^*/dc_T des dimensionslosen Zusatzdruckverlustes als Funktion von Fr^{2*} (hydraulische Förderung)

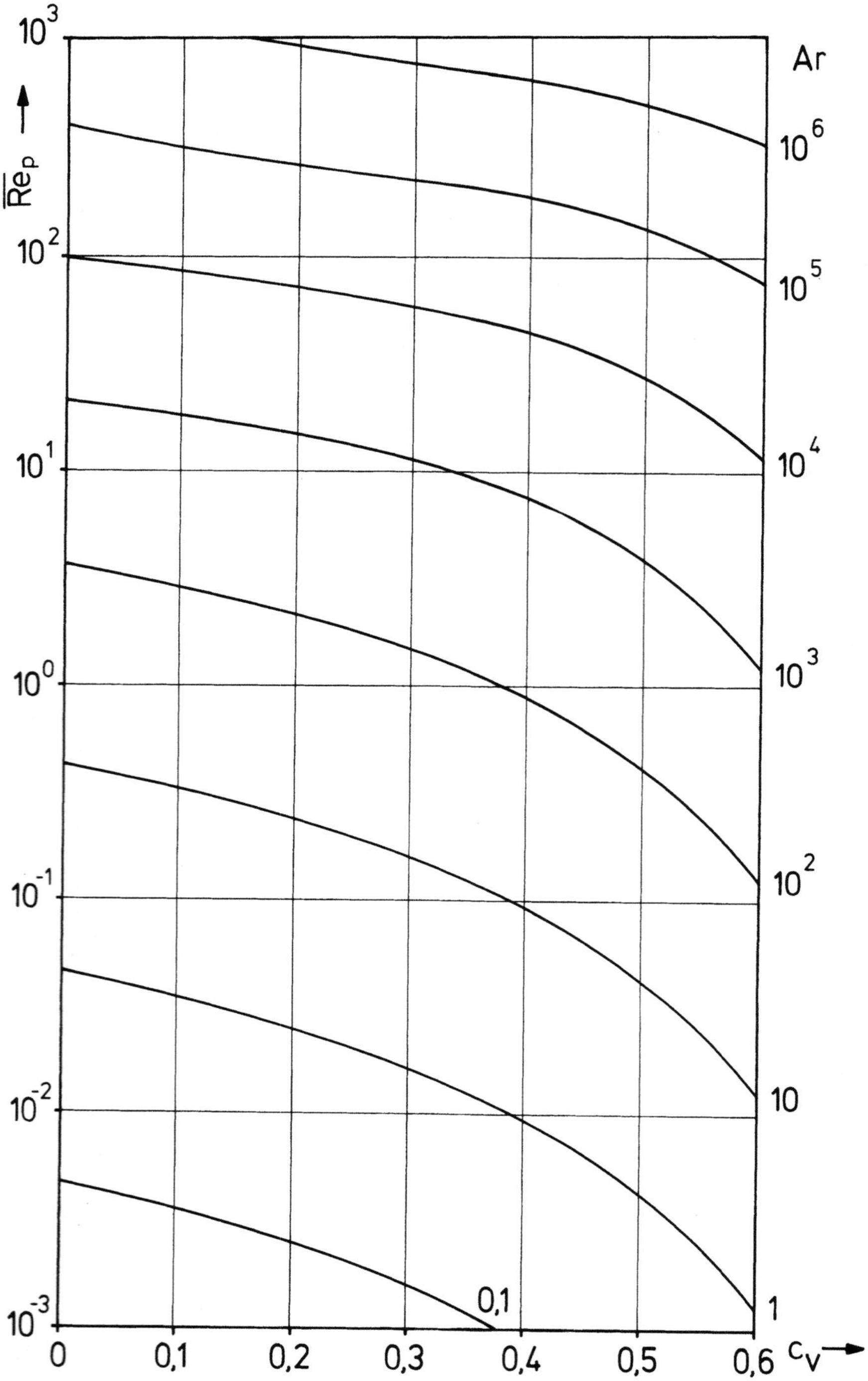

Abb. A.6: Zusammenhang zwischen Volumenkonzentration c_v und $\overline{Re}_p$, Ar als Parameter (hydraulische Förderung vertikal-aufwärts)

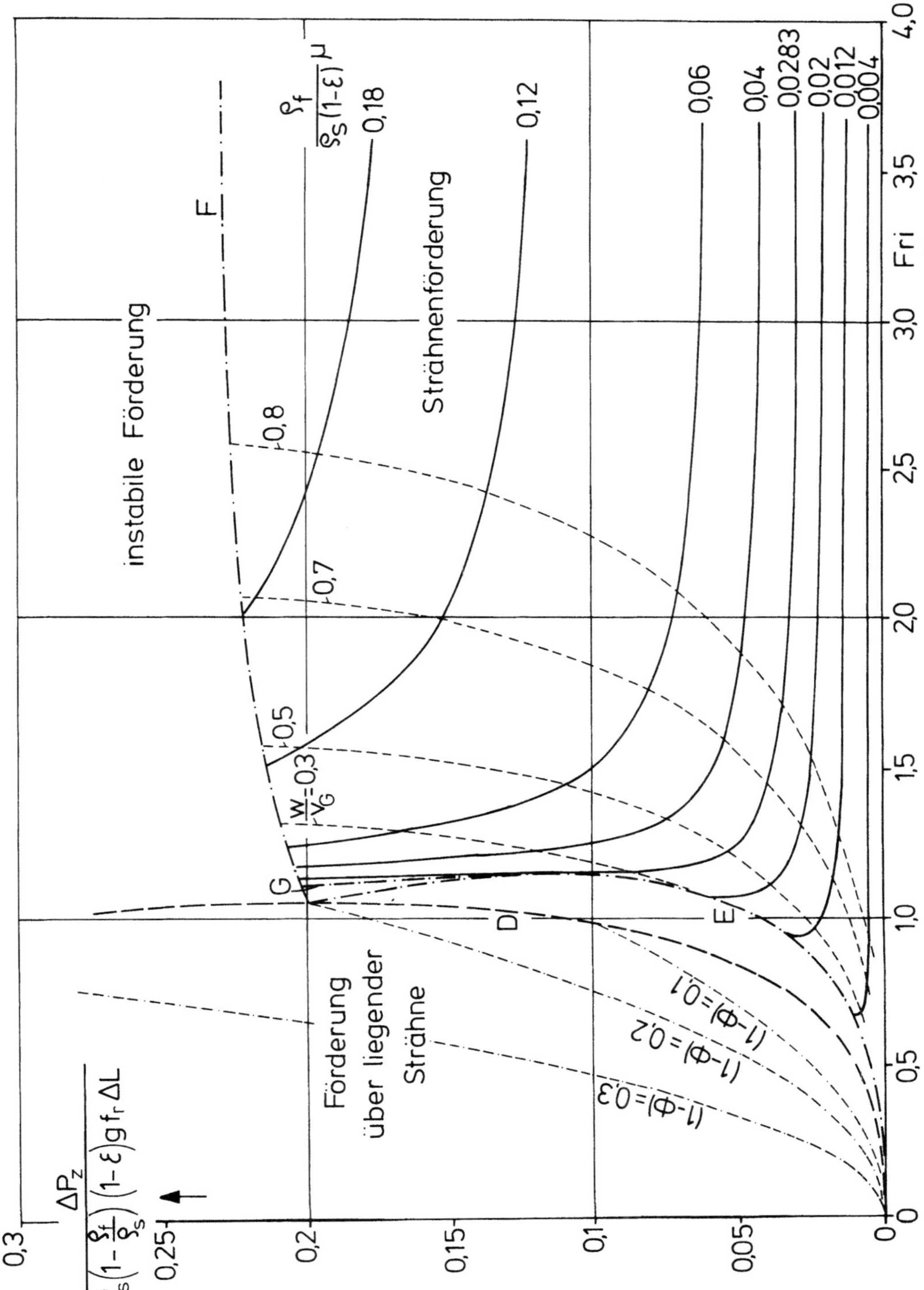

Abb. A.7: Zustands- und Zusatzdruckverlustdiagramm der stabilen Strähnenförderung (Strähnenporosität ε = 0.4)

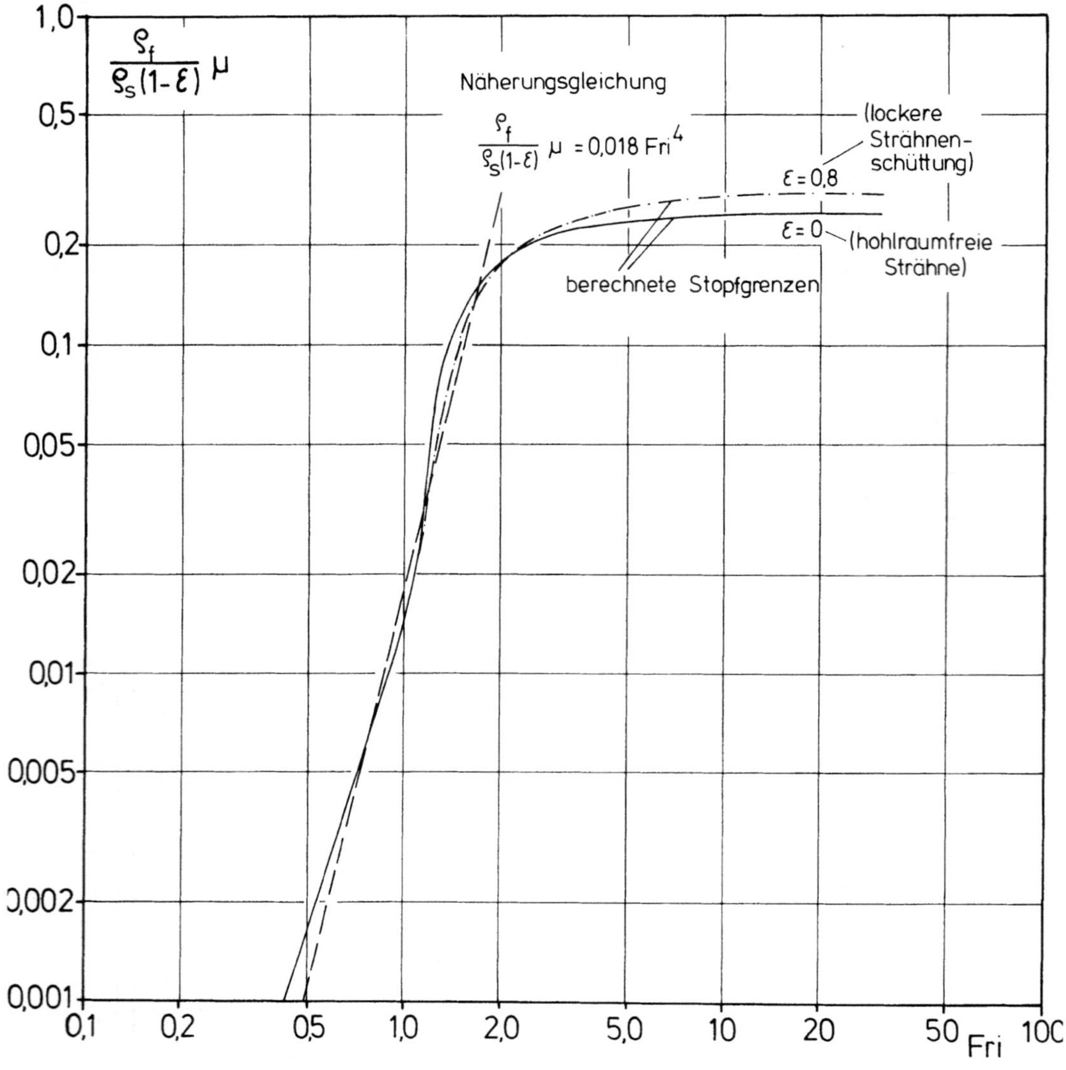

Abb. A.8: Stopfgrenze bei horizontaler pneumatischer Förderung

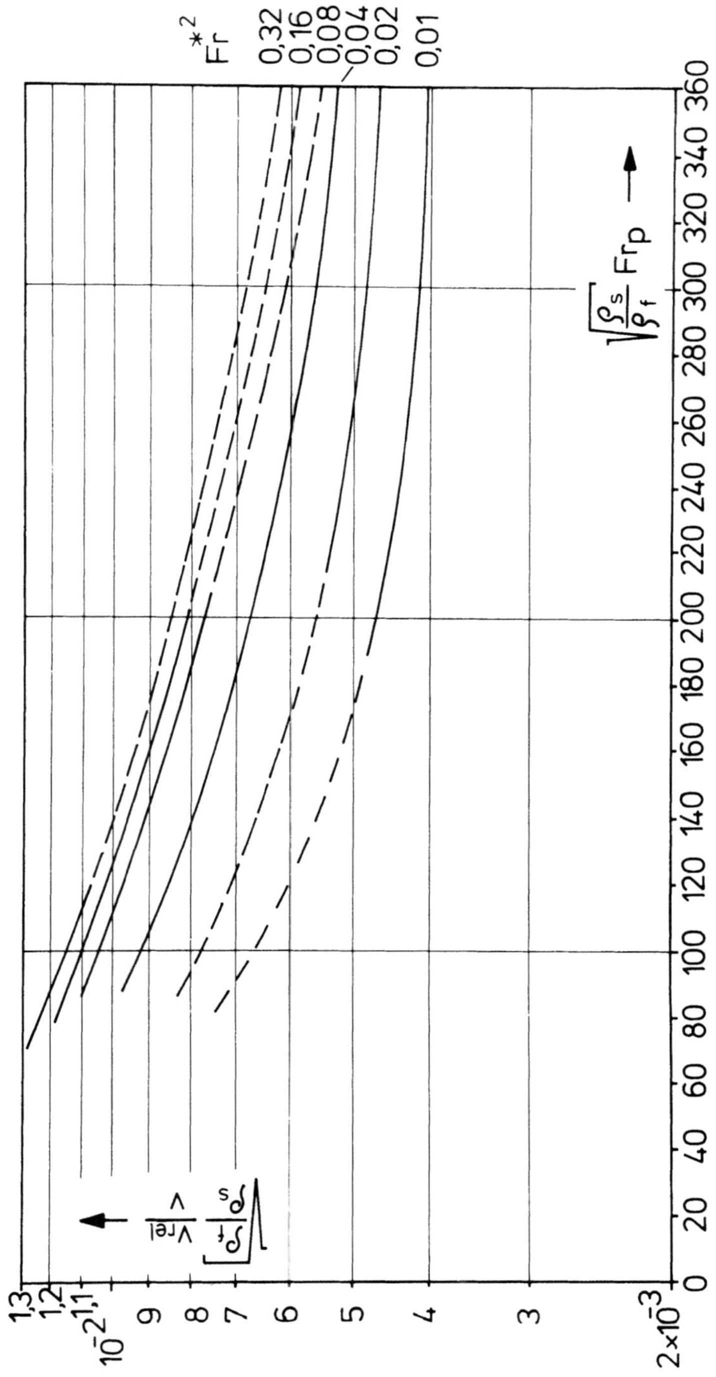

Abb. A.9: Zustandsdiagramm der pneumatischen Flugförderung im horizontalen Rohr

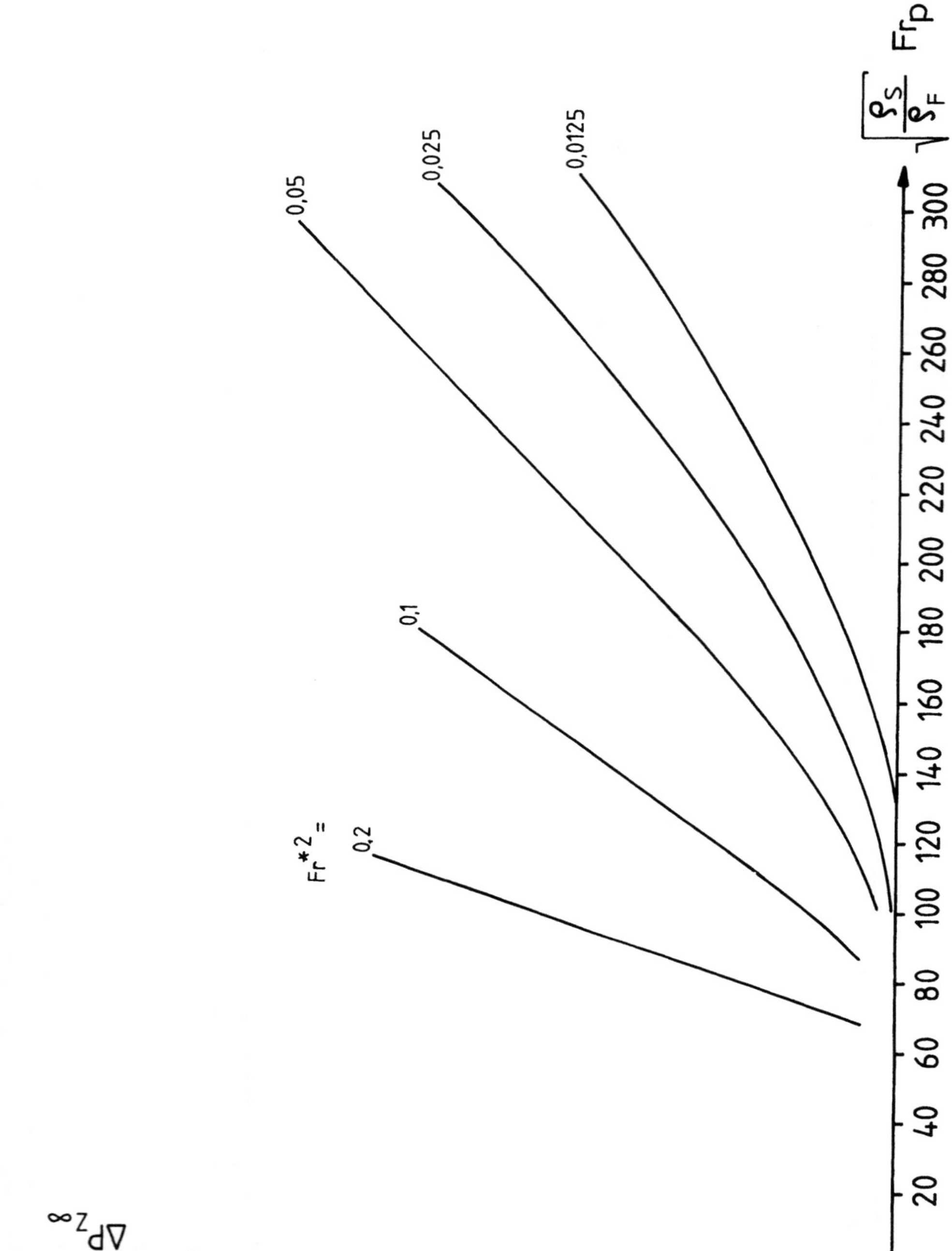

Abb. A.10: Zustandsdiagramm der pneumatischen Dünnstromförderung ($\mu \leq 25$) vertikal-aufwärts

Sachverzeichnis

GPSR Compliance

The European Union's (EU) General Product Safety Regulation (GPSR) is a set of rules that requires consumer products to be safe and our obligations to ensure this.

If you have any concerns about our products, you can contact us on ProductSafety@springernature.com

In case Publisher is established outside the EU, the EU authorized representative is:

Springer Nature Customer Service Center GmbH
Europaplatz 3
69115 Heidelberg, Germany

Batch number: 10683525

Printed by Printforce, the Netherlands